파브르 곤충기 ①

파브르 곤충기 1

초판 1쇄 발행 | 2006년 8월 20일
초판 5쇄 발행 | 2012년 5월 5일
개정판 1쇄 발행 | 2012년 12월 15일
개정판 9쇄 발행 | 2022년 5월 15일

지은이 | 장 앙리 파브르
옮긴이 | 김진일
사진찍은이 | 이원규
그린이 | 정수일
펴낸이 | 조미현

펴낸곳 | ㈜현암사
등록 | 1951년 12월 24일·제10-126호
주소 | 04029 서울시 마포구 동교로12안길 35
전화 | 02-365-5051·팩스 | 02-313-2729
전자우편 | editor@hyeonamsa.com
홈페이지 | www.hyeonamsa.com

글ⓒ김진일 2006
사진ⓒ이원규 2006
그림ⓒ정수일 2006

ISBN 978-89-323-1388-7 04490
ISBN 978-89-323-1399-3 (세트)

*잘못된 책은 바꾸어 드립니다.
*지은이와 협의하여 인지를 생략합니다.

파브르 곤충기 ①

장 앙리 파브르 지음 | 김진일 옮김
이원규 사진 | 정수일 그림

현암사

 옮긴이의 말

신화 같은 존재 파브르, 그의 역작 곤충기

『파브르 곤충기』는 '철학자처럼 사색하고, 예술가처럼 관찰하고, 시인처럼 느끼고 표현하는 위대한 과학자' 파브르의 평생 신념이 담긴 책이다. 예리한 눈으로 관찰하고 그의 손과 두뇌로 세심하게 실험한 곤충의 본능이나 습성과 생태에서 곤충계의 숨은 비밀까지 고스란히 담겨 있다. 그러기에 백 년이 지난 오늘날까지도 세계적인 애독자가 생겨나며, '문학적 고전', '곤충학의 성경'으로 사랑받는 것이다.

남프랑스의 산속 마을에서 태어난 파브르는, 어려서부터 자연에 유난히 관심이 많았다. '빛은 눈으로 볼 수 있다'는 것을 스스로 발견하기도 하고, 할머니의 옛날이야기 듣기를 좋아했다. 호기심과 탐구심이 많고 기억력이 좋은 아이였다. 가난한 집 맏아들로 태어나 생활고에 허덕이면서 어린 시절을 보내야만 했다. 자라서는 적은 교사 월급으로 많은 가족을 거느리며 살았지만, 가족의 끈끈한 사랑과 대자연의 섭리에 대한 깨달음으로 역경의 연속인 삶을 이겨낼 수 있었다. 특히 수학, 물리, 화학 등을 스스로 깨우치는 등 기초 과학 분야에 남다른 재능을 가지고 있었다. 문학에도 재주가 뛰어나 사물을 감각적으로 표현하는 능력이 뛰어났다. 이처럼 천성적인 관찰자답게 젊었을 때 우연히 읽은 '곤충 생태에 관한 잡지'가 계기가 되어 그의 이름을 불후하게 만든 '파브르 곤충기'가 탄생하게 되었다. 1권을 출판한 것이 그의 나이 56세. 노경에 접어든 나이에 시작하여 30년 동안의 산고 끝에 보기 드문 곤충기를 완성한 것이다. 소똥구리, 여러 종의 사냥벌, 매미, 개미, 사마귀 등 신기한 곤충들이 꿈틀거리는 관찰 기록만이 아니라 개인적 의견과 감정을 담은 추억의 에세이까지 10권 안에 펼쳐지는 곤충 이야기는 정말 다채롭고, 재미있다.

'파브르 곤충기'는 한국인의 필독서이다. 교과서 못지않게 필독서였고, 세상의 곤충은 파브르의 눈을 통해 비로소 우리 곁에 다가왔다. 그 명성을 입증하듯이 그림책, 동화책, 만화책 등 형식뿐 아니라 글쓴이, 번역한 이도 참으로 다양하다. 그러나 우리나라에는 방대한 '파브르 곤충기' 중 재미있는 부분만 발췌한 번역본이나 요약본이 대부분이다. 90년대 마지막 해 대단한 고령의 학자 3인이 완역한 번역본이 처음으로 나오긴 했다. 그러나 곤충학, 생물학을 전공한 사람의 번역이 아니어서인지 전문 용어를 해석하는 데 부족한 부분이 보여 아쉬웠다. 역자는 국내에 곤충학이 도입된 초기에 공부를 하고 보니 다양한 종류의 곤충을 다룰 수밖에 없었다. 반면 후배 곤충학자들은 전문분류군에만 전념하며, 전문성을 갖는 것이 세계의 추세라고 해야 할 것이다. 이런 시점에서는 적절한 번역을 기대할 수 없다.

역자도 벌써 환갑을 넘겼다. 정년퇴직 전에 초벌번역이라도 마쳐야겠다는 급한 마음이 강력한 채찍질을 하여 '파브르 곤충기' 완역이라는 어렵고 긴 여정을 시작하게 되었다. 우리나라 풍뎅이를 전문적으로 분류한 전문가이며, 일반 곤충학자이기도 한 역자가 직접 번역한 '파브르 곤충기' 정본을 만들어 어린이, 청소년, 어른에게 읽히고 싶었다.

역자가 파브르와 그의 곤충기에 관심을 갖기 시작한 긴 40년도 더 되었다. 마침, 30년 전인 1975년, 파브르가 학위를 받은 프랑스 몽펠리에 이공대학교로 유학하여 1978년에 곤충학 박사학위를 받았다. 그 시절 우리나라의 자연과 곤충을 비교하면서 파브르가 관찰하고 연구한 곳을 발품 팔아 자주 돌아다녔고, 언젠가는 프랑스 어로 쓰인 '파브르 곤충기' 완역본을 우리나라에 소개하리라 마음먹었다. 그 소원을 30년이 지난 오늘에서야 이룬 것이다.

"개성적이고 문학적인 문체로 써 내려간 파브르의 의도를 제대로 전달할 수 있을까, 파브르가 연구한 종은 물론 관련 식물 대부분이 우리나라에는 없는 종이어서 우리나라 이름으로 어떻게 처리할까, 우리나라 독자에 맞는 '한국판 파브르 곤충기'를 만들려면 어떻게 해야 할까" 방대한 양의 원고를 번역하면서 여러 번 되뇌고 고민한 내용이다. 1권에서 10권까지 번역을 하는 동안 마치 역자가 파브르인 양 곤충에 관한 새로운 지식을 발견하면 즐거워하고, 실험에 실패하면 안타까워하고, 간간이 내비치는 아들의 죽음에 대한 슬픈 추억, 한때 당신이 몸소 병에 걸려 눈앞의 죽음을 스스로 바라보며, 어린 아들이 얼음 땅에서 캐내 온 벌들이 따뜻한 침실에서 우화하여, 발랑발랑 걸어 다니는 모습을 바라보던 때의 아픔을 생각하며 눈물을 흘리기도 했다. 4년도 넘게 파브르 곤충기와 함께 동고동락했다.

파브르시대에는 벌레에 관한 내용을 과학논문처럼 사실만 써서 발표했을 때는 정신 이상자의 취급을 받기 쉬웠다. 시대적 배경 때문이었을까? 다방면에서 박식한 개인적 배경 때문이었을까? 파브르는 벌레의 사소한 모습도 철학적, 시적 문장으로 써 내려갔다. 현지에서는 지금도 곤충학자라기보다 철학자, 시인으로 더 잘 알려져 있다. 어느 한 문장이 수십 개의 단문으로 구성된 경우도 있고, 같은 내용이 여러 번 반복되기도 하였다. 그래서 원문의 내용은 그대로 살리되 가능한 짧은 단어와 짧은 문장으로 처리해 지루함을 최대한 줄이도록 노력했다. 그러나 파브르의 생각과 의인화가 담긴 문학적 표현을 100% 살리기는 힘들었다기보다, 차라리 포기했음을 고백해 둔다.

 파브르가 연구한 종이 우리나라에 분포하지 않을 뿐 아니라 아직 곤충학이 학문으로 정상적 궤도에 오르지 못했던 150년 전 내외에 사용하던 학명이 많았다. 아무래도 파브르는 분류 학자의 업적을 못마땅하게 생각한 듯하다. 다른 종을 연구하거나 이름을 다르게 표기했을 가능성도 종종 엿보였다. 당시 틀린 학명은 현재 맞는 학명을 추적해서 바꾸도록 부단히 노력했다. 그래도 해결하지 못한 학명은 원문의 이름을 그대로 썼다. 본문에 실린 동식물은 우리나라에 서식하는 종류와 가장 가깝도록 우리말 이름을 지었으며, 우리나라에도 분포하여 정식 우리 이름이 있는 종은 따로 표시하여 '한국판 파브르 곤충기'로 만드는 데 힘을 쏟았다.

무엇보다도 곤충 사진과 일러스트가 들어가 내용에 생명력을 불어넣었다. 이원규 씨의 생생한 곤충 사진과 독자들의 상상력을 불러일으키는 만화가 정수일 씨의 일러스트가 글이 지나가는 길목에 자리 잡고 있어 '파브르 곤충기'를 더욱더 재미있게 읽게 될 것이다. 역자를 비롯한 다양한 분야의 전문가와 함께 했기에 이 책이 탄생할 수 있었다.

번역 작업은 Robert Laffont 출판사 1989년도 발행본 파브르 곤충기 Souvenirs Entomologiques(Études sur l'instinct et les mœurs des insectes)를 사용하였다.

끝으로 발행에 선선히 응해 주신 (주)현암사의 조미현 사장님, 책을 예쁘게 꾸며서 독자의 흥미를 한껏 끌어내는 데, 잘못된 문장을 바로 잡아주는 데도, 최선의 노력을 경주해 주신 편집팀, 주변에서 도와주신 여러분께도 심심한 감사의 말씀을 드린다.

2006년 7월
김진일

1권 맛보기

 '파브르 곤충기'의 제1권에서 첫 두 장은 소똥구리의 경단 만들기에 관한 연구였고, 나머지 스무 장은 모두 여러 종의 사냥벌에 대한 습성과 본능의 연구이다. 10권까지의 총223장에서 첫 두 장은 실패한 실험이다. 첫 두 장은 진왕소똥구리를 연구했는데 아주 사소한 이유, 즉 새끼에게 먹일 경단은 양의 똥인데, 어미의 먹이인 소똥만 여러 해 동안 찾아다니며 조사하다가 실패한 이야기이다. 5권에서 다시 여러 종류의 소똥구리를 연구하면서 수정도 했지만, 처음에 실패한 주요인은 잘못된 정보에 있었다. 정보부족 내지는 부정확한 정보, 옛날 선배들의 잘못된 피상적 관찰 따위가 만연하는 인간 사회에서는 정말로 정확한 관찰과 확인이 필요함을 강조하고 있다. "일반화된 견해를 확 뒤엎으려면 논리만 앞세운 탁상공론은 소용없다."는 문구나 이와 비슷한 문장이 자주 등장한다.

 당시 교사의 급여는 부잣집 마부의 봉급보다 적은 연봉 1,600프랑이었다. 그 돈이 생활비에도 부족한 형편인데, 한 달 치에 가까운 거금을 뚝뚝 잘라서 책이나 실험 도구를 장만했다. 이 용감성과 대담성 역시 불후의 대 학자를 낳게 한 원동력이라고 생각한다.

　나중의 권들에서는 파브르도 나이가 들며 여러 명사와 사귀게 됨을 엿볼 수 있다. 이때는 그들의 도움을 많이 받아 연구에만 전념할 수 있었다.

　실패한 소똥구리 실험 때 옆집에서 똥을 얻으려다 오해를 받은 이야기, 코벌을 관찰하다 의심이 강한 경찰에게 추궁을 당하던 이야기, 외진 산골길에서 아침부터 저녁까지 홍배조롱박벌을 관찰하다 포도를 따고 지나가던 아낙네들이 손가락을 이마로 가져가 빙빙 돌리면서, "가엾어라. 저런 바보, 불쌍해라." 하며 정신지체 장애자 취급을 받은 이야기들이 남의 일만은 아니었다는 생각도 난다. 역자가 젊었던 시절의 우리나라도 거의 이런 환경이었다. 지금은 우리나라 사람들도 굉장히 깨어서, 요즈음의 젊은이들은 이런 상황을 이해하지 못할 것 같다.

　결국 1권은 연구자의 길은 참으로 험난하고, 부단한 노력과 끈기가 필요함을 보여 준다. 곤충의 본능이란 참으로 신기한 만큼, 인간으로서는 알기 어려운 분야임을 보여 준 책이기도 하다.

차례

옮긴이의 말 4
1권 맛보기 10

1 진왕소똥구리 15
2 소똥구리 사육 49
3 비단벌레 사냥꾼 노래기벌 64
4 왕노래기벌 79
5 암살의 명수들 95

6 노랑조롱박벌 108
7 단검으로 세 번 찌르다 122
8 애벌레와 번데기 130
9 고차원의 학설들 144
10 홍배조롱박벌 163

11 본능의 과학 178

12 무식한 본능 197

13 방뚜우산에 오르다 214

14 동물의 이주 232

15 나나니 246

16 코벌 262

17 파리 사냥꾼 278

18 기생쉬파리 그리고
　사냥벌들의 고치 288

19 귀소능력 305

20 진흙가위벌 319

21 여러 가지 실험 339

22 둥지 바꿔치기 실험 356

신종(新種) 기재(記載) 367
찾아보기 372
『파브르 곤충기』 등장 곤충 396

일러두기

* 역주는 아라비아 숫자로, 원주는 곤충 모양의 아이콘으로 처리했다.
* 우리나라에 있는 종일 경우에는 ●로 표시했다.
* 프랑스 어로 쓰인 생물들의 이름은 가능하면 학명을 찾아서 보충하였고, 우리나라에 없는 종이라도 우리식 이름을 붙여 보도록 노력했다. 하지만 식물보다는 동물의 학명을 찾기와 이름 짓기에 치중했다. 학명을 추적하지 못한 경우는 프랑스 이름을 그대로 옮겼다.
* 학명은 프랑스 이름 다음에 :를 붙여서 연결했다.
* 원문에 학명이 표기되었으나 당시의 학명이 바뀐 경우는 속명, 종명 또는 속종명을 원문대로 쓰고, 화살표(→)를 붙여 맞는 이름을 표기했다.
* 원문에는 대개 연구 대상 종의 곤충이 그려져 있는데, 실물 크기와의 비례를 분수 형태나 실수의 형태로 표시했거나, 이 표시가 없는 것 등으로 되어 있다. 번역문에서도 원문에서 표시한 방법대로 따랐다.
* 사진 속의 곤충 크기는 대체로 실물 크기지만, 크기가 작은 곤충은 보기 쉽도록 10~15% 이상 확대했다. 우리나라 실정에 맞는 곤충 사진을 넣고 생태 특성을 알 수 있도록 자세한 설명도 곁들였다.
* 곤충, 식물 사진에는 생태 설명과 함께 채집 장소와 날짜를 넣어 분포 상황을 알 수 있도록 하였다.(예: 시흥. 7. V. '92 → 1992년 5월 7일 시흥에서 촬영했다는 표기법이다.)
* 역주는 신화 포함 인물을 비롯 학술적 용어나 특수 용어를 설명했다. 또한 파브르가 오류를 범하거나 오해한 내용을 바로잡았으며, 우리나라와 관련된 내용도 첨가하였다.

1 진왕소똥구리

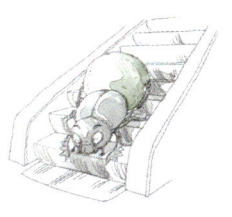

모든 일이 이런 식으로 진행되었다. 우리는 대여섯 명이었는데, 그중 내가 가장 나이가 많아 선생 노릇을 했다. 하지만 선생이라기보다는 모두가 절친한 동반자이며 친구 사이였다. 어린 소년들의 가슴은 뜨거운 열정과 아름다운 환상으로 가득 찼고, 그들의 인생에서 봄을 맞이한 때라 혈기가 넘치고 있었다. 무엇이든 알고 싶어하는 욕망으로 꽉 찼던 우리는 각자의 호기심을 키워갔다. 지금은 이런저런 이야기를 나누며 딱총나무(Hyèbles: *Sambucus*)와 산사나무(Aubépine: *Crataegus*) 사이의 오솔길을 걷는 중이며, 산방화서(繖房花序)의 활짝 핀 꽃에서는 짙은 향기에 흠뻑 취한 유럽점박이꽃무지(Cétoine dorée: *Cetonia aurata* → *Protaetia aeruginosa*)가 꿀을 빨고 있었다. 우리는 진왕소똥구리(Scarabée sacré: *Scarabaeus sacer*)[1]가 나왔는지 궁금해서 레 장글레(Les Angles)[2]의

[1] 북아프리카로부터 유라시아대륙을 거쳐 한국까지 분포하는 종으로 알려져 왔고, 한국 이름은 '왕소똥구리'라고 했었으나 진정한 한국산은 주행성인 *S. typhon*이며 우리말 이름은 바꾸지 않았다. 그래서 파브르의 연구종 *S. sacer*에게는 '진'자를 덧붙였다. 한편 많은 학자들은 파브르가 *sacer*이 아닌 *typhon*을 연구했을 것으로 본다.

모래언덕으로 가는 길이다. 옛날 이집트 사람들은 이 곤충이 소똥 경단을 굴리기 때문에 지구가 돈다고 생각했는데, 이런 소똥구리가 벌써 나와서 똥을 굴리기 시작했는지 보러 가는 길이다. 사실 볼거리가 그것만은 아니다. 아가미가 마치 산호가지처럼 보이는 어린 도롱뇽(Triton: *Triturus*)이 양탄자가 펼쳐진 듯한 개구리밥 밑에 숨어 있는 건 아닌지, 시냇물에는 귀염둥이 큰가시고기(Épinoche: *Gasterosteus aculeatus*)가 남색과 붉은 자줏빛의 혼인색 목도리를 두르고 있는 건 아닌지도 보고 싶었다. 어디 그뿐이랴, 강남에서 방금 돌아온 제비(Hirondelles: Hirundinidae)가 열심히 산란 중인 각다귀(Tipules: Tipulidae)[3]를 잡겠다고, 뾰족한 날개로 목장 위를 스쳐 날며 악착스럽게 쫓아다니는 건 아닌지, 바위틈에 둥지를 튼 눈알장지뱀(Lézard ocellé: *Lacerta ocellus* → *Timon lepidus*)이 양지에서 햇볕을 즐기려고 푸른 점으로 얼룩진 꼬리를 펼쳐 놓고 있는 건 아닌지도 보고 싶었다. 민물에 알을 낳으려고 론(Rhône) 강을 거슬러 올라가는 물고기 떼를 바다에서부터 따라온 붉은부리갈매기(Moruette rieuse: *Larus* → *Chroicocephalus ridibundus*)[*] 떼가, 하늘을 떠돌다가 가끔씩 미치광이의 커다란 웃음소리처럼 외마디를 질러 대는 것은 아닌지도 보고 싶었다. 무엇인가가 또 있었지만 이제 그만 늘어놓자. 어쨌든, 동물과 함께 단순하고 순박하게 살아가는 우리들은 마음속 깊이 즐거움을 느끼며, 만물이 소생하는, 그리고 말로는 표현할 수 없는 이 기쁜 봄 잔치에 얼른 찾아가 아침나절을 보내려고 들떠 있었다.

2 프랑스 남부 지방인 아비뇽(Avignon) 맞은편 가드(Gard) 현의 촌락 이름이다.(15쪽)
3 파리목 곤충의 한 족속으로 종류가 매우 많다.

검정물방개 연못이나 늪에서 작은 동물에게 해적 노릇을 한다. 우리나라에서는 물땡땡이보다 물방개가 주로 해적 노릇을 한다.

들판은 우리가 보고 싶은 것들을 언제나 보여 주었다. 반짝이는 은빛 비늘로 몸을 감쌌던 큰가시고기가 막 몸단장을 끝내자 턱 밑과 앞가슴은 밝은 주홍색으로 물든다. 이 가시고기에게 굵고 검은 검은말거머리(Aulastome, Sangues noires: *Hirudo sanguisuga*)가 엉큼한 심보로 다가온다. 그러면 등과 가슴지느러미의 가시를 마치 용수철이 튀기듯 갑자기 쫙 펼친다. 이렇게 단호한 기세를 보이자 노상강도는 멋쩍은 태도로 슬그머니 물풀 사이로 미끄러져 든다. 귀염둥이 연체동물(Mollusque: Mollusca, 軟體動物門)들, 즉 또아리물달팽이(Planorbes: Planorbidae), 물달팽이(Limnées: *Limnaea*, Lymnaeidae), 그리고 왼돌이물달팽이(Physes: *Physa*, Physidae)들은 물 위로 떠올라 공기를 들이마신다. 연못이나 늪에서 해적으로 불리는 유럽왕물땡땡이(Hydrophile: *Hydrous piceus*)[4]와 그의 못생긴 애벌레가 가끔씩 이 녀석, 저 녀석의 목을 비틀며 돌아다닌다. 그런데도 어리석은 달팽

---

[4] 물땡땡이는 성충이나 애벌레 모두가 주로 유기물을 먹을 뿐, 남을 잡아먹는 포식성은 드물다.

이들은 놈들의 횡포를 눈치 채지 못하나 보다. 녀석들이 횡포를 부리거나 말거나 우리는 물가를 떠나 고원을 가로지르는 언덕으로 올라가 본다. 그 위에는 양들이 풀을 뜯고, 말은 곧 열릴 경마에 출전하려고 달리기 연습 중이다. 이 짐승들의 똥은 소똥구리(Bousiers: 糞食性昆蟲)에게 하늘이 내려 준 먹을거리이며, 그들은 지금 이 먹을거리로 환희에 차 있다.

땅 위의 똥쓰레기를 말끔히 청소하라는 고귀한 임무를 부여받은 청소부 딱정벌레(Coléoptères Vidangeurs), 즉 소똥구리가 지금 한창 작업 중이다. 그들은 똥덩이를 잘게 잘라 구슬 모양으로 만들어야 하고, 이것을 숨기기 위해 깊은 땅속으로 옮겨야 한다. 그들은 이런 일에 필요한 여러 종류의 연장을 골고루 갖추고 있으니 참으로 놀라지 않을 수 없다. 그들의 연장은 마치 산업기술 박물관이나 다름없고, 사람들이 땅을 팔 때 쓰는 모든 연장을 그대로 대변해 준다. 실제로 우리네 공장에서 쓰는 연장과 닮은 것도 있고, 어떤 것은 아주 독특해서 사람이 새로운 연장을 만들려고 구상할 때 본으로도 이용할 정도이다.

넓적뿔소똥구리

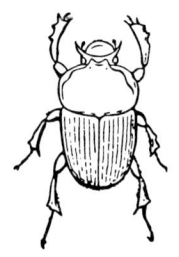

물소뷔바스소똥풍뎅이 3/4

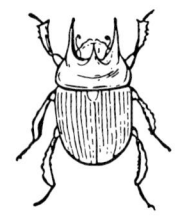

유럽장수금풍뎅이 3/4

스페인뿔소똥구리(Copris espanol: *Copris hispanus*)
는 이마에 한 개의 길고 튼튼한 뿔이 나 있는데,
끝은 뾰족하고 뒤쪽으로 구부러졌다. 마치 곡괭
이의 뾰족한 날 모양이다. 넓적뿔소똥구리(C.

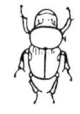

지중해소똥풍뎅이

lunaire: *C. lunaris*)는 가슴에 두 개의 강하고 뾰족한 쟁기 모양의 날
이 있고, 그 날 사이에도 날카로운 돌기가 있어서 마치 널찍한 가
래 구실을 한다. 물소뷔바스소똥풍뎅이(Bubas bubale: *Bubas bubalus*)
와 들소뷔바스소똥풍뎅이(*B. bison*)는 지중해 연안에만 살고 있는
데, 이마에는 두 개의 튼튼한 뿔이 양쪽으로 뻗었고, 앞가슴에도
가래 모양의 돌기가 앞으로 솟았다. 유럽장수금풍뎅이(Minotaure
typhée: *Typhaeus typhoeus*)는 앞가슴에 앞쪽으로 뻗은 세 개의 가래 모
양 뿔이 있는데, 양옆 것은 길고 가운데 것은 짧다. 지중해소똥풍
뎅이(Onthophage taureau: *Onthophagus taurus*)는
두 개의 구부러진 뿔이 마치 소뿔을 연상시
킨다.[5] 갈고리소똥풍뎅이(O. fourchu: *O.*

[5] 이 종은 오스트레일리아 등의 여러 나라에서 소똥을 청소시키려고 수입한다.

뿔소똥구리 우리나라에서는 매우 큰 소똥구리 종류인데, 소똥 밑에 바로 굴을 파고 들어갈 뿐 경단을 굴리는 일은 없다. 수컷 머리에 뿔이 돌출하여 붙여진 이름이다.

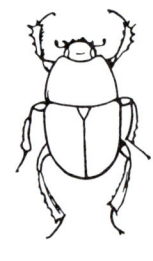

검정금풍뎅이

furcatus)는 앞으로 넓적하게 늘어났다가 끝이 두 갈래로 갈라진 쇠스랑이 머리에서 수직으로 우뚝 솟았다. 머리나 앞가슴은 초라한 듯해 보여도 단단한 혹들로 울퉁불퉁하다. 좀 둔해 보이는 연장들이지만 그래도 잘 써먹는다. 모든 소똥구리는 삽을 무장하고 있다. 넓고 평평한 머리의 가장자리에도 뾰족한 삽이 있고, 앞다리의 종아리마디에는 이빨이 톱날처럼 늘어서 있다. 이런 모양의 앞다리로 똥을 할퀴어 내듯이 긁어모은다.

소똥구리는 마치 똥쓰레기 청소에 대한 보상이라도 받은 것처럼, 개중에는 사향보다 더 짙은 향내를 풍기는 종도 적지 않다. 또한 종 대부분이 몸통의 아랫면은 금속성 광택으로 반짝인다. 검정금풍뎅이(Geotrupes hypocrite: *Geotrupes niger*)의 몸통 아랫면은 눈부신 구릿빛과 금빛이며, 똥금풍뎅이(G. stercoraire: *G. stercorarius*)의 몸통

금줄풍뎅이 우리나라의 줄풍뎅이 중에서는 모양, 즉 우아한 색깔, 건장해 보이는 모습, 흔하지 않은 희귀성, 크기 등으로 제법 주목거리가 된다.

은 자줏빛이다. 그러나 다른 종들은 대부분 검은색이다. 열대 지방에는 화려한 보석 색깔로 치장한 소똥구리도 많다. 이집트의 고지대에 사는 어떤 소똥구리는 낙타(Chameaux: *Camelus*) 똥에서 볼 수 있는데, 엷은 초록빛깔로 적어도 에메랄드와 비교될 만큼 아름답다. 가나, 브라질, 세네갈[6]에는 구릿빛을 띠는 종도 있고, 루비처럼 산뜻하게 붉은색을 띠는 종도 있다. 프랑스의 똥무더기에는 이렇게 보석처럼 아름다운 소똥구리가 없지만, 그래도 그들의 습성은 충분히 우리의 눈길을 끌 만하다.

소똥 한 덩이에 모여든 소똥구리가 이렇게도 많다니! 금광을 개발하겠다고 세계 방방곡곡에서 몰려든 캘리포니아 투기꾼들도 이렇게 열광적이진 않았을 것이다. 햇볕이 뜨거워지기 전에, 모양도 크기도 각양각색인 모든 종의 수백 마리가 한 덩이의 똥 속에 뒤엉켜서, 각자 제몫을 떼어내려고 밀치기도 당기기도 한다. 맑은 하늘 아래서, 어떤 녀석은 소똥 무더기의 겉을 긁어내고, 어떤 녀석은 마음에 드는 노다지를 캐고자 무더기 밑에 갱도를 판다. 제 것을 지체 없이 땅속에 묻기 위해, 바로 그 덩어리 밑을 파는 녀석도 있다. 덩치가 작은 꼬마들은 커다란 친구들이 파내다 흘린 똥 조각

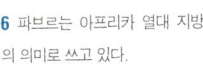
6 파브르는 아프리카 열대 지방의 의미로 쓰고 있다.

을 주워서 곱게 다듬는다. 이제서 달려온 몇 녀석은 얼마나 굶주렸는지, 그 자리에서 허겁지겁 먹어 대느라 정신이 없다. 하지만 대개는 한 아름씩 안전한 땅속으로 가져가, 그 안에서 여러 날을 풍족히 지내려 한다. 겨우 백리향(Thym: *Thymus vulgaris*, =타임)이나 자랄 황량한 벌판에서 소똥구리가 필요할 때마다 신선한 똥을 얻기란 정말로 어려운 일이다. 이런 곳에서의 횡재란 하느님의 은총을 받은 셈이며, 그야말로 운 좋은 녀석만 누릴 수 있는 혜택이다. 그래서 오늘의 재산을 조심스럽게 깊은 광속으로 옮기려는 것이다. 새로운 행운의 똥 냄새가 사방으로 1km나 퍼지자, 모든 곤충이 그 식량을 수집해서 저축하려고 모여든다. 몇몇 뒤쳐진 녀석은 날기도 하고, 뛰기도 하며 달려온다.

　너무 늦지는 않았을까 걱정을 하며, 똥무더기를 향해 종종걸음으로 달려오는 녀석은 누구일까? 긴 다리로 뒤뚱뒤뚱 어색하게 걷는 모습이 마치 뱃속에 장치된 기계로 밀려가는 로봇 형상이다. 갈색의 작은 더듬이를 부채처럼 활짝 펼치고 열심히 똥을 먹는 녀석도 있고, 이제 달려오는 녀석도 있다. 막 도착한 녀석은 곤두박질치지도 않고 먹을 자리에 정확히 내려앉는다. 그는 완전히 검은색으로 프랑스의 소똥구리 중 가장 크고, 아주 유명한 진왕소똥구리이다. 그 역시 다른 패거리와 한 식탁에 자리 잡고 넓적한 앞다리로 요리를 주물러 구슬을 만든다. 다 만든 뒤, 잠시 노동의 대가로 얻은 선물을 조용히 감상하려는 듯 흘깃 둘러본다. 마지막으로 곁을 다시

진왕소똥구리 1/2

정성스럽게 다듬는다. 그 유명한 소똥경단이 과연 어떻게 만들어지는지, 처음부터 끝까지 순서에 따라 더듬어 보기로 하자.

왕소똥구리(Scarabaeus)는 머리의 앞쪽이 넓은 판자처럼 펼쳐졌는데, 머리방패(chaperon=Clypeus)라고 부른다. 머리방패의 가장자리에는 거칠고 뾰족한 여섯 개의 톱니 모양이 방사형으로 늘어섰다. 이 톱니는 땅을 파거나 똥을 잘게 부술 때 삽처럼 쓴다. 맛없는 섬유줄기를 가려서 내 버리거나, 찌꺼기를 한 곳으로 긁어모을 때도 이 삽을 쓴다. 왕소똥구리는 맛의 전문가이다. 그래서 어떤 똥이 좋고 나쁜지를 단번에 알아챌 수 있지만, 자신의 먹을거리를 고를 때는 별로 까다롭지 않은 편이다. 하지만 중요한 소똥경단, 즉 가운데를 파서 알이 부화할 방을 마련할 경단을 만들 때는 모성애를 발휘하여 아주 세심한 주의를 기울인다. 경단 속 방안에는 섬유질한 조각도 섞이지 않은 질 좋은 똥으로 만들고, 더 안쪽 층은 갓 부화한 애벌레에게 영양가가 많은 먹이가 되기도 하고, 집안의 벽이 되기도 한다. 이 층을 갉아먹고 좀더 자라서 위가 튼튼해진 다음에야 질 낮은 바깥 층 벽을 먹는다.

진왕소똥구리도 자신의 먹을거리는 별로 신경 쓰지 않고 대충 고른 먹이로 만족한다. 머리방패의 톱날로 똥더미에 틈을 내고 대충 긁어모은다. 사실상 이 일은 앞다리가 더 제격이다. 앞다리의 종아리마디는 넓적하고 튼튼한데 둥근 활처럼 굽었고, 바깥쪽은 다섯 개의 튼튼한 톱니가 성긴 이빨처럼 늘어서 있다. 이 앞다리로 방해물을 쳐내거나, 두껍게 쌓인 오물 사이에 길을 트기도 한다. 팔꿈치나 톱니 달린 다리를 좌우로 힘차게 휘두르기도 한다.

이렇게 갈퀴 같은 다리를 세차게 휘둘러서, 그 반원 안에 있는 잡동사니를 몽땅 걷어치운 다음 퍼낼 자리를 마련한다. 다음, 머리 방패로 퍼낸 덩어리를 앞다리로 잔뜩 끌어안았다가, 뒤쪽의 네 다리 사이를 통해 배 쪽으로 밀어 보낸다. 이 다리들은 소똥으로 경단 만들기에 매우 적합한 구조이다. 특히 한 쌍의 뒷다리는 길고 날씬한 활처럼 약간 구부러져, 마치 둥근 컴퍼스 모양을 이루고, 발톱은 매우 날카롭다. 이렇게 구부러진 다리 사이로 똥덩이를 껴안아 모양을 대충 잡는다. 다시 말해 다리는 경단을 만드는 데 아주 적격이다.

한 아름, 한 아름, 배 밑의 네 다리 사이로 소똥을 긁어모은 다음, 구부러진 다리로 살짝만 눌러도 적당히 동그래진다. 약간 둥글어진 똥덩이를 가끔씩 컴퍼스 모양의 네 다리 사이에 넣고 돌린다. 이렇게 배 밑에서 둥글려 완전한 구슬 모양을 만든다. 경단 겉이 매끄럽지 못해 비늘처럼 벗겨질 염려가 있던가, 힘줄 같은 줄기들이 걸려서 잘 굴려지지 않으면, 다시 앞발로 손질한다. 넓은 빨랫방망이 같은 앞발로 구슬을 살살 두드리고, 고르게 새 층을 덧붙이는데, 빳빳한 지푸라기 따위가 들어 있으면 마치 고약을 바르듯 그 위에 덧바른다.

  따가운 햇볕 아래서, 이 기술자들이 서둘러 일하는 모습은 참으로 불가사의하다. 즐겁게 일하니 진척도 빠르다. 조금 전까지만 해도 부실했던 알약 모양의 소똥구슬이 금방 호두알만 해진다. 조금 더 지나면 사과만큼 커질 것이다.[7] 주먹만 하게 만드는 놈을 본 적도 있다. 이렇게 커다란 경단은 아마도 여러 날을 두고두고 먹을 것이다.

  준비가 끝났으니 이제 번잡스런 이곳을 떠나 편히 먹을 장소로 옮겨야 한다. 왕소똥구리는 타고난 습성대로 놀라운 재주를 부리기 시작한다. 즉시 두 개의 긴 뒷다리로 구슬을 부둥켜안은 다음, 뒷다리 발톱을 푹 꽂아 회전축으로 삼는다. 가운데다리 안쪽으로 경단을 잡고 톱니 달린 앞다리를 번갈아 지렛대로 이용하며 땅바닥을 떠민다. 머리는 낮추고 엉덩이는 높인 물구나무 자세에서 뒷걸음질로 굴려 간다. 운반용 연장 중 가장 중요한 뒷다리를 쉴 새 없이 움직인다. 전진도 후진도 하며, 발톱도 자리를 바꿔 회전축을 바꾼다. 덩어리를 오른쪽 왼쪽으로 엇바꿔서, 균형을 잡으며 밀어 나간다. 그렇게 굴러 가는 동안 구슬의 겉면은 땅과 부딪치는 압력을 받아 골고루 굳어지고, 모양도 다듬어진 경단이 된다.

  자, 힘을 내자! 경단은 굴러, 굴러 목적지에 다다를 것이다. 하지만 도중에 방해가 없는 것은 아니다. 첫 번째 문제가 생겼다. 소똥구리가 비탈길을 가로질러 경단을 밀어 올리려 한다. 하지만 무거운 짐이 언덕 아래로 굴러 떨어지려 한다. 이 길이 아무리 험해도 그는 자기만 알고 있는 어떤 동기(動機)[8]로 오직 이 길만

---

[7] 프랑스의 야생 사과는 한국산에 비해 대단히 작다.
[8] 동물행동학에서 '신호자극(信號刺戟)'의 의미이다.

통과하려 한다. 여기를
통과하겠다는 계획은
참으로 무모한 짓이다.
한 발짝만 미끄러져도,
모래 한 알만 밟아도 균
형이 깨질 것이다. 그야말로
운반에 실패할지도 모른다. 마침내

헛발을 디디고 말았다. 경단이 언덕 밑으로 굴렀다. 힘에
부친 소똥구리도 뒤집혔다. 발버둥 치다 겨우 일어나 짐을 쫓기
시작한다. 잘도 달린다. 이 경솔한 녀석아, 그 아래쪽에 좋은 길이
있어. 저 길로 가면 경단도 잘 구르고 실패할 염려도 없을 거야.
하지만 이 우둔한 벌레는 방금 굴러 떨어진 그 언덕을 다시 오르
기로 작정했나 보다. 그렇게 그곳으로만 계속 오르겠다는데 내가
이를 어찌하랴. 어쩌면 그 길을 고집하는 소똥구리의 뜻이 나보다
옳을지도 모른다. 그 길을 따르다 보면 덜 가파른 언덕으로 올라
갈지도 모르니까. 어쨌든 지금은 오를 수 없는 험한 비탈인데도
이 고집쟁이는 꼭 이 길로 가겠단다. 마침내 시시포스(Sisyphe)[9]의
고행이 시작되었다. 뒷걸음질로 한 발짝씩, 계속 조심해 가며 무
거운 경단을 높은 곳까지 끌어올린다. 우리는 그렇게 큰 물건이
어떤 기적의 힘으로 그런 언덕의 중턱에 머
물러 있게 되는지, 그 원리가 알고 싶다. 아
차! 한 순간의 서툰 동작으로 여태까지의 고
생이 헛되고 만다. 왕소똥구리는 또다시 경

---

[9] 『그리스 로마 신화』의 내용 중 연옥에서 계속 굴러 떨어지는 바위를 다시 올리는 형벌을 받는 왕의 이름. 『그리스 로마 신화』(현암사, 2002) 307~308쪽 참고

단과 함께 골짜기로 곤두박질쳐졌다. 다시 기어오른다. 또 구르고, 또다시 오른다. 이번에는 위험한 고비를 잘 넘겼다. 앞에서 곤두박질치게 했던 풀뿌리도 조심해서 피했다. 아직도 언덕길은 위험하니 차근차근 침착하게 올라야 한다. 때로는 대수롭지 않아 보였던 것이 모든 일을 망치게 하니 더욱 그렇다. 이번에는 왕소똥구리가 매끄러운 자갈에 미끄러져 다리를 다친다. 이 고집쟁이는 지치지도 않는지, 다시 밀고 올라간다. 헛수고뿐인 언덕 오르기를 열 번, 스무 번 고집하더니 결국은 고난을 극복해 낸다. 그렇지만 때로는 생각을 바꿀 때도 있다. 참으로 다행이다. 노력해 보았자 소용없음을 깨닫고 평지의 길을 택한 것이다.

  왕소똥구리가 항상 혼자서만 귀중한 소똥경단을 나르는 것은 아니다. 때로는 친구와 한패가 되어 나른다. 하지만 이 경우를 정확히 말해 보자면, 대개는 친구가 찾아와 가담한 셈이다. 여기, 경단을 준비한 소똥구리가 뒷걸음질로 밀며 혼잡스런 작업장을 빠져나간다. 그때 뒤늦게 똥무더기를 찾아와 일을 시작하려던 녀석이 자기 일을 갑자기 포기한다. 그러고는 지금 행복하게 굴려 가고 있는 주인의 경단 쪽으로 달려와 도와주겠단다. 주인은 그가 마치 일꾼인 듯 반갑게 맞아들이는 것처럼 보인다. 이제부터 두 마리는 한패가 되어 함께 운반한다. 너나 할 것 없이 서로 부지런히 경단을 안전한 장소로 밀고 간다. 구슬을 뭉치던 공장에서 이 과자를 절반씩 나누기로 이미 약속한 걸까? 한 녀석이 덩이를 반죽해서 대충 모양새를 갖추는 동안, 다른 녀석은 풍부한 재료에서 가장 좋은 부분을 떼다가 거기에 덧붙일까? 하지만 나는 오직, 소

똥구리들이 바글바글 모여 있는 곳에서 각자 자기의 일에만 몰두하는 것을 보았을 뿐, 결코 이와 비슷한 경우조차 본 적이 없다. 어쨌든, 뒤에 나타난 녀석에게는 소유권이 있을 리가 없다.

나중 녀석에게 소유권이 없다면, 암수가 결합해서 일하다가 앞으로 한 가정을 꾸리려는 것일까? 나는 얼마동안 그럴 것이라고 생각했었다. 무거운 짐을 한 마리는 앞에서 끌고, 또 한 마리는 뒤에서 밀며 고생하는 장면을 보면, 옛날 바르바리아(Barbarie) 지방[10]에서 손풍금 악사가 부르던 노래가사가 떠오른다.

"우리의 살림살이를 늘리려면, 아아! 어째야 할까? 당신은 앞에서, 나는 뒤에서, 우리는 함께 가재도구를 끌고 간다네."

이런 풍경의 가족살림을 노래하는 시는 내가 칼로 소똥구리를 해부하는 바람에 중단되었다. 겉모습에서는 암수가 구별되지 않아 굴리던 두 녀석을 해부해 보았는데, 결과는 대개 같은 성이었다.

그들은 가족도, 친구와 공동체로 일하는 것도 아니었다. 그렇다면 왜 협동으로 일하는 것처럼 보였을까? 그것은 오로지 똥을 훔치겠다는 이유밖에 없다. 열심히 도와주는 동업자인 척하다가 적당한 틈만 생기면 구슬을 가로채려는 음모에 찬 것이다. 똥무더

---

[10] 북아프리카의 모로코, 튀니지 등 여러 나라를 포함하는 지방 이름

기 속에서 구슬을 만들려면 체력과 끈기가 필요하므로 남이 만든 것을 날치기하려는 것이다. 어떤 때는 불청객 노릇을 하다가 날치기한다. 그러면 자기가 직접 일하는 것보다 훨씬 득을 보는 셈이다. 경계가 삼엄할 때는 주인을 돕는 척하다가, 망보는 게 허술하면 그 틈에 보물과 함께 사라져 주인의 식탁을 차지하는 것이다. 이런 날치기 수법은 밑져야 본전이니 실속 있는 수단을 써 보는 것이다. 지금도 이렇게 엉큼한 계획을 세우고 있는 녀석이 있다. 전혀 도움을 청하지 않았는데, 겉으로만 친절히 도와주는 척하며 야비한 계략을 품은 녀석이다. 그런데 더 대담하고, 힘에 자신이 있는 놈들은 갑자기 폭력을 휘둘러 강탈해 간다.

이런 광경은 항상 목격된다. 왕소똥구리 한 마리가 혼자서 평화롭게 경단을 굴려 간다. 이 경단은 양심적으로 일해서 얻은 그야말로 합법적인 재산이다. 그런데 어디선가 난데없이 한 녀석이 날아와 그 경단 위에 털썩 내려앉는다. 회색 뒷날개를 딱지날개 밑에 접어 넣더니, 톱니 달린 팔뚝으로 경단 주인을 뒤엎어 버린다. 주인은 경단을 멍에처럼 메고 가던 자세라 공격을 피할 겨를이 없었다. 팔다리를 버둥거리며 몸부림치는 사이, 약탈자는 벌써 경단 위의 유리한 고지에 올라앉아 주인의 팔을 뿌리친다. 빼앗긴 주인도 이제는 앞다리를 가슴 밑에 숨긴 채 공격 태세를 취한다. 경단 주위를 빙빙 돌며 반

1. 진왕소똥구리

격할 곳을 찾는다. 성채의 둥근 지붕 위에 올라앉은 도둑은 주인을 따라 방향을 이리저리 바꾸어 가며 경단을 지킨다. 주인이 올라오면 팔뚝으로 내려친다. 도둑 쪽은 난공불락의 요새에 버티고 있으니, 재산을 되찾으려는 주인은 공격 방법을 바꿔야만 한다. 그래서 바꿨다. 경단 밑에 구덩이를 파서 도둑과 성채를 한꺼번에 무너뜨린다. 마침내 경단과 한 덩이가 된 도둑은 아래쪽으로 흔들거리며 굴러 간다. 도둑은 어떻게 해서든 경단에서 안 떨어지려고 갖은 애를 쓴다. 하지만 목적이 분명하다고 해서 항상 성공하라는 법은 없다. 어쩌다 경단에서 발이 미끄러져 떨어지는 날이면, 두 마리에게 주어진 기회는 똑같다. 이때는 싸움이 격투로 변한다. 서로 몸을 부딪치고 주먹질이 난무한다. 다리가 엉켰다 풀리고, 관절끼리 뒤얽혀 삐걱거리고, 갑옷끼리 부딪쳐 날카로운 금속성 소리가 난다. 마침내 한 놈이 상대를 벌렁 뒤집어 놓는다. 자유롭게 된 녀석은 서둘러서 경단 위쪽을 차지한다. 하지만 다시 공방전이 시작된다. 누가 약탈자이고 누가 주인인지는 이 육탄전에서 결정 난다. 대개는 겁 없는 도둑이자 모험꾼인 떠돌이가 승리한다. 두세 번의 싸움으로 지쳐 버린 주인은 스스로 패배를 인정한다. 잃은 것을 깨끗이 단념하고, 똥무더기로 다시 돌아가 새로 구슬을 만든다. 반격 당할 염려가 없어진 도둑은 강탈한 경단을 짊어지고 제 갈 곳으로 사라진다. 가끔 제3의 강도가 나타나 이 도둑을 습격할 때도 있다. 솔직히 말해 이럴 때 나는 정말로 속이 후련해진다.

나는 왕소똥구리의 습성에 대해, 그리고 프루동(Proudhon)[11] 씨가 대담하게 역설했던 '재산이란 장물이다' 라고 한 말에 대해, 차분히 생각해 본다. 그리고 '권력은 힘의 시녀다' 라는 야만적 발언을 한 외교관은 누구였는지, 그 외교관은 아마도 왕소똥구리 사회에서도 존경받을 것이다. 약탈이 하나의 습성으로 굳어 버렸고, 그래서 똥덩이의 약탈을 위해 폭력을 제멋대로 휘두르는 원인이 무엇인지, 내가 그것을 알아내기에는 자료가 너무나도 부족하다. 지금 내가 할 수 있는 말은 오로지, 왕소똥구리 사회에서는 이런 날치기가 일반적인 풍습으로 통한다는 사실, 그것뿐이다. 철면피처럼 그렇게 뻔뻔스러운 예를 다른 경우에서는 찾아보지 못했다. 이렇게 오묘한 벌레들의 심리문제는 장래의 곤충학자들이 해명해 주기 바란다. 그리고 우리는 다시 경단을 굴리던 두 마리의 이야기로 돌아가 보자.

그 이야기로 들어가기 전에 잘못된 책의 내용부터 먼저 지적해야겠다. 「곤충의 변태(變態, 탈바꿈), 습성 및 본능」이라는 에밀 블랑샤르(Émile Blanchard)[12] 씨의 훌륭한 저서 안에 다음과 같은 문구가 있다. "이 곤충은 소똥경단이 구멍에 빠졌을 때처럼, 아무리 애를 써도 해결되지 않는 장애물을 만나면 움직이지 않을 때가 있다. 하지만 다른 종류의 왕소똥구리, 즉 아토쿠스왕소똥구리(Ateuchus)[13]의 판단력은 참으로 놀랄 만하다. 게다가 어려운 일을 동료들에게 알리는 능력이 있다는 것은 그야말로 더욱 놀라운 일이다. 이 왕소똥구리는 경단이 장애물을 넘을 수 없다고 판단하면, 마치 단념한 것처럼 그곳을 떠난다. 하지만 머지않아 되돌아온

[11] Pierre Joseph, 1809~1865년, 프랑스 사상가, 사회주의자
[12] 1819~1900년, 파리자연사박물관 교수
[13] *Ateuchus*는 한때 독립 속명이었으나 현재는 *Scarabaeus* 속의 아속명으로 정리되었다.

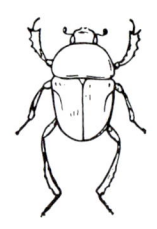
소똥구리

다. 만일 당신이 숭고한 미덕을 염두해 두었다고 할 만큼의 인내심을 가지고 버려진 경단을 좀더 지켜본다면, 그가 돌아오는 것을 보게 될 것이다. 그런데 혼자 오는 게 아니다. 하나, 둘, 셋, 다섯 마리를 데려와 힘을 합쳐 무거운 짐을 끌어올린다. 녀석은 응원군을 데리러 갔던 것이다. 그래서 아토쿠스왕소똥구리가 황량한 벌판에서 몇 마리씩 모여 한 개의 덩어리를 운반하는 광경을 흔히 보게 된다." 또한 「곤충학잡지」에서는 일리거(Illiger)[14] 씨의 다음과 같은 글을 읽었다. "소똥구리(Gymnopleure pilulaire: *Gymnopleurus pilurarius→ mopsus*)☘ 가 알을 낳으려고 만든 경단을 실수로 구멍에 빠뜨렸다. 녀석은 혼자 그것을 끌어내려고 오랫동안 고생했다. 헛된 노력에 시간만 낭비한 것을 깨닫자, 똥더미 근처에 있는 세 마리의 동료에게 찾아갔다. 그들은 주인을 도와 구슬을 꺼내 준 후 각각 제자리로 돌아가 자기 일을 다시 시작했다."

저명하신 선배님, 즉 블랑샤르 씨에게는 용서를 빌어야겠지만, 분명히 그런 일은 있을 수 없다. 우선, 앞의 두 이야기는 작업 방법이 너무나도 흡사한 점으로 보아, 틀림없이 둘 모두가 같은 근거에서 나왔을 것이다. 일리거 씨가 소개한 소똥구리의 작업 방식

---

14 Johann Karl Wilhelm Illiger, 1775~1813년, 독일 곤충학자. 동물학자. 베를린동물박물관장 및 교수

☘ *Gymnopleure pilulaire*는 왕소똥구리와 가깝고 크기는 훨씬 작은데 역시 똥구슬을 굴려서 주어진 이름이다. 이 종은 북부 지방까지 널리 분포하는 데 반해 진왕소똥구리는 지중해 연안에 한정적으로 분포한다.(역주: 과거에는 *G. pilularius*가 파브르의 주석 내용처럼 알려졌으나 실은 북아프리카부터 유라시아대륙을 거쳐 한반도까지 분포하며, 우리말 이름은 '소똥구리'인 *G. mopsus*의 동물이명이다.)

을 그대로 받아들이기엔, 특히 관찰부터 이해할 수 없다. 게다가 왕소똥구리에서도 똑같은 사정이 반복되었다. 사실, 경단 한 개를 두 마리가 같이 굴리거나, 복잡한 곳에서 함께 끌어내는 광경은 흔히 볼 수 있으므로 똑같은 이야기를 했을 것 같다. 그러나 두 마리가 공동으로 작업한 장면만 보고, 어려운 일을 함께 처리하고자 동료에게 도움을 청했다는 증거를 찾을 수는 없다. 블랑샤르 씨가 요구한 '인내심'이란 부분은 나도 그 타당성을 크게 인정한다. 하지만 나는 누구보다도 진왕소똥구리와 오랫동안 가깝게 지내 왔다고 자부할 수 있고, 곤충의 습성을 가능한 한 정확하게 관찰하려고 노력해 왔다. 살아 있는 곤충을 상대로 이리저리 궁리하며, 그 속성과 습관을 연구하고자 많은 고심도 해왔다. 그런데 구원 요청 때문에 달려온 벌레는 한 마리도 보지 못했다. 이제부터 그 진실을 실험으로 밝혀 보련다. 진왕소똥구리가 실제로 구멍에 빠져 곤혹을 치르는 경우보다 더 확실한 실험을 해보았다. 진짜 시시포스가 형벌로 비탈을 오르는 것보다 더 가혹하고 복잡한 조건에서 운반하게 했다. 한편, 비탈길에서 이런 식의 격심한 행동은 결과적으로 경단이 더 단단해지고, 모양도 제대로 갖추어지는 원인인 것 같았다. 나는 도움을 청하지 않으면 도저히 안 될 정도의 환경이 되도록 농간을 부려 보았어도, 이들이 도움을 청하려는 기미는 한 번도 보지 못했다. 오직 노상강도질이나 약탈당하는 곤충만 보았을 뿐이다. 한 개의 구슬이나 경단에 몇 마리의 왕소똥구리가 둘러싸고 있다는 것은 쟁탈전이 한바탕 벌어진다는 이야기이다. 결국 날치기하기 위해 몇 마리의 왕소똥구리가 똥덩이 주변에 모여든 것을 보고, 그들이 주인의 도움 요청으로 몰려온 패거리라고 생각한 선배들의 판단은 분명히 잘못된 것이다. 그들의 불완전한 관찰 덕분에 뻔뻔스러운 날치기가 자신의 일마저 버리고 남을 돕는 선량한 동료로 둔갑한 것이다.

　겨우 곤충에 불과한 이들이 참으로 놀랄 만한 상황판단 능력(지능)을 가졌다던가, 한술 더 떠서 동족간의 통신 능력까지 인정하자는 것, 이런 종류의 문제는 결코 쉽게 결론을 내릴 수 없는 것이다. 그래서 나는 내 주장을 끈질기게 고집하련다. 무엇이 어쨌다고? 왕소똥구리 한 마리가 어떻게 할지 모를 곤경에 빠지자 친구를 불러 도움 받을 생각을 한다고? 그러니까 왕소똥구리가 하늘로 날아올라 주변을 유심히 살핀 뒤 똥무더기에서 일하는 패거리를 발견하자 손짓발짓으로, 특히 더듬이를 움직여서 대충 이렇게 말한다고. "얘들아, 너희들 내 말 좀 들어봐. 내 짐이 저 구멍에 거꾸로 처박혔어. 모두 와서 좀 도와줘. 나중에 한턱 톡톡히 쏠게." 친구들이 대답한다. "그래, 별로 힘든 일도 아닌데 뭐." 하면서, 제 일들을 던져 버리고 그의 경단을 꺼내 주러 간다고? 다른 놈들이 눈을 까뒤집고 소똥덩이를 노리는데, 그놈들 앞에 자기의 귀중한 재산을 팽개쳐 두고 친구를 도와주러 간다고? 모두가 지어낸 말이다. 자리를 비운 사이 똥은 도둑맞을 게 뻔한데, 곤충에게서 그런 자기희생을 바란다는 것은 정말로 상상할 수조차 없는 일이다. 실험실이 아닌 야외의 현장에서 여러 해 동안, 정말로 여러 해 동안, 왕소똥구리가 일하는 모습을 관찰해 온 나는 굳게 이렇다고 믿는다. 즉, 언제나 감동을 주는 모성애가 개입되지 않은 이상, 또는 벌이나 개미처럼 사회생활을 하는 종류가 아닌 이상, 곤충은 자신의 일 이외의 것에는 결코 관심이 없다고.

　이야기가 좀 빗나갔지만 이 문제도 중요해서 언급했으며, 여담은 이 정도로 끝내자. 이미 말했듯이, 뒷걸음질로 경단을 밀고 가는 왕소똥구리에게 다른 녀석이 다가와 함께 미는 경우는 흔하다. 다가온 녀석은 음흉스러운 계략을 품고 돕는 척하다가 기회만 생기면 날치기하려는 놈이다. 표현이 적당치는 않겠지만, 함께 일하는 두 마리를 우선 친구라고 해두자. 불청객이 끼어들었을 때, 경단 주인은 공연히 트집잡힐 필요도 없고, 쓸데없는 그의 참견을 받아들이기도 싫다. 하지만 두 친구의 만남은 지극히 평온해 보인다. 주인은 친구(사실은 불청객)가 찾아왔다고 해서 자신이 하던 일을 늦추지는 않는다. 그렇지만 친구란 녀석은 진정으로 친절한 척하며 어떻게 해서든 일에 끼어든다. 그래도 짐을 운반하는 방법은 서로 다르다. 주인 역시 주역다운 자세로 일을 계속한다. 머리는 아래를 향하고 뒷다리를 위로 높이 들어, 뒷걸음질로 짐을 떠민다. 하지만 불청객은 자세도 반대이며, 앞에서 끈다. 머리는 위로, 톱니가 달린 팔은 경단에 걸치고, 뒷다리는 땅에 붙인 자세이다. 이 두 마리 사이의 경단은 주인에 의해 밀리고, 조수인 친구에게 끌리며 굴러간다.

　이렇게 두 마리가 함께 일

한다고 해서 마음까지 항상 맞는 것은 아니다. 늦게 끼어든 녀석은 경단이 굴러 가는 방향에 등을 향한 자세이고, 주인은 짐이 가려 앞을 볼 수 없는 자세이다. 그래서 사고가 자주 일어난다. 보기조차 민망할 만큼 잘도 뒤집히지만 기가 죽지는 않는다. 그럴 때마다 각자는 빨리 정신을 차리고 일어나 제자리로 돌아가 자세를 가다듬는다. 짝을 지어 일하다 보면 이렇게 실수가 많으니, 평지에서는 애쓴 만큼의 효과가 있을 리 없다. 뒤쪽 왕소똥구리 혼자서 굴려 가도 같은 속도를 내거나 더 빨리 갈 수도 있다. 하지만 조수는 운반을 방해하지 않는다는 호의를 보이려고 아무 일도 하지 않는다. 물론 그 귀중한 경단에서 손을 뗀 것은 아니다. 손을 뗐다가 손해 볼 일 따위는 생각조차 안 할 것이다. 만일 그런 생각을 했다면 처음부터 찾아오지도 않았을 게 틀림없다.

아무튼 그는 소똥경단과 한 덩이가 된 것처럼, 다리로 구슬을 꽉 움켜잡고 엎드려 있다. 그렇게 한 덩이가 되어 법적 주인이 굴리는 대로 굴러 간다. 무거운 경단이 자신의 몸 위에 얹혀서 굴려져도, 아래나 옆쪽으로 굴려져도 상관없다. 오직 줄기차게 물고 늘어졌을 뿐 꼼짝도 않는다. 이 괴짜 조수야말로 오직 자신의 삶만을 위해, 굴렁쇠 위에 얹혀 있는 마차 격이다. 그래도 험준한 언덕을 만났을 때는 임무를 훌륭히 해낸다. 이런 곳에서는 앞장서서 톱니 달린 앞다리로 무거운 짐이 굴러 떨어지지 않도록 꽉 잡는다. 주인은 그 틈에 발 디딜 곳을 마련하고 짐을 조금씩 밀어 올린다. 혼자서는 고집을 부려도 못 올라갈 비탈을 친구 녀석과 힘을 합쳐, 밀고 올라가는 것을 본 적도 있다. 하지만 이렇게 어려운 경우를 만났을 때, 조수도 주인처럼 열심히 일한다고 말할 수는 없다. 정말로 합심을 해야만 돌파할 수 있는 난관에 부딪쳤는데도, 전혀 도울 기미조차 보이지 않는 녀석도 보았다. 시시포스의 불행을 만난 주인은 험준한 언덕을 넘고자 애쓰지만, 그 녀석은 전혀 모른 체한다. 오직 경단에만 찰싹 붙어 있다가 함께 굴러 떨어진다.

나는 연합한 두 녀석이 장애물을 만나면 어떤 재주를 피우는지 여러 번 괴롭혀 보았다. 우선 평지에서, 조수는 경단 위에서 움직이지 않고 주인 혼자서 밀고 가는 경우를 생각해 보자. 길고 튼튼한 꼬챙이를 그들이 눈치 채지 못하게 경단에 박아 졸지에 움직이지 않게 만들었다. 내 계략을 모르는 두 녀석은 틀림없이 어떤 장애물 때문에 안 움직인다고 생각할 것이다. 수레바퀴에 파인 자리, 풀뿌리, 아니면 작은 돌멩이가 길을 막는다고 생각했을 것이다. 그래서 두세 배의 힘을 들여 본다. 하지만 움직이지 않는다. 도대체 웬일일까? 알아봐야겠군. 그래서 경단 둘레를 두세 바퀴 돌아본다. 이유를 모르겠다. 뒤로 돌아가 다시 밀어 보지만 역시 꼼짝 않는다. 위쪽에 문제가 있는지 올라가 본다. 거기는 친구가 꼼짝 않고 있을 뿐이다. 둥근 지붕을 샅샅이 살폈지만 경단 속 깊이 박힌 꼬챙이는 보지 못했다. 아무 일도 없으니 다시 내려온다. 다시 앞뒤로, 좌우로 힘차게 밀어 본다. 역시 꼼짝 않

1. 진왕소똥구리 37

는다. 아마도 왕소똥구리는 한 번도 이렇게 어려운 난관을 만나 본 적이 없을 것이다.

 지금이 바로 도움을 청할 때이다. 하지만 둥근 경단의 지붕 위에 앉아 있는 녀석은 손가락 하나 까딱 않는다. 그러면 주인이 달려 올라가 녀석을 잡아 흔들며 이렇게 외쳤어야 할 것이다. "너 지금 뭐하고 있어! 빨리 내려와 봐. 짐이 안 움직이잖아!" 하지만 놈은 내려올 기미를 보이지 않는다. 한동안, 주인 혼자서 꼼짝 않는 경단을 굴려 보려고 아래, 위, 옆을 열심히 살필 뿐이었다. 물론 그때까지도 윗녀석은 꼼짝 하지 않았으나 결국은 그도 사고가 생겼음을 알게 된다. 이제서 내려와 무슨 일인지 둘러보고, 두 마리가 함께 굴려 본다. 하지만 마찬가지다. 참으로 어려운 일이다. 조그만 부채 모양의 더듬이를 접었다 펼쳤다 하며 걱정거리가 생겼음을 나타낸다. 마침내 그들은 타고난 재주를 이용해서 사건을 매듭짓는다. "아무래도 아래쪽에 무슨 일이 생긴 것 같지?" 그래서 경단 밑을 조사하게 된다. 밑을 조금 파 보자 곧 꼬챙이가 드러났다. 문제는 바로 그 꼬챙이였음을 알게 되었다.

 만일, 나에게 자문을 구했다면 나는 이렇게 말해 줬을 것이다. "구멍을 파고 경단에 박힌 말뚝을 빼내거라." 노련한 숙련가였다면 가장 기본적인 이 방법대로 말뚝을 뽑아냈을 것이다. 하지만 왕소똥구리는 이 방법을 시도하지도, 택하지도 않았다. 그들은 사람보다 더 훌륭한 생각을 해냈다. 한 녀석은 이쪽, 다른 녀석은 저쪽에서 경단 밑으로 파들어 간다. 경단은 들어간 만큼 꼬챙이를 따라 슬슬 올라가다가, 마침내 구멍이 뚫리면서 꼬챙이의 꼭지 쪽으로 밀려 올라간다. 드디어 경단이 왕소똥구리의 몸 두께만큼 높이 올라갔다. 하지만 다음은 더 힘들다. 처음에는 땅에 납작 엎드린 자세였으나, 이제는 다리를 점점 세워가며 등으로 밀어 올린다. 완전히 지친 다리, 그나마도 뻗 다리로 밀어 올리기에 힘이 부친다. 어쨌든 해냈다. 그런데 이제부터는 등이 닿지 않을 정도로 높아졌으므로 더는 밀 수가 없다. 마지막 수단 하나가 남아 있긴 해도 힘을 발동하기에 적당치가 않다. 짐을 짊어지고 갈 생각이지만 어떻게 짊어져야 할지 이리저리 궁리해 본다. 머리를 아래로도 위로도 해보고, 뒷다리로, 그리고 앞다리로 밀어 올려본다. 꼬챙이가 아주 길지 않았다면 경단은 땅으로 떨어졌을 것이고, 그것을 그대로 굴리다 보면 뚫렸던 구멍은 그럭저럭 수리가 될 것이다.

 그러나 꼬챙이가 너무 길고 단단히 꽂혔으면 경단은 왕소똥구리 키 높이의 허공에 떠 있을 뿐, 떨어지지는 않는다. 이제 누군가의 도움으로 그 보물을 되돌려 받지 못한다면, 두 녀석은 영원히 가질 수 없는 그 진수성찬의 둘레를 몇 차례 맴돌다가 자리를 뜰 것이다. 이렇게 어려워졌을 때 도와줄 방법이 있다. 작은 돌멩이로 발판을 만들어 주면 그리 올라가서 일을 계속할 수 있다. 하지만 두 마리 중 어떤 녀석도 이런 도움을 이용하지 않는다. 아마도 그들은 도움을 곧바로 이해하지 못한 것 같다. 그러다가 우연인지 의도적인지 알 수 없으나 어느 한 마리가 돌 위로 올라서게 된다. 정말 운이 좋았다. 돌 위를 지나다 똥덩이가 등에 스침을 느낀다. 그러자 갑자기 용기를 내서 다시 밀어 올리기 시작한다. 이제 디딤돌 위에서 팔다리로 버티고, 등으로 밀어 올린다. 등이 모자라면

거꾸로도, 바로도 서 본다. 다리가 닿
지 않으면 일을 중단한 채 다시 불안
해한다. 그럴 때 이들이 눈치 채지 못
하게 먼젓번 돌 위에다 또 돌을 올려
놓는다. 새 돌층계 덕분에 일을 계
속한다. 필요할 때마다 돌을 한
층씩 올려 주자 손가락 서너 마
디의 높이까지, 그리고 꼬챙이
끝에서 흔들리는 경단이 완전히 빠질 때까지, 악착같이 밀어 올리
는 왕소똥구리를 보았다.

　이 곤충들은 발판을 높여 준 것에 대해 막연하게나마 눈치를 챘
을까? 내가 마련해 준 돌멩이 발판은 아주 잘 이용했는데, 도와준
것을 알았을지 의심이다. 사실상 사고 능력만 있다면, 높은 곳의
물건에 닿기 위해 디딤돌을 써야 한다는 것쯤은 아주 단순한 일이
다. 두 마리가 함께 있었으니, 하나가 다른 녀석에게 등을 대주면
일을 계속할 수 있었을 텐데, 왜 그렇게 하지 않았을까? 아아! 그
들에게서 공동 작업을 기대한다는 것은 얼마나 요원한 일이더냐!
한쪽이 상대를 받쳐 주면 높이가 두 배로 되는데, 그들은 그런 생
각을 하지 못하고 오직 각자가 최선을 다해 덩어리를 밀어 올릴
뿐이다. 그건 사실이다. 그들은 각자가 혼자인 것처럼 밀었을 뿐,
함께 밀면 얼마나 좋은 결과를 얻을 수 있는지 생각조차 못한다.
꼬챙이로 경단을 고정시킨 실험과 비슷한 환경은 실제로 얼마든
지 있다. 구르던 덩어리가 장애물이나 풀뿌리에 걸리든지, 작은

나뭇가지 끝이 연한 소똥경단을 찔러서 움직이지 못하게 할 때도 같은 경우이다. 내가 경단을 움직이지 못하게 했던 조건이나, 울퉁불퉁한 땅위를 구르다 자연적으로 일어난 조건이나, 거의 같은 상황이라 하겠다. 자연의 실제 상황에서도 이 곤충들은 등으로, 그리고 다리로 밀어 올린다. 친구와 함께 있을 때도 별로 다를 게 없다.

친구 없이 혼자서 굴리다 꼬챙이에 꾀인 경우도 행동 방법은 완전히 똑같다. 필요한 만큼씩 발판을 높여 주면 그의 노력은 성공한다. 이런 도움이 없다면, 그에게 소중한 그 경단은 너무 높은 곳에 있다. 높아서 손대보지 못하면 원기도 회복치 못하고 종래는 실망한다. 크게 아쉽겠지만 곧 날아가 자취를 감춘다. 어디로 갔을까? 모른다. 내가 확실히 아는 것은 왕소똥구리가 도와줄 패거리를 몰고 오지는 않는다는 사실뿐이다. 하나의 경단에 두 마리가 붙어 있을 때도 서로를 이용치 못하는데, 어떻게 그런 행동을 기대할 수 있겠는가?

하지만 내 실험은 이들이 최대한으로 노력해도 만져 볼 수 없는 높이의 공중에 걸려 있었기 때문에, 이 조건과 보통의 자연 조건과는 너무 달랐을 수도 있다. 그렇다면 실험을 다시 해보자. 소똥구리가 경단을 굴려 올리지 못할 만큼 상당히 깊고 경사도 가파른 구멍에서 실험해 보자. 블랑샤르 씨와 일리거 씨가 기술한 것과 똑같은 조건이다. 이때는 어떤 일이 벌어질까? 왕소똥구리는 끈덕지게 일했어도 성과가 없자 자기 능력이 부족하다고 생각했는지 날아가 버린다. 나는 선배들의 말을 믿고 오랫동안, 그야말로 오랫동안, 이 곤충이 패거리를 몰고 오는지 기다려 보았다. 얼마를 기다려도 허사였다. 며칠 뒤 가 보아도 경단은 구멍 속에 그대로 있었다. 내가 없는 동안 아무 일도 없었다는 증거이다. 굳이 사람을 시켜서 그것을 걷어올 생각도 없기에 그대로 내버려 두었다. 그래도 나는 진왕소똥구리가 고정된 경단을 움직이는데, 쐐기나 지렛대를 이용할 줄 안다는 사실이 그가 지닌 최대의 지적 능력이라는 것을 밝혀내고, 그 증인이 되어 주련다. 그들에게 친구 불러오기 능력이 없음은 이미 부정되었다. 이 부정에 대한 보상으로, 그런 것들을 사용할 줄 안다는 기계공학적 공적만큼은 밝혀서 기꺼이 그들의 명예를 회복시켜 주려는 것이다.

백리향이 우거져 숲을 이루고, 비탈진 모래밭에 수레바퀴 자국으로 파인 곳을 왕소똥구리 두 마리가 그들의 취향에 맞게 반죽한 소똥구슬을 한없이 굴려 간다. 굴리다 마음에 드는 장소를 골라잡는다. 그런데 언제나 주인 소똥구리가 경단 뒤쪽에서 거의 혼자 고생고생하며 운반해 왔다. 그러고는 그것을 바로 옆에 놓아둔 채 양식을 보관할 구멍을 파기 시작한다. 따라왔던 녀석은 경단 위를 꺾쇠처럼 물고 늘어져 죽은 체하고 있다. 주인은 머리방패와 앞다리의 톱날로 모래를 파낸다. 뒷걸음질로 흙더미를 한 아름씩 밀어낸다. 잘 파이는 곳이라 곧 깊게 파이고, 그 속으로 들어갔을 때는 주인의 몸뚱이가 보이지 않는다. 그는 흙을 한 아름씩 안고 나올 때마다 경단을 힐끗힐끗 쳐다보며 이상이 없는지 살피곤 했다. 가끔씩 그것을 구멍 가까이 끌어오기도 하고, 슬쩍 건드려 보기도 한다. 아마도 이렇게 확인하고 나면 신이 나는가 보다. 경단 위의 사기꾼은 아무 일도 없다는 듯, 그리고 주인에게 잘 보이려는 듯, 그 위에서 꼼짝 않고 자는 척한다. 그러는 사이, 지하실 안은 깊고 넓어진다. 구멍을 파는 녀석은 넓어져 가는 공사에 마음이 쏠려 밖으로 나오는 간격도 뜸해진다. 지금이 좋은 기회이다. 잠든 체 하고 있던 교활한 녀석이 눈을 번쩍 뜬다. 나쁜 짓에 도가 튼 이 도둑놈은 현장을 들키지 않으려고 재빠른 동작으로 똥을 가지고 도망친다. 나는 이런 놈의 배신에 화가 치민다. 하지만 내 책(곤충기)에 흥밋거리가 될 것이니 그냥 놔두자. 만일, 결과가 나쁜 방향으로 흘러갈 듯한 위험성이 보이면, 나는 즉시 내 도덕성을 발휘할 채비가 되어 있다. 그래서 그냥 놔두는 것이다.

  도둑은 벌써 몇 미터 밖 저쪽으로 도망쳤다. 주인이 구멍에서 나왔을 때는 주위를 둘러보았자 아무도 없다. 이런 날치기를 자주 당해 본 주인은 벌써 무슨 일이 생겼는지 알아차린다. 곧 냄새와 시력의 도움으로 도둑의 흔적을 찾아내고, 허둥지둥 그를 따라잡았

다. 교활한 도둑놈은 추적이 가까워지자 재빨리 짐 나르기 자세를 바꾼다. 좀 전의 친구처럼 앞다리로 경단을 안고 뒷다리로 일어선다. 그러고는 "이봐! 아주 요상한 일이 벌어졌어! 너는 나를 의심하겠지만, 실은 그게 아니라 경단이 언덕에서 구르는 바람에 내가 잡아서 도로 가져오는 길이야" 하고 변명하는 것 같다. 하지만 나는 지금 양쪽을 똑같이 공평하게 확인한 사람이다. 덩어리는 분명히 구멍 앞에 놓였었고, 땅바닥은 평평하니 저절로 구를 수 없다. "나는 네가 똥을 훔쳐서 굴려 가는 것을 내 눈으로 똑똑히, 그리고 틀림없이 보았어. 너는 절도 미수이다. 아니라면 내 머리가 돌았다는 이야기인데, 나는 절대로 돌지 않았어." 그래봤자 내 말은 소용이 없다. 그러거나 말거나 똥 주인은 아무 일도 없었던 것처럼 도둑놈의 변명을 선선히 받아들이고, 덩어리를 굴속으로 가져간다.

하지만 도둑이 도망칠 여유가 충분했고, 흔적도 안 남겼다면 불운은 회복할 수 없다. 뜨거운 햇볕 아래서 땀을 흘리며, 먹을거리를 긁어모아 먼 곳의 모래벌판까지 옮겨왔다. 방도 만들었으니 상쾌한 향연의 준비가 모두 끝난 셈이다. 게다가 적당히 운동까지 했으니 식욕도 커졌겠다. 이제, 입맛을 다시며 코앞의 진수성찬을 먹기만 하면 그만인 이 순간, 교활한 놈에게 딩하고 말았다. 이렇게 되면 심지가 대단히 굳은 사람이라도 그 불행한 운명에 좌절할 것이다. 그런데 소똥구리는 그런 불운 따위에 흔들리지 않는다. 뺨을 쓱쓱 비비고 숨을 크게 들이마신 뒤 다시 용기를 내서 가까운 똥무더기로 날아가 다시 일을 시작한다. 이렇게 끈질긴 기질에 나는 감탄을 함과 동시에 부러움까지 느낀다.

왕소똥구리가 다행히 착한 친구를 만났다고 가정해 보자. 아니면 운이 더욱 좋아서 초청한 친구가 없다고 해보자. 굴속의 준비는 벌써 다 끝났다. 모래흙 속에 마련된 땅굴은 별로 깊지 않고 보통 주먹만 한 넓이다. 밖으로는 경단이 겨우 통과할 만한 짧은 통로가 있다. 그래도 식량을 보관하기에는 충분하다. 식량을 창고에 넣고 나자 입구를 꽉 막은 뒤 밖으로 나오지 않는다. 입구가 닫히면 겉에서는 아무도 식량 창고를 알아보지 못한다. 지금이야말로 태평세월이다. 식탁에는 진수성찬이 가득 쌓여 있고, 천장이 뜨거운 태양열을 막아 주어 방안은 아늑하다. 습기도 적당히 촉촉하다. 모든 것이 그의 생애에서 최고이다. 고요한 어둠 속에선 귀뚜라미의 합창이 들려오니, 만사가 기분을 한껏 돋우어 준다. 그 집 앞에서는 오페라 갈라테(Galathée)[15]의 유명한 노래가사 한 소절이 들려오는 듯, 환상에 젖는다. "아, 주변은 모든 만물이 떠들썩하건만, 아무 일도 없는 나는, 얼마나 기분이 좋으냐."

이렇게 행복한 잔치를 감히 누가 방해하려는가? 하지만 알고 싶은 내 욕망이 해볼 만한 것이라면 무엇이든 해보게 한다. 대담하게 그 집안을 침범해서 눈에 보이는 것들을 기록해 두기로 결심했다. 혼자 있는 그의 방안은 거의 소똥경단으로 가득 차 있다. 호화판 식량이 바닥에서 천장까지 닿았고, 벽과 식량 사이에 좁은 통로가 있다. 안에는 보통 한 마리, 때로는 두 마리가 배는 식탁에, 등은 담벼락에 기댄 채 끼어 있다. 이렇게 자리를 잡고는, 먹고 소

---

[15] 『그리스 로마 신화』에 나오는 바다의 요정. 판의 아들 아키스와 사랑에 빠졌으나, 이를 질투한 거인이며 식인종 추장인 폴리페모스가 바위로 내리쳐 죽임을 당한다. 폴리페모스의 사랑 노래가 유명하다. 『그리스 로마 신화』(현암사, 2002) 221~223쪽 참고

화시키는 일에만 모든 생활과 마음을 빼앗겼을 뿐, 움직이지도 않는다. 한눈을 팔았다가는 밥 한술이라도 손해 볼 것이며, 맛없다고 불평했다가는 제 배만 곯고 말 것이다. 모든 먹을거리는 오직 순서를 밟아 경건하게 위와 창자로 통과시켜야 한다. 이렇게 더러운 오물을 거두어들이는 왕소똥구리의 모습을 보고 있노라면, 그들은 지상을 정화시키는 일이 자신의 역할임을 스스로 알고 있다고 말하고 싶다. 이 오물이 봄철의 풀밭을 새로 장식하도록 꽃으로 변화시켜 준다. 그리고 소똥구리의 아름다운 딱지날개로 다시 변화(탄생)시킨다. 이들은 이렇게 불가사의한 화학적 사명을 알고 있기에, 지금도 이 작업에 혼신의 힘을 한다는 말을 하고 싶다. 말과 양은 훌륭한 소화기관을 가졌어도 똥 찌꺼기는 이용하지 못했다. 소똥구리는 그들이 소화시키지 못한 것을 식량으로 삼고, 몸에는 특별한 연장을 지녀 그것을 소화시키는 뛰어난 능력을 가졌다. 그들을 해부해 보면, 창자가 그렇게도 길다는 점이 참으로 우리를 놀라게 한다. 여러 번 구부러지고 겹쳐진 복잡한 회로처럼 생겼다.

이런 창자로 재료를 천천히 처리하여, 마지막 한 토막의 찌꺼기까지도 이용할 민한 것은 몽땅 흡수해 버린다. 이렇게 강력한 소화기관을 통해 초식동물의 위장이 끌어내지 못한 재료를 진왕소똥구리는 조금만 가공하여 흑단처

참매미 한여름에 우리나라의 대표적인 매미라 할 수 있다. 비교적 큰 편에 속하며 새벽이나 흐린 날씨에도 운다. 울음은 "맴 맴 맴 …… 매"를 반복하다가 "맴" 하고 끝낸다. 주로 활엽수 뿌리의 수액을 먹고 자란 애벌레가 6월 말경 해질 무렵부터 땅 속에서 나와 나무나 풀줄기에 매달려 날개돋이를 한다.

럼 검은 갑옷을 만든다. 다른 소똥구리에게는 금이나 루비 빛의 갑옷을 입혀 준다.

 이렇게 더러운 물질을 놀랄 정도로 변태시키려면 반응속도가 매우 빨라야 하고, 보건위생의 측면에서는 더욱 빠를수록 좋다. 그런데 왕소똥구리는 다른 어느 종류보다도 더 강력한 소화력을 물려받았다. 일단 식량과 함께 굴속에 틀어박히면, 그것이 다 떨어질 때까지 밤낮 없이 줄기차게 먹고 소화시킨다. 이런 증거는 많은데, 왕소똥구리가 숨어 생활하는 땅속의 방안을 조사해 보면 알 것이다. 그들은 밤낮을 가리지 않고 언제까지나 식탁에 붙어 있다. 그의 꽁무니에는 가느다란 끈이 볼품없는 실꾸러미처럼 길게 매달려 있다. 그 끈이 무엇인지는 구태여 알아볼 필요도 없다. 그 큰 덩어리의 먹이가 한 입, 두 입 소화관을 통과하면서 중요한 영양분은 섭취되고, 찌꺼기만 항문을 통해 밖으로 나오면서 끈처럼 꼬인 것이다. 끊기지 않고 항문에 매달려 있는 것을 보면, 특별한 조사 없이도 소화작용이 연속적임을 충분히 알 수 있다. 그 끈의 길이가 얼마나 되는지, 식량이 떨어질 무렵 펼쳐보니 정말로 놀랄 만큼 길다. 이렇게 큰 위장은 어디에서도 찾아볼 수 없다. 그들은 일생의 재산명세표에서 결코 손해를 보지 않겠다는 듯, 1주일 혹은 2주일 동안 내내 쉬지 않고 맛있게 먹어 댔다.

땅속에서 경단을 모두 먹어 버린 소똥구리는 햇볕이 내려 쬐는 밖으로 다시 나와 경단 만들기를 반복한다. 이렇게 환희에 찬 생활은 5월부터 6월까지 약 1~2개월 계속된다. 매미가 좋아하는 무더운 여름이 되면, 왕소똥구리는 땅속에 마련한 굴속으로 들어가 시원하게 지낸다. 첫 가을비가 내리면 다시 모습을 나타내는데, 봄보다는 수도 적고 힘도 못 쓴다. 하지만 그동안 그들은 분명히, 자기 종족의 장래를 위해 바쁘게, 그리고 중대한 일에 열중했다.

2 소똥구리 사육

특별히 진왕소똥구리의 습성에 관한 것이나 소똥경단을 굴리는 곤충에 대해 기술한 책이 있는지 찾아보았더니, 파라오(Pharaons) 시대의 곤충학이 오늘날까지도 통용된다는 사실을 알게 되었다. 책에서는 벌판을 뒹굴며 운반되는 배설물 덩어리 속에 곤충의 알이 들어 있다고 했다. 그 속에는 장차 애벌레가 먹을 식량과 보금자리도 들어 있다는 것이다. 어미 소똥구리는 울퉁불퉁한 벌판에서 소똥을 굴리는데, 구르는 도중 부딪치고, 언덕에서 굴러 떨어지다 보면 적당히 동그래진다. 그러면 그것을 땅속에 파묻고, 위대한 부화기(부란기, 孵卵器)인 대지(大地)에게 맡겨 버린다고 쓰여 있다.

 우선, 나는 이렇게 난폭한 육아법을 믿을 수가 없다. 왕소똥구리의 알은 아주 얇은 막으로 싸여 있어서 매우 연약하고 깨지기 쉽다. 이렇게 연약한 알이 그의 보금자리가 굴러 갈 때의 진동을 어떻게 견뎌 낸다는 말일까? 배아(胚芽) 속에는 적어도 생명의 불씨가 커 있고, 이것은 조금만 스쳐도 쉽게 꺼져 버린다. 게다가 어미소똥구리는 이렇게 연약한 애벌레의 보금자리를 장시간에 걸쳐 산을 넘고, 황량한 골짜기를 가로지르며 굴려 가지 않았더냐! 이것은 안 될 말이다. 그런 식으로 되었을 리가 없다. 모성애가 제 자식을 레굴루스(Regules)[1]처럼 나무통 형벌을 받게 하지는 않을 것이다.

일반화된 견해를 확 뒤엎으려면 논리만 앞세운 탁상공론은 소용없다. 그래서 나는 소똥구리가 굴려 가는 똥덩이를 수백 번이나 열어 보았다. 굴에서 파낸 경단도 열어 보았다. 하지만 그 속에는 방도 없었고, 알이 발견된 적도 없었다. 하나같이 조잡한 소똥뭉치였을 뿐, 그런 것들은 단 한 번도 없었다. 급하게 뭉쳐졌기 때문에 엉성하기 짝이 없는, 그리고 단순한 먹을거리에 지나지 않는 똥덩이에 불과했다. 소똥구리는 며칠 동안 굴에 틀어박혀, 그 뭉치로 평화롭게 잔치를 벌일 뿐이다. 그들은 그것을 서로 부러워하며 열심히 뺏고 빼앗긴다. 하지만 새로운 가족을 부양할 때는 그렇게 미친 것 같았던 광기를 발동하지 않는다. 왕소똥구리는 가족의 장래를 위해 해야 할 일이 무척 많다. 이때도 남의 똥을 훔친다면, 그것은 남의 알을 훔치는 것이나 다름없다. 남의 알을 훔쳤다면 그것이야말로 어리석은 짓이며, 이 점은 의심의 여지가 없다. 따라서 굴려 가는 똥뭉치에는 절대로 알이 들어 있지 않다.

애벌레의 양육이라는 어려운 문제를 풀어 보고자 처음 시도한 실험은 내 손으로 직접 길러 보는 것이었다. 널찍한 인공 사육장에

---

[1] 포에니 전쟁 때 로마의 장군. 카르타고에 포로가 됐고, 귀국 후 성난 군중들이 못을 박은 나무상자 안에 넣고 굴려서 죽였다.

모래 섞인 흙을 깔아 주고, 먹이를 넣어 주는 것이다. 안에는 스무 마리가량의 진왕소똥구리를 넣고, 친구 삼아 뿔소똥구리, 소똥구리(G. mopsus), 소똥풍뎅이(Onthophagus)들도 함께 넣어 주었다. 나의 곤충학 실험에서 이렇게 고생해 본 적은 한 번도 없었다. 특히 하루도 빠짐없이 매일 먹이를 바꿔 주는 일이 힘들었다. 우리 집 주인에게는 마구간과 말이 있었는데, 나는 그 집 머슴 조셉(Joseph)을 불러 전후 사정을 털어놓았다. 그는 내 계획을 비웃었지만, 은화(銀貨) 덕분에 곧 내 말을 잘 듣게 되었다. 벌레들의 아침식사에 매일 25상팀(centime=1/4프랑)이나 들었다. 소똥구리 살림 예산에 이렇게 거금이 들어간 적은 한 번도 없었다. 지금까지도 그때의 일이 눈에 선하다. 아마 평생 잊지 못할 것이다. 어느 날 아침, 조셉은 말의 배를 적당히 불리고 나서, 우리 집과 가로놓인 흙벽 위로 얼굴을 살짝 내밀고 손짓으로 부른다. "헤이! 헤이!" 나는 고봉으로 담긴 말똥 항아리를 받으러 뛰어간다. 우리 두 사람의 협정은 비밀에 붙여질 필요가 있었다. 이유를 말해 보자. 어느 날 아침, 막 똥항아리를 주고받을 때 집주인과 마주쳤다. 그는 이렇게 생각했을 것이다. "아니, 내 집 퇴비가 몽땅 담너머의 저 인간에게 가 버리다니. 우리 집 양배추에 줄 거름마저 저 집 마편초(Verveins: Verbena officinalis)나 수선화(Narcisses:

Narcissus)에 주려고 몰래 훔쳐 가고 있잖아." 나는 자초지종을 설명하려 했으나 허사였다. 내 말은 농담으로 몰리고 말았다. 조셉은 욕만 실컷 얻어먹고, 다시 그런 짓을 하면 쫓아내겠다는 주인의 으름장에 사과를 해야만 했다.

이제는 그날그날의 먹이를 구하러 길거리로 나가야 했다. 사람들 눈을 피해 가며 몰래 똥덩이를 종이봉투에 주워 담았다. 그 행동이 부끄럽지는 않았다. 어떤 날은 행운이 내게 미소를 짓기도 했다. 샤또 르나아르(Château-Renard)나 바르방텐(Barbantane)의 채소밭에서 수확한 농산물을 아비뇽(Avignon) 장터로 싣고 가는 당나귀(Âne: *Equus asinus*)가 집 앞을 지날 때 통관세를 바친다. 이런 뜻밖의 선물은 곧 거둬들여 며칠 동안의 고생을 덜기도 했다. 벌레를 기르기 위해 별 것도 아닌 똥을 구하느라 머리를 쓰고, 주위의 동정을 살피고, 여기저기 뛰어다니며 외교 수단까지 동원해야만 했었다. 무엇이든 가리지 않는 열정과 사랑으로 실행해 나간다면 반드시 성공하는 법이다. 그렇다면 내 실험도 성공했어야 했다. 하지만 성공하지 못했다. 얼마 뒤 진왕소똥구리는 죽어 버렸다. 자유로이 날 수도 없는 좁은 사육조에서 고향 생각으로 나날을 보내다가, 비밀을 털어놓지도 못하고 죽어 버렸다. 그나마 소똥구리와 소똥풍뎅이가 내 기대에 잘 응해 주었다. 적당한 기회가 오면 그들이 제공해 준 자료들을 밝혀 보련다.

사육조에서 기르며 관찰하는 것뿐만 아니라 야외에서의 현장 조사도 같이했는데, 야외 역시 기대했던 결과를 보여 주지 않았다. 나는 조수의 필요성을 느꼈다. 때마침 어린이들의 즐거운 행렬이 언덕 위를 지나가고 있었다. 목요일이었고, 그들은 이웃 마을 레 장글레의 학생들이었다. 학교의 지겨운 수업을 잊어버리고, 한 손에는 사과를, 다른 손에는 빵을 들고 온 것이다. 언덕 아래 주둔한 병사들의 사격 연습으로 대머리가 된 벼랑에는 총알이 많이 묻혀 있었다. 아이들은 오늘 아침, 몽땅 합쳐봐야 한 푼(sou=5상팀)밖에 안 되는 납덩이를 파내려고 원정을 온 것이다. 돌투성이의 황량한 벌판을 잠시나마 아름답게 하려는 듯, 장밋빛 제라늄 꽃이 풀밭 여기저기에 피어 있었다. 절반은 검고, 절반은 흰 딱새(Motteux oreillard: *Oenanthe oenanthe*)가 바위틈 사이로 날면서 시끄럽게 지저귄다. 백리향 덤불 밑의 땅속 틈바구니에서는 귀뚜라미가 단조로운 교향악으로 공기를 적시고 있었다. 이런 봄의 향연 속에서 아이들은 기쁨으로 껑충거렸다. 게다가 눈앞에 반짝이는 돈과 근사한 기대감으로 더욱 들떠 있었다. 캐낸 총알 값으로 받은 몇 수만 있으면, 주일 성당 입구에 있는 할머니 가게에서 박하사탕을, 동전 두 닢(liard=4수)이면 굵은 캐러멜 두 개를 살 수 있었다.

 나는 키가 제일 큰 소년에게 다가갔다. 똘똘해 보이는 얼굴이 내게 희망을 주었다. 그들은 사과를 먹으면서 내 주변으로 빙 둘러섰다. 내 사정을 잘 이야기한 뒤 소똥을 굴리는 진왕소똥구리를 찾아서 보여 주었다. 그리고 그들에게 이렇게 말했다. "땅속 어딘가에 들어 있는 소똥경단을 보면 가끔 어떤 것은 작은 구멍이 있거든. 그 구멍 속에 애벌레가 있을 거야. 아무 데나 막 파 봐도 되고, 왕소똥구리를 잘 지켜보다가 애벌레가 들어 있는 경단을 찾아내면 되는 거야. 벌레가 없는 건 계산하지 않기야. 알았지." 나는 그들이 믿기 어려울 정도의 금액을 내걸며 유혹했다. 겨우 몇 닢 밖에 안 되는 납 조각을 캐는 데 버려지는 시간을 내가 유익하게 활용해 보자는 것이었다. 그래서 애벌레가 들어 있는 경단 한 개에 20수에 해당하는 1프랑짜리 은화를 주겠다고 했다. 그러자 천진난만하고 귀여운 어린이들은 눈이 휘둥그레졌다. 똥뭉치 값에 이렇게 엄청난 금액을 제시하자 어린이들은 어리둥절했다. 거짓말이 아님을 보여 주기 위해 몇 푼씩의 수를 선금으로 쥐어 주었다. "다음 주, 오늘 이 시간에, 이 자리에서 만나기야. 아까 보여 준 것을 찾아낸 사람에게는 지금 계약한 대로 돈을 줄게." 이렇게 잘 설득해서 돌려보냈다. 그들은 이런 이야기를 주고받으며 서로 헤어졌다. "야, 이건 완전히 신나는 일이야! 우리가 따로따로 1프랑씩 받을 수 있다니!" 그리고 즐거운 희망에 부풀어 선금으로 받은 동전을 손바닥 위에서 쨍그랑거리며 울렸다. 그들은 총알에 박힌 납 조각은 벌써 까맣게 잊고, 벌판으로 흩어져 찾기 시작했다.

  다음 주 약속한 날, 나는 성공을 의심치 않으며 그 언덕으로 갔다. 나를 돕기로 했던 조수들은 친구들에게 경단을 찾아 돈 번 이야기를 했을 것이다. 그 말을 믿지 못하는 아이들에게는 먼저 받은 보증금을 보여 주기도 했을 것이다. 그래서 전보다 더 많은 아이들이 약속 장소에 모여 있었다. 내가 도착하자 모두 달려왔다. 그러나 환호 소리는 들리지 않았다. 의기양양한 기색도 보이지 않았다. 일이 제대로 안 됐음을 즉각 느꼈다. 이들이 실망한 데는 이유가 있었다. 모두가 학교에서 돌아오는 길에 여러 번 뒤져 보았으나, 내가 설명한 것과 똑같은 것은 하나도 없었다. 어미 왕소똥구리와 함께 있는 땅속의 경단은 몇 개를 보았으나, 그것은 단순한 먹이였을 뿐 애벌레는 들어 있지 않았다. 나는 다시 한 번 설명하고 다음 주 목요일에 또 만나기로 했다. 그러나 약속한 다음 주 역시 실패였다. 그들은 흥미를 잃었고, 찾으려는 아이들의 수도 줄었다. 나는 마지막으로 한 번 더 호소해 보았다. 그러나 여전히 효과는 없었다. 결국 마지막까지 열심히 도우려 했던 아이들에게는 그동안 수고한 값으로 몇 푼을 쥐어 주고 약속을 취소했다. 겉보기에는 아주 간단한 일 같았지만, 실제로는 그렇게도 힘들었던 이 실험은 나 혼자만의 몫으로 끝나야 한다고 생각했다.

그 후 여러 해가 흐른 오늘날까지도, 적당한 기회에 적당한 장소를 만나기만 하면 구멍을 파 보았다. 하지만 아직까지도 확실한 결과는 얻지 못했다. 그래서 토막 관찰을 짜깁기하고, 빈자리는 추리해서 메울 수밖에 없는 처지가 되었다. 얼마 안 되는 직접 관찰의 결과와 다른 소똥구리들, 뿔소똥구리, 소똥구리, 그리고 소똥풍뎅이가 사육조 안에서 제공해 준 결과들을 주워 모아보면 대략 다음과 같이 요약된다.[2]

농기구가 뒤죽박죽인 창고, 즉 여러 사람이 드나드는 이런 곳에서는 사육조 안의 왕소똥구리가 산란용 경단을 만들지 않는다. 이 경단은 끈질긴 인내를 요구하는 예술작품이다. 그러니 안정과 세심한 주의가 필요하고, 주위가 시끄러워도 안 된다. 밀실에 들어앉아 차분하게 계획을 세운 뒤 세공을 해야 한다. 어미는 모래땅에 10~20cm 깊이의 구멍

[2] 아직까지는 파브르가 습성을 제대로 몰라 실험을 실패하였다. 따라서 옳지 않게 설명된 부분도 있다. 하지만 이후에 다른 환경에서 여러 소똥구리에 대한 많은 내용이 제대로 연구되어 제5권에서 다시 설명된다.

을 판다. 방은 제법 널찍하고 바깥과는 좁은 통로로 이어졌다. 주의해서 고른 재료를 굴려 방안으로 들여온다. 이렇게 들여오길 여러 번 반복한다. 마지막에는 한 번에 옮기기 어려울 정도로 엄청나게 큰 것을 가져온다. 내가 관찰하려고 방문했을 때, 스페인뿔소똥구리(C. hispanus)는 방안에서 오렌지 크기의 덩어리를 마무리 작업 중에 있었다. 바깥과 연락할 수 있는 길은 겨우 손가락 하나가 통과할 정도의 가는 구멍이었다. 하기야 뿔소똥구리들은 경단을 굴리지 않는다. 먼 여행을 하며 식량을 나르지도 않는다. 바로 똥 밑으로 직통하는 갱도를 파고, 위쪽의 똥을 한 아름씩 뒷걸음질로 끌어내릴 뿐이다. 그러니 일도 안전하고 식량 저장도 쉽다. 한 자리에서 사치스런 입맛을 즐길 수도 있다. 무거운 똥덩이를 힘들게 옮겨야 하는 진왕소똥구리로서는 저들의 그런 생활 방식을 생각조차 못할 것이다. 그래도 진왕소똥구리는 두세 번의 왕복만으로도 스페인뿔소똥구리가 부러워할 만큼 큰 재산을 마련한다.

　아직 경단은 닥치는 대로 끌어 모은 혼합물일 뿐, 재료가 잘 골라진 것은 아니다. 무엇보다도 먼저, 안쪽 층은 애벌레를 살찌워야 하는 가장 양질의 재료를 주의 깊게 가려내서 만든다. 바깥층은 거친 재료로 만들어졌고, 먹이로 쓰이지는 않는다. 나만 보호용 껍질 역할을 할 뿐이다. 알이 놓인, 즉 아기의 방을 중심으로 한층, 한층 배열하는데, 바깥층일수록 덜 부드럽고 영양가도 적은 재료의 순서로 배열하며, 각 층마다 꼭 붙여서 단단하게 굳혀 놓는다. 제일 바깥층은 섬유질의 실로 가죽끈처럼 튼튼하게 짠다. 식량이 가득 차 간신히 움직일 정도의 비좁고 캄캄한 굴의 한 구석에서, 그리도 교묘한 작품을 어떻게 만들어 낼까? 참으로 놀라지 않을 수가 없다. 게다가 왕소똥구리는 보기에도 민망할 정도로 어색한 걸음걸이인데, 그런 다리로 교묘히 만들어 놓은 세공품을 보면 더욱 기가 막힌다. 마치 단단한 석회암이라도 파낼 정도의 울퉁불퉁한 다리로, 그렇게 볼품없는 연장으로 베 짜기라도 하겠다는 듯 덤벼드는 코끼리를 연상케 한다. 모성애로 이루어진 이 기적에 대하여, 나는 설명하기를 단념하련다. 내 대신 설명할 사람이 있으면 나서서 해보기 바란다. 불행하게도 나는 이 예술가가 작업 중인 광경을 보지 못했다. 그래서 걸작의 해설은 이 정도에서 그칠 수밖에 없다.

알이 들어 있는 경단의 크기는 보통 사과만 하며, 그 가운데에 직경 약 1cm쯤 되는 타원형 방이 있다. 그 안에 수직으로 매달려 있는 알은 밀알 크기로, 양끝이 약간 둥근 원통 모양이며 색깔은 황백색이다. 방의 안쪽 벽은 반들반들한 액체성 물질로 초벌칠이 되어 있는데, 색깔은 초록색을 띤 갈색이다. 이것이 바로 애벌레가 가장 먼저 먹을 똥크림이다. 어미는 이런 최상의 요리를 만들려고 똥에서 가장 질 좋은 부분만 모았을까? 그보다는 어미의 위장에서 정성 들여 만든 죽이 확실하다. 비둘기는 모이주머니에서 낟알을 젖처럼 부드러운 유동물질로 만든 다음 새끼에게 토해 준다. 이런 것들로 미루어 볼 때 소똥구리도 똑같은 자애로움을 가진 것이다. 양질의 먹이를 반쯤 소화시켜 부드러운 죽으로 만든 다음, 토해서 아기방의 벽에 발라놓은 것이다. 갓 부화한 애벌레는 소화하기 쉬운 이것부터 먹어 위장이 튼튼해진 다음, 좀 거친 바깥층을 먹을 수 있다. 반 액체성 크림 다음 층에는 양질의 잘 반죽된 먹이가 있을 뿐, 지푸라기 같은 섬유질은 아직 없다. 그 다음 층부터는 섬유질이 많고 거칠다. 가장 바깥층은 형편없는 재료지만, 잘 압축된 직물처럼 짜였고 외압에도 버틸 수 있는 튼튼한 껍질이 된다.

 이렇게 알이 든 경단은 식단이 점점 바뀌도록 만들어졌다. 이제 알에서 막 깨어나 연약한 애벌레는 방안 벽에 발라놓은 질 좋은 죽을 핥아먹는다. 양은 아주 적어도 영양가는 매우 높은 강장제이다. 처음에는 가녀린 아기가 맛있고 만족스럽게 먹는 죽, 젖을 뗄 무렵에는 말랑말랑하게 반죽한 죽, 다음은 되게 반죽한 층이다. 마지막 층은 거칠고 두껍지만 애벌레를 건강한 곤충으로 키우기에 아주 좋다. 강한 녀석에게는 단단한 먹이, 즉 껄끄러운 섬유질이 섞인 보리 빵처럼 거친 건초 투성이의 진짜 소똥이나 말똥이 필요하다. 어쨌든 먹이는 실컷 먹고도 남을 만큼 충분히 공급된다. 다 자란 애벌레의 주위에는 한층의 칸막이벽만 남는다. 애벌레가 벽을 갉아먹고 자랄수록 방안은 점점 넓어진다. 벽은 두껍고 방안은 좁은 구멍 같았으나, 나중에는 벽이 약 3mm 두께밖에 남지 않은 넓은 방이 된다. 시간이 흐를수록 알은

커다란 애벌레로 바뀌고, 다음은 번데기가, 그리고 소똥구리가 된다. 경단은 단단한 껍질만 남고, 그 안의 넓은 방안에서는 마침내 탈바꿈이라는 불가사의한 일이 벌어진다.

설명을 계속하기엔 관찰한 것이 너무 부족하다. 진왕소똥구리의 신분을 증명하는 나의 보고서는 알에서 끝났다.※ 나는 애벌레를 보지 못했으나 여러 학자에 의해 보고되었고, 책에도 설명되어 있다. 나는 굴려 가는 경단은 물론, 애벌레에서 자란 성충이 아직 아기방에 들어 있는 것도 보지 못했다. 태어난 방안에서 막 탈바꿈을 끝내고 들어앉아 있는 왕소똥구리 성충, 아직 일이라곤 시작조차 해보지 않은 그런 성충을 그렇게도 보고 싶었고, 그런 녀석을 얼마나 찾아내고 싶었던지. 세공기술을 발휘하기 시작한 장인의 솜씨도 자세히 보고 싶었는데, 이런 이유로 더욱 보고 싶었다. 즉, 곤충의 각 다리 끝에는 손가락에 해당하는 부분이 있는데, 이를 발목마디(부절, 跗節)라고 한다. 발목마디는 다시 여러 마디로 나뉘었고, 그 끝에 발톱이 있다. 대부분의 딱정벌레, 특히 소똥구리 무리는 다섯 마디로 나뉘는데[3], 아주 예외적인 경우도 있다. 바로 왕소똥구리인데, 두 쌍의 뒤쪽 다리는 이것이 다섯 마디나 앞다리는 전혀 없으니 마치 불구자 같다. 하지만 이런 예외

※ 뮐상(Mulsant)의 "프랑스 딱정벌레목, Lamellicorne"를 보라(역주: Lamellicorne는 풍뎅이 무리와 사슴벌레 무리를 합친 상과(上科)명으로 제정된 뒤 얼마간 사용하였으나 현재는 사용하지 않는다.)

3 사람의 손은 팔목 다음에 다섯 갈래로 갈라진 뼈가 손바닥을 이루고, 이 다섯 갈래는 다시 둘 또는 세 마디의 뼈가 관절로 이어져 손가락을 이룬다. 사람은 이런 식으로 손가락이 다섯 개이나, 곤충은 사람의 팔에 해당하는 종아리마디의 다음에 단 한 갈래뿐인 발목마디가 있다. 발목마디는 대개 여러 마디로 나뉘었으나, 그 수는 종류에 따라 많이 다르다. 같은 딱정벌레라도 종류에 따라 다를 뿐만 아니라, 통발처럼 한 마디뿐인 종류도, 왕소똥구리처럼 아주 퇴화해 버린 종류도 있다.

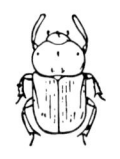
올리버오니트
소똥풍뎅이 1/2

가 왕소똥구리만은 아니다. 오니트소똥풍뎅이(*Onitis*)나 뷔바스소똥풍뎅이(*Bubas*) 무리 역시 발목마디가 없다. 곤충학에서는 오래전부터 이런 사실을 기록은 해놓았어도, 그 원인에 대해서는 아직 만족할 만한 설명이 없다. 이 곤충은 태어날 때부터 앞다리에 발목마디가 없는 불구자였을까? 혹시, 힘든 막노동판에서 그 뼈를 잃어버린 것은 아닐까?

이렇게 발목마디가 잘린 것처럼 보여, 누구든지 이는 과격한 노동 때문이라고 풀이하기 쉽다. 자갈 섞인 땅에서, 질긴 섬유의 줄기가 많은 곳에서, 똥을 긁고, 갈고, 파헤치고, 부수다 보면, 아무래도 허약한 발목마디가 극심한 상처를 입게 마련이다. 더 심한 경우도 있다. 머리를 아래로 숙인 채 뒷걸음질로 구슬을 굴리려면 땅을 단단히 밟고 꽉 버텨야 하는데, 그때는 앞다리 끝으로 버텨야 한다. 거친 땅에서 발을 질질 끌며 계속 느린 걸음으로 걷다 보면, 실낱같이 가는 발목마디가 과연 어떻게 되겠나? 각종 사고를 당하는 동안 이런 발목마디는 쓸모가 없어져 일하는 데는 성가신 물건처럼 되어 버리고, 다음은 납작하게 짓눌렸다가 뿌리 채 뽑히고, 어느새 엉망이 되어 사라져 버릴 게 뻔하다. 무거운 도구나 짐을 다루며 운반하는 노동자들도 자주 이렇게 불행한 불구자가 된다. 이와 마찬가지로, 왕소똥구리도 그에게는 과중한 똥구슬을 굴리거나, 경단을 만들다가 불구자가 된다. 불구가 된 팔은 고귀한 그들의 노동생활의 증거로 남긴 증명서나 다름없다.

하지만 여기서 중대한 의문이 생긴다. 고된 일을 하다 우연한 사고로 불구자가 되었다면, 그것은 어디까지나 예외이지 원칙일 수는 없다. 직공 한 명 또는 몇 명의 손가락이 기계톱날에 딸려 들어갔다고 해서 다른 직공마저 모두 불구자가 되는 것은 아니다. 왕소똥구리가 경단을 굴리며 고된 일을 하다가 번번이 앞다리를 잃더라도, 적어도 몇 마리쯤은 남아 있어야 한다. 더군다나 운이 좋거나 일 재주가 있는 녀석은 당연히 남아 있어야 한다. 이런 사실을 참고해 보자. 나는 프랑스에 사는 여러 종의 왕소똥구리를 관찰했다. 프로방스(Provence) 지방에 많은 진왕소똥구리, 바닷가인 세트(Cette, 현재는 Sète로 표기함), 팔라바스(Palavas), 주앙만(golfe du Juan) 일대의 모래사장에 많은 반곰보왕소똥구리(*S. semipunctatus*), 이들보다 좀더 넓게 론 강가에서 리옹(Lyon)까지 분포하는 목대장왕소똥구리(Scarabée à large cou: *S. laticollis*), 아프리카 산의 한 종으로 콘스탄틴(Constantine) 부근에서 잡히는 서지중해왕소똥구리(*S. à cicatrices: S. cicatricosus*)도 관찰했다. 적어도 이상의 네 종은 모두 발목마디가 없었다. 그렇다면 왕소똥구리 무리는 태어날 때부터 불구자이다. 사고를 당한 불구자들이 아니라, 이들의 타고난 특징인 것이다.

이들이 발목마디 없이 태어났다는 증거를 보충해 줄 만한 또 다른 자료가 있다. 만일 과격한 노동에서 부상으로 앞다리(발목마디)가 없어졌다면, 왕소똥구리보다 훨씬 힘들게 땅을 파야 하

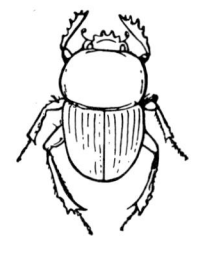
목대장왕소똥구리

는 다른 곤충들, 특히 앞다리로 파는 다른 종류의 소똥구리도 이런 쓸모없고 방해뿐인 부속물, 즉 발목마디가 없어야 한다. 그런데 그들은 없어지지 않았으니 이 경우는 왜 그럴까? 예를 들어 금풍뎅이(Geotrupidae)는 그 이름에 어울리지는 않지만 땅파기 선수이다. 단단하게 다져진 길바닥의 땅을 파거나, 점토가 굳어서 마치 시멘트 같은 자갈밭에 수직으로 깊은 우물을 파는 녀석이다. 이들도 앞다리를 연장으로 사용하여 깊고 튼튼한 구멍 속의 끝 방까지 파들어 간다. 이 탁월한 광부들, 즉 금풍뎅이는 왕소똥구리가 땅 표면에 겨우 자국이나 낼 정도의 단단한 땅에서도 기다란 갱도를 손쉽게 파낸다. 이 광부들은 굳은 석회암을 파낼 때도 마치 즐거운 일인 듯 힘들이지 않고 파낸다. 그렇지만 그들은 앞 발목마디를 다치지 않았으며 잘 간수하고 있다. 여러 관찰로 미루어 볼 때, 나는 이렇게 믿을 수밖에 없다. 왕소똥구리는 이제 막 태어난 방안의 신생아라도, 마치 세상을 떠돌며 막노동으로 살아가다 온몸이 뭉그러진 늙은 용사처럼 불구자이더라고.

오늘날 유행하는 생존경쟁설과 종의 변천설, 즉 진화론에서는 발목마디가 없는 이유에 적절한 이론을 세울지도 모르겠다. 그들은 이렇게 설명하겠지. "곤충 체제의 일반적 법칙에 따라 왕소똥구리도 최초에는 모든 다리에 발목마디가 있었다. 그런데 무슨 이유에선지, 몇 마리는 유리하기보다 되레 불편하고 귀찮았던 앞다리의 발목마디를 잃었다. 잃고 나니 일하는데 더 유리해져서 발목마디를 남긴 종보다 점점 우세하게 되었다. 결국 그들은 불구자 혈통의 조상이 되었다." 하지만 이 설명은 믿지 못하겠다. 왕소똥구리보다 더 단단한 땅을 파는 금풍뎅이도 같은 소똥구리인데, 이들은 왜 오늘날까지도 발목마디를 완전하게 보존하고 있는가? 이 이유를 먼저 증명해 준다면, 나는 그에게 항복하겠다. 하지만 증명해 주지 않는다면, 나는 고대동물 팔레오데리움(Paléothérium)[4]이 거닐던 어느 호숫가의 모래사장에서, 소똥구슬을 굴리던 최초의 왕소똥구리도 지금의 왕소똥구리처럼 앞다리의 발목마디를 갖지 않았을 것이라고 믿으련다.

---
4 제3기 시신세의 화석 포유류, 어깨 높이 75cm로 대형동물은 아니며, 3,500만 년 전에 아주 없어짐.

3 비단벌레 사냥꾼 노래기벌

누구나 평상시에는 전혀 예상치 못한 정신세계가 독서로 인해 새로 일깨워지는 수가 있다. 이렇게 새로운 세계가 열리는 바로 그 순간부터, 자신의 모든 지혜는 그곳으로 집중되고, 그 결과는 화롯불을 지펴줄 하나의 불씨가 된다. 이런 불씨가 없는 화로 속의 장작은 언제까지나 쓸모없는 나무토막에 지나지 않는다. 사고가 발전해 가는 과정에 새로운 길의 출발점이 되는 이런 읽을거리는 우연한 기회에, 아주 정말 우연하게 손에 들어온다. 우연히 눈에 띈 몇 줄의 글자가 우리의 장래를 결정하고, 그 운명의 고랑으로 밀어 넣는다.

어느 겨울 밤, 식구들은 모두 잠자리에 들고, 다 타 버린 재에 온기가 남아 아직은 따뜻한 난로 옆에서, 나는 내일의 근심과 우울한 심정을 잊은 채 책을 읽고 있었다. 대학에서 몇 개의 학사학위도 받았고[1], 이과 교사로

[1] 장 앙리 파브르(Jean Henri Fabre)는 1847년(23세)에 수학, 1848년에 물리학 학사학위를 몽펠리에(Montpellier)대학, 1854년에 박물학 학사학위를 툴루즈(Toulouse)대학에서 독학으로 땄다.

사반세기(25년)를 근무했으나, 그런 공적들은 인정받지 못했다. 급여래야 부잣집 마부의 봉급보다도 적은 연봉 1,600프랑. 당시의 교육 상황은 그야말로 부끄러울 만큼 인색한데다가 관공서의 종잇조각(서류)조차 푸대접을 했다.[2] 나는 규칙적인 생활도 못했고, 내 아들들은 독학을 했다. 이렇게 한 맺힌 가난과 선생으로서의 직분을 책 속에 파묻히면서 잊어버리려 했던 것이다. 그 무렵, 어떻게 해서였는지는 잊었으나 내 손에 곤충학에 관한 책이 들어왔고, 우연히 그 책장을 넘기고 있었다.

그 책은 당시 곤충학계의 태두인 레옹 뒤푸르(Dufour, J.-M. Léon)[3] 씨가 「비단벌레 사냥벌의 습성(Les mœurs d'un Hyménoptère chasseur de Buprestes)」에 대해 연구한 것이었다. 물론 내가 곤충에 흥미를 갖기 시작한 것은 그날이 처음이 아니라 어렸을 때부터였다. 어릴 때는 딱정벌레, 벌, 나비 따위가 나

[2] 『파브르 곤충기』 제2권 8장 참조
[3] Léon Jean Marie Dufour, 1780~1865년. 프랑스 의사, 박물학자. 논문 232편 중 딱정벌레류가 특히 많다.

비단벌레 표본(왼쪽부터 비단벌레, 금테비단벌레, 소나무비단벌레) 비단벌레는 대단히 화려해서 신라시대 왕족들이 벌써 장식용구로 이용했고, 중국에서도 액세서리로 사용한 흔적이 있다. 소나무비단벌레도 더러는 예쁜 개체가 있다.

의 유일한 즐거움이었다. 아득하게 지나간 그 시절, 그토록 화려한 딱정벌레의 딱지날개와 산호랑나비(Machaon: *Papilio machaon*)의 날개들을 얼마나 경탄하고 기뻐했던가! 난로의 장작은 이미 준비되어 있었다. 다만 불씨가 없었을 뿐이다. 우연히 읽은 뒤푸르 씨의 책이 바로 그 불똥이었다.

새로운 빛이 한 줄기의 계시처럼 나의 정신세계를 비춰들었다. 아름다운 딱정벌레 표본들을 상자 안의 코르크판에 가지런히 늘어놓고, 그들을 분류하여 이름을 붙이고, 그런 것만이 학문의 전부는 아니다. 물론 거기에도 깊고 훌륭한 내용, 즉 동물의 구조와 기능에 대한 심오한 연구가 숨어 있다. 나는 연구보고서에 실린 근사한 예들을 감동에 젖어가며 읽었다. 탐구생활에 열정을 지닌 자는 항상 행복을 발견하는 법이라는 원리에 따라, 나는 얼마 후 곤충학에 대한 최초의 논문을 발표하게 되었다. 내용은 뒤푸르 씨의 연구를 보충한 것이다. 이 처녀작품으로 프랑스 학사원에서 영예의 실험생리학 상을 받았

산호랑나비 호랑나비와 비슷하게 생겼으나 앞날개 기부 쪽에 긴 가로줄 무늬가 없으며, 전체적으로 노란색이 좀더 많아서 보다 우아한 느낌을 준다. 애벌레 시기에 산호랑나비는 산형과 식물인 미나리, 참당귀 등을 먹고 자라며 호랑나비는 운향과의 산초나무와 탱자나무 잎을 먹는다.

흰띠노래기벌 크기가 약 6mm 정도의 작은 벌로 발견하기가 쉽지 않으며 9월경에는 각종 야생화에 모여든다. 다리에 붉은색이 있어서 다른 노래기벌과 쉽게 구별되며, 남생이잎벌레류의 성충을 사냥하는 것으로 알려졌다.

다.[4] 하지만 이보다 훨씬 더 흡족하게 받은 보상은 나를 지도해 준 뒤푸르 씨로부터 용기를 북돋아 주는 찬사의 글이 가득한 격려의 편지였다. 존경하는 선생께서 황무지나 다름없는 오지의 랑드(Landes) 지방으로부터 열정에 가득 찬 축하를 해온 것이며, 또한 내가 연구의 길로 전념할 것을 간곡히 권해 온 글이었다. 당시의 그 일을 회상하면 언제나, 이미 늙어 버린 내 눈시울에 새삼 감동의 눈물이 한없이 고인다. 아아, 솔직히 아름답고 환상적인 나날이 아니었던가?

내 연구의 출발점이 되었던 그 노학자의 논문을 간추려서 여기에 싣고자 한다. 독자를 위해 좋을 것 같고, 특히 다음 장들을 이해하는 데 필요하므로 요점만 옮겨 보기로 한다.

[4] 논문은 1855년도 자연과학연보 제4권에 발표했으며, 다음 해(33세)에 수상했다.

※ 논문의 전문은 자연과학연보(Annals des Science naturelles) 제2집 15권에 수록되었고, 제목은 '비단벌레노래기벌(Cerceris buprestisida)의 변태 및 지능과 곤충으로서의 본능에 관한 관찰'이다. 오두앙(Audouin) 씨의 편지 참조

3. 비단벌레 사냥꾼 노래기벌 67

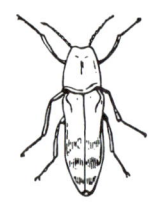

두줄비단벌레

이제부터 설명하려는 사실만큼 진귀하고 놀라운 내용을 나는 아직까지 곤충학과 관련된 글에서 본 일이 없다. 이야기 대상은 노래기벌(*Cerceris*)의 한 종류로 딱정벌레 중 가장 아름다운 비단벌레(*Buprestis*)속 곤충만 잡아 자신의 가족을 먹여 살리는 벌이다. 이 벌의 습성 연구에서 내가 받은 생생한 인상을 털어놓고자 한다.

1839년 7월, 시골에 사는 친구가 두줄비단벌레(*Buperstis* → *Coroebus bifasciata* → *florentinus*) 두 마리를 보내왔는데, 당시 나로서는 처음 보는 곤충이었다. 그 친구는 이 아름다운 딱정벌레를 물고 가던 말벌이 자기 옷에 떨어뜨려서 주운 것이라 했다. 한 마리도 비슷한 종류의 말벌이 땅에 떨어뜨린 것이라고 했다.[5]

1840년 7월, 나는 의사 자격으로 그 친구 집에 왕진을 갔다가 작년에 보내온 벌 이야기를 하면

[5] 벌에 대해 전문성이 없는 사람들, 특히 서양 사람들은 노래기벌이나 비슷한 여러 종류의 다른 벌들도 모두 말벌이라고 한다.

말벌 한국 사람들은 말벌이나 장수말벌을 잘 구별하는데, 서양 사람들은 대모벌이나 구멍벌 따위까지도 모두 말벌이라고 부른다. 주로 땅속이나 나무 구멍 속 공간이 있는 곳을 선택하여 집을 짓는다. 애벌레는 곤충을 잡아 잘게 부수어 애벌레의 먹이로 준다.

서 그때의 상황을 물었
다. 마침 그때와 같은
계절, 같은 장소였으므로
직접 그 비단벌레를 채
집할 수 있으리라는 희망
을 가졌었다. 하지만 그날
은 흐리고 서늘해서 벌들이 날

아다니기에는 적당치가 않았다. 어쨌든, 우리는 뜰 안의 좁은 길을 지켜보았는데, 결국 벌은 한 마리도 나타나지 않았다. 그래서 벌구멍을 찾아 파 보기로 했다.

최근에 파낸 모래더미가 작은 두더지의 흙무덤처럼 생긴 곳에 관심이 끌렸다. 그 모래더미를 갈퀴로 긁어 보니 땅속으로 깊이 통하는 구멍을 숨기려고 가려 놓은 것이었다. 삽으로 흙을 살살 파 들어갔다. 곧 내가 그렇게도 원하던 비단벌레의 딱지날개가 반짝거리며 흩어져 있었다. 탈락된 딱지날개와 부서진 조각뿐만 아니라, 상태가 완전한 비단벌레도 눈에 띄었다. 그것도 서너 마리나 되었는데, 금빛과 에나멜빛으로 반짝이고 있었다. 눈에 뭐가 씌웠나 하고 눈을 비벼봤다. 하지만 이 정도는 내 기쁨의 서곡에 지나지 않았다.

파내다 흙더미 속에 있던 벌도 한 마리 잡았다. 비단벌레를 잡아온 녀석인데, 잡은 비단벌레 사이로 도망치려 한다. 스페인과 상 스베르(St. Sever) 근처에서 지금까지 무려 200번은 본 적이 있는 노래기벌이니 나의 옛친구나 다름없다.

내 야심은 결코 이것으로 만족하지 않았다. 사냥한 녀석과 당한 녀석을

비단벌레노래기벌

알아낸 것만으로는 부족했다. 이렇게 호화스러운 요리만 먹는 녀석의 애벌레를 손에 넣고 싶었다. 찾던 비단벌레 광맥을 파헤친 뒤, 서둘러서 새 구멍을 찾아 그 굴을 조심스럽게 따라잡았다. 다행히 애벌레 두 마리를 발견했고, 이것으로 그 집 마당에서의 마지막 행운을 장식했다. 한 시간도 안 되어 세 개의 노래기벌 둥지를 파냈고, 완전한 비단벌레 15마리와 이보다 훨씬 많은 수의 부스러기를 채집했다. 그 뜰에는 어림잡아 25개 정도의 노래기벌 굴이 있을 것 같았다. 따라서 엄청난 수의 비단벌레가 묻혀 있을 것이 분명하다. 파(Alliacée→ Alliaceae, 마늘과→ 백합과) 꽃에서 그저 몇 시간 만에 60여 마리의 노래기벌이 잡힌 것으로 보아, 이 벌들의 둥지는 거의 모두 이 근처에 있으며, 다량의 사치스러운 식량을 그들의 곳간에 쟁여 놓았을 것이다. 나는 땅 밑을 힐끗 쳐다보며 도대체 얼마나 많을지 상상해 보았다. 햇빛이 잘 들지는 않았어도 땅 밑에 수천 마리의 두줄비단벌레가 널려 있을 모습이 눈에 선했다. 우리 지방에서는 30년이나 곤충을 조사했지만 들판에서는 한 마리도 본 적이 없었는데도 말이다.

사실, 나는 딱 한 번 본 적이 있다. 아마도 20년은 되었을 것이다. 배에 딱지날개를 걸친 비단벌레가 늙은 떡갈나무(Chênes: *Quercus*) 구멍 속에 들어와 있었다. 그때의 장면이 갑자기 나에게 광명의 실마리를 던져 주었다. 즉, 두줄비단벌레 애벌레가 떡갈나무 속에 사는 것을 보았고, 그래서 떡갈나무 숲이 유난히 많은 이곳에 이 비단벌레가 그렇게 많은 이유를 이해할 수 있었다. 비단벌레노래기벌(Cerceris bupresticide: *Cerceris bupresticida*)이 우리 지방의 점토질 언덕에는 드물지만, 유럽곰솔(Pin maritime: *Pinus pinaster*)이 많은 바닷가의 모래밭에는 비교적 많다. 그래서 소나무(유럽곰솔)가 많은 지방에 사는 비단벌레도 떡갈나무 지방의 비단벌레와 같은 방법으로 식량을 장만하는지 알고 싶어졌다. 나는 그렇지는 않을 거라고 믿었기에 더욱 알고 싶었는데, 알고 나자 정말로 놀라지 않을 수가 없었다. 이제, 노래기벌이 얼마나 오묘한 솜씨로 수많은 종의 비단벌레 속만 먹잇감으로 고르는지 말해 보련다.[6]

새로운 즐거움을 찾으러 소나무 숲으로 가 보자. 서둘러 찾아간 곳은 바닷가 소나무 밭 가운데의 공터였다. 그곳의 길 위에서 바로 노래기벌의 굴을 찾아냈다. 땅이 잘 다져져서 땅속에 둥지를 트는 벌들이 튼튼한 지하주택을 짓기에는 안성맞춤인 장소이다. 하지만 이렇게 단단한 땅에서 구멍을 파내야 하는 나는 여간 힘든 게 아니었다. 팔 때마다 이마에서 땀이 흘렀는데, 20개쯤 파고 나서야 겨우 벌들의 먹잇감이 보였다. 방의 위치가 보이지 않아 둥지를 부수지 않고 뒤져 보려면 연결된 통로를 잘 알아야 한다. 그래서 구멍 입구에 포아풀 줄기를 꽂아 표시를 했다. 다음이 표적에서 손가락 예닐곱 마디쯤 떨어진 곳부터 네모지게 파낼 자리를 마련했다. 그리고 삽으로 흙덩어리가 흩어지지 않게 조심해서 떠낸 후, 그 덩어리를 살살 부셔가며 살폈다. 이 방법을 쓰자 성공할 수 있었다.

이렇게 칸을 나누어 파내자 그렇게도 원했던 비단벌레의 아름다운 자태가 눈앞에 차례차례 모습을 드러냈다. 그때의 흥분이란 그야말로 혼자만 누리기에는 너무도 아까웠다. 흙덩이가 통째로 뒤집혀 엎어지자 벌레들은 햇빛에 반사되

[6] 당시의 *Buprestis* 속이 현재는 여러 개의 새 속으로 나뉘었다. 따라서 이 문장 이후는 속 수준이 아니라 과 수준(비단벌레과, Buprestidae)으로 풀이되어야 한다.

어 한층 더 반짝거렸다. 잘 자란 노래기벌 애벌레들이 비단벌레를 게걸스럽게 뜯어 먹고 있었으며, 청동색, 구릿빛, 에메랄드빛의 껍질 안에 박혀 있는 애벌레가 보일 때마다 야호! 하며 괴성의 환호를 질러 댔다. 10년, 아니 30년, 40년, 셀 수도 없는 오래전부터 곤충을 연구해 왔지만, 지금처럼 화려한 광경은 처음 보았고, 이렇게 가슴 벅찬 축제는 한 번도 없었다. 당신도 그곳에 있었다면 나의 기쁨은 두 배나 더 컸을 것이며, 시간이 흐를수록 우리의 감탄은 점점 더해 갔을 것이다. 이렇게 화려한 딱정벌레를 땅에 묻어 저장하는 노래기벌의 불가사의한 분별력과 놀라운 예지를 당신은 과연 믿을 수 있을지 생각해 보시라. 흙에서 파낸 400여 마리 중 비단벌레가 아닌 것은 단 한 마리도 없었으니 말이다. 작은 벌레에 지나지 않는 벌이 전혀 실수가 없는, 천부적 총명함과 지혜를 지녔다. 이들의 지혜로부터 과연 어떤 교훈을 얻어낼 것이더냐! 이 노래기벌의 타고난 자연 분류법에 대해 라뜨레이유(P.-A. Latreille)[7] 상이라도 주어야 할 것이다.

이제는 노래기벌이 둥지는 어떻게 짓고, 식량

[7] Pierre-André, 1762~1833년. Lamark 후임의 자연사박물관장. 현 프랑스곤충학회 창립자. 곤충에게 자연분류법을 적용시켰으며, 근대 프랑스 곤충학의 아버지로 불린다.

파낸 450마리의 비단벌레는 다음과 같은 종들이다. 즉 *Buprestis octoguttata*; *B. bifasciata*; *B. pruni*; *B. tarda*; *B. biguttata*; *B. micans*; *B. flavomaculata*; *B. chrysostigma*; *B. novemmaculata* *B. pruni*→ *Coroebus undatus*; *B. tarda*→ *Phaenops cyanea*; *B.*→ *Ptosia flavomaculata*; *B. novemmaculata*→ *Chrysobothris novemmaculata*→ *Ptosia flavomaculata*

은 어떻게 저장하는지 등의 다양한 생활습성을 관찰해 보자. 이미 말했듯이, 이 벌은 잘 다져져 단단하게 굳은 땅을 고른다. 또한 햇볕이 잘 들고 건조해야 한다. 이런 부지를 선택하다니 정말 머리가 좋은 녀석이다. 아니면 오랜 경험을 통해 형성됐을지도 모르는 본능이라 해도 좋다. 지반이 허술하고 모래가 많이 섞인 땅은 쉽게 팔 수 있다. 하지만 팔 때 출입구와 벽이 쉽게 허물어진다. 비가 조금만 와도 무너지고 통로가 막힐 염려가 있으니 그런 곳에 집을 지어서는 안 될 것이다. 따라서 부지는 만사를 완벽하게 계산한 후 합리적인 곳을 선택해야 한다.

노래기벌은 큰턱과 앞다리의 발목마디로 땅을 판다. 발목마디 끝에는 갈고리 모양의 억센 가시(발톱)가 있어서 흙을 긁어내기에 적합한 구조이다. 구멍 입구가 자기 몸집보다 넓지는 않아도 사냥해 온 먹을거리가 매우 커도 통과할 정도는 된다. 이점도 감탄할 만한 지혜의 산물이다. 벌은 땅속 깊이 파 들어가며, 파낸 흙은 밖으로 끌어낸다. 이렇게 끌어내서 쌓인 흙더미가 앞에서 말했던 작은 두더지의 흙무덤처럼 보인 것이다. 통로를 수직으로 뚫지는 않는다. 그랬다가는 바람이나 기타의 다른 원인으로 메워질 것이다. 입구에서 조금 들어가면 팔꿈치 모양으로 방향이 구부러지며, 길이는 7~8뿌스[8]가량이다. 통로의 안쪽에는

---

[8] pouce=27mm이므로 약 20cm. 뿌스는 인치보다 약간 길며, 국내에서는 생소한 단위이다. 그래서 이제부터 1, 2뿌스의 작은 수일 때는 인치로 번역한다.

애벌레의 잠자리인 방을 만들었다. 넓이는 올리브 열매만 한데 다섯 개의 칸막이로 나뉘었고, 반원처럼 배치되었다. 튼튼하게 지어졌고 반질반질 윤이 나며, 각 방에는 세 마리씩의 비단벌레가 들어간다. 즉, 새끼 한 마리가 충분히 자라려면 세 마리를 먹어야 한다. 어미 벌은 그 세 마리 중 하나에 알을 낳은 후 통로를 흙으로 막아 버린다. 이렇게 한 배의 알과 식량 저장이 끝나면 방과 바깥과의 연락은 끊긴다.

비단벌레노래기벌은 솜씨와 재주에 용기까지 두루 갖춘 사냥의 명수이다. 땅굴 속에 묻혀 있는 비단벌레는 깨끗하며 살아 있다. 아마도 나무구멍에서 성충으로 탈피하고 나오는 길에 잡힌 게 틀림없다. 사실상 이 벌은 꽃꿀밖에 먹지 않는다. 하지만 새끼들은 육식성이며, 먹을거리는 깊은 나무구멍에 들어 있어서 어미의 눈에는 결코 보이지 않는다. 이런 곤충을 온갖 고난을 겪어가며 사냥해 오는데, 도대체 어떤 본능의 힘으로 사냥해 올까? 전혀 상상조차 안 된다. 더욱 놀라운 일은, 곤충학적으로 어떤 가치가 있기에 크기, 형태, 색채가 아주 다른 종이라도 분류학적으로는 소속이 모두 같은 종류만 선택하고, 사냥하도록 엄격한 규칙이 지켜질까? 각 종이 실제로 얼마나 다른지 비교해 보자. 두점박이비단벌레(*Buprestis*→

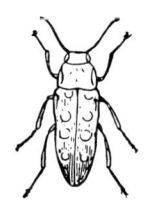

두점박이비단벌레 3/4   팔점박이비단벌레 3/4   청색비단벌레 3/4

Agrilus biguttata)는 길고 홀쭉하며 색깔은 연기에 그을린 듯하다. 팔점박이 비단벌레(B. octoguttata)는 길쭉한 타원형으로 푸른색 또는 초록색 바탕에 노란색 큰 무늬가 있다. 이 종보다 서너 배나 큰 청색비단벌레(B.→ Eurythyrea micans)는 색깔이 또렷하고 아름다운 금속성의 금록색이다.

노래기벌의 습성은 참으로 희한하다. 사냥한 비단벌레는 땅속에 묻힌 것이든, 벌한테서 빼앗은 것이든 분명히 죽은 모습이다. 그런데 이 시체들은 언제 파 보아도 색채가 변하지 않았을뿐더러, 다리나 더듬이, 입술수염, 그리고 신체의 각 부분을 연결한 관절막까지도 항상 연하며 부드럽게 움직일 수 있다. 긁힌 상처도 없고, 부러진 곳도 없는 완전한 상태이다. 처음에는 그 이유가, 땅속은 공기가 희박하고 어두우며, 차갑기 때문이라 생각했었다. 잡혀 온 벌레가 방금 죽었기 때문이 아닐까 하는 생각도 했었다.

그러나 실험을 좀더 지켜보시라. 땅에서 파낸 비단벌레를 따로따로 36시간 동안 종이봉투에 보관했다가 표본을 만들려고 바늘을 꽂은 적도 많았는데, 뜨겁고 건조한 7월 날씨에도 관절이 여전히 부드러웠다. 그뿐만이 아니다. 얼마쯤 지난 후 그 중 몇 마리를 해부해 보았는데 내장이 살아 있을 때처럼 완전하게 보존되어 있었다. 나의 경험에 비추어 볼 때, 여름에는 딱정벌레가 죽은 지 12시간만 지나도 내장이 말라 버리던가, 썩어서 그 형체를 알아볼 수가 없다. 그런데 노래기벌이 죽인 비단벌레는 무슨 특별한 이유라도 있는지 1주일, 때로는 2주일이 지났는데 마르지도, 썩지도 않았다. 도대체 어찌 된 일일까?

삼복 더위에도 여러 주일을 처음 잡았을 때처럼 썩지 않고 신선도까지 유지하는 이 불가사의한 보존법에 대하여, 노련한 곤충학자들은 비단벌레 사냥꾼이 방부제를 사용할 것이라고 추측했다. 즉, 해부한 재료를 보존할 때 쓰는 방부제와 같은 역할의 액체물질이 있다고 생각했다. 그 액체는 벌이 희생물의 몸에 주입시킨 독 외의 다른 것일 수는 없다. 벌이 침으로 쏜 한 방울의 독이 애벌레의 먹을거리인 비단벌레의 살을 보존하는데 필요한 방부제라는 것이다. 그런데 식량 보존법에 관한 한, 벌의 사용법은 사람의 방법과 비교도 안 될 만큼 훌륭하지 않더냐! 우리는 식료품을 소금에 절이거나, 매캐한 연기로 훈제를 하거나 양철통에 넣어 밀폐시킨다. 하지만 이런 것들과 싱싱한 것과는 다르다. 기름에 절인 정어리 통조림, 네덜란드 청어 훈제품, 소금과 햇볕에 말린 대구, 이런 것들을 팔딱팔딱 뛰는 생선과 비교할 수 있는가? 게다가 짐승고기는 더욱 문제이다. 절이거나 훈제하지 않으면 며칠만 지나도 단 한 조각조차 먹을 방법이 없다. 요즈음은 대형 선박에다 막대한 돈을 들여 강력한 냉동장치를 설치하고, 남아메리카 팜파스(Pampas)의 대초원에서 도살한 양고기나 쇠고기를 썩지 않게 급속

냉동시켜 운반해 온다. 하지만 노래기벌은 비용도 들이지 않고, 빠르고 효과적인 방법을 사용하니 우리보다 훌륭한 보존법을 갖지 않았더냐! 이렇게 탁월한 화학적 방법을 보고, 우리는 무엇인가를 배워야 할 것

이로다! 보이지도 않을 만큼 작은 독액 한 방울, 이것으로 사냥물은 썩지 않는다. 썩지 않는다니, 지금 내가 무슨 소리 하는 거야! 사실 썩지 않는 것과는 거리가 먼 이야기가 아니더냐! 독의 이용은 단순한 부패의 방지보다는 건조의 방지가 목적이다. 이 방법을 쓴 비단벌레는 모든 관절이 부드럽고, 몸 안팎의 모든 장기(臟器)가 처음 잡았을 때처럼 신선하다. 어쨌든 이 먹을거리는 시체처럼 움직이지 못할 뿐, 살아 있는 상태 그대로이다.

레옹 뒤푸르 씨는 이 불가사의한 문제, 즉 썩지 않는 비단벌레의 시체라는 문제를 앞에 놓고 대략 이렇게 생각했었다. 인간의 과학으로 만들 수 있는 어떤 방부제와도 비교되지 않을 만큼 완벽한 노래기벌의 방부제야말로 이 신비를 설명해 줄 것이라고 했다. 뒤푸르 씨는 해부학에 관한 한 석학 중의 석학이다. 확대경과 예리한 해부칼로 곤충의 모든 구석을 빠짐없이 정밀하게 해부했고, 구조에 관해서는 곤충계 전체에 걸쳐 모르는 것이 없다. 하지만 이런 대학자라도 도무지 감을 잡을 수가 없었고, 이 사실을 설명하는데 방부제 이상의 생각은 떠올리지 못했다. 동물의 본능과 학자의 지혜를 비교하고, 그 결과 동물 쪽이 분명히 우세하다는 것을 자세하게 설명할 적당한 기회가 주어졌으면 한다.

비단벌레노래기벌에 대해서 나는 더 보탤 말이 없다. 이 좋은 선배의 말처럼 랑드 지방에는 많아도 보클뤼즈(Vaucluse) 지방에는 아주 드물다. 아비뇽 근처나 오랑주(Orange) 또는 카르팡트라(Carpentras: 프랑스 남부의 상공업도시) 지방의 가시 투성이 뿔미나리류(*Eryngium campestre*)[9] 꽃에서 가을에 어쩌다가 한 마리씩 보일 뿐이

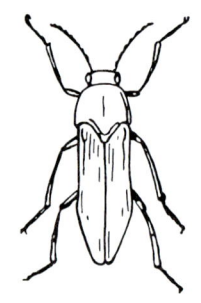
쌍둥이비단벌레

다. 카르팡트라는 부드러운 모래가 많은 바닷가 땅이라 벌들이 파내기는 쉽다. 그래서 뒤푸르 씨의 도움 없이도 행운의 기회를 잡기는 했지만 몇 개의 낡은 둥지밖에 발견하지 못했다. 그래도 지어 놓은 고치의 모양이나 근처에 벌이 있는 점으로 보아 비단벌레 사냥꾼의 둥지가 틀림없다고 단정했다. 이 둥지는 사프르(Safre)라고 불리는 부서지기 쉬운 사암(砂巖) 속에 지어졌는데, 딱정벌레 잔해가 잔뜩 들어 있었다. 떨어진 날개, 텅 빈 가슴, 가는 다리 등으로 그 종을 알아볼 수 있었다. 애벌레가 먹다 남긴 부스러기는 모두 같은 종으로, 쌍둥이비단벌레(B. géminé: *Sphaenoptera geminata*→ *rauca*)였다. 이처럼 프랑스의 서쪽에서 동쪽까지, 즉 랑드에서 보클뤼즈까지 노래기벌이 좋아하는 먹이는 모두 한결같았다. 지리적 경도가 달라도 먹이의 기호는 전혀 바뀌지 않았다. 대서양 연안 모래언덕의 유럽곰솔 숲에 사는 사냥꾼도, 프로방스의 털가시나무(Chêne verts: *Quercus ilex*)나 올리브나무(Oliviers: *Olea europaea*) 숲에 사는 노래기벌도 모두가 비단벌레를 사냥한다. 장소, 기후, 식물에 따라 곤충 종의 분포 양상은 크게 달라져도 노래기벌의 사냥감은 어디까지나 비단벌레였고, 더욱이 자기가 좋아하는 속(과, 科)을 벗어나지도 않았다. 도대체 무엇 때문일까? 이제 다음 장에서 그 이유를 이야기 해보련다.

9 *Eryngium*속의 우리말 이름 뿔미나리는 국립생물자원관(환경부) 식물자원과 이병윤 과장의 자문을 반영한 것임.(77쪽)

4 왕노래기벌

 노래기벌이 비단벌레를 멋지게 사냥하던 모습이 아직도 내 기억에 생생하다. 전부터 나는 이 사냥꾼이 어떻게 사냥하는지 보고 싶어 기회를 노리고 있던 차에 마침내 때가 왔다. 뒤푸르 씨가 호화스러운 먹이를 먹는다고 칭찬한 벌과 같은 종류였으나, 그의 굴에서 발견한 먹이의 잔해들은 광부의 곡괭이로 찍어낸 금 조각을 연상시키지는 않았다. 그는 수수한 먹이에 만족했다. 몸집은 가장 크고 건장한 왕노래기벌(Cerceris tuberculé: *Cerceris tuberculata*)°, 일명 큰노래기벌(C. majeur)이었다.[1]

 9월 중순경, 벌이 애벌레의 식량을 땅속 깊숙이 묻기 시작한다. 둥지 틀 장소는 항상 잘 가려서 선택하는데, 구조는 종에 따라 각양각색이나 같은 종이면 놀라울 정도로 똑같은 양식이다. 뒤푸르 씨의 노래기벌은 편평한 곳이나 잘 다져져 단단하게 굳은 오솔길을 택했는데, 비가 내려도 무너지지 않게 조심해서 짓는다. 하지

---

[1] 한국산 왕노래기벌은 이의 변종 *Cerceris tuberculata bicornuta* 이다.

만 이곳의 왕노래기벌은 통로가 무너질 위험이 없는 벼랑을 좋아하며, 부지의 선정도 별로 까다롭지 않다. 점토가 좀 섞였거나 부서지기 쉬운 사암성 모래땅을 고르기 때문에 갱도를 파는데도 별로 어려움이 없다. 다만 건조하고 하루의 대부분 햇볕이 내리쬐는 곳이라야 하기 때문에, 이들이 집터로 선정한 장소는 대개 길가의 가파른 벼랑이나 사암성 모래로 된 골짜기의 중턱이다. 카르팡트라 근처에서 도로를 닦느라고 깎아낸 벼랑에는 이런 조건에 딱 맞는 장소가 얼마든지 널려 있다. 거기는 왕노래기벌이 지천으로 많아 이 벌에 관한 자료의 대부분은 거기서 얻은 것이다.

벼랑에 집터를 잡은 것에만 만족하지는 않는다. 가을이 깊어갈 무렵이면 어김없이 내리는 비를 피해야 하므로 또 다른 준비가 필요하다. 단단한 바위 조각이 처마처럼 불쑥 튀어나왔던가, 아니면 흙에 주먹이 들어갈 정도의 홈이 파인 곳을 택한다. 이런 차양 밑에 바싹 붙여서 출입구를 만들고, 여기서 구석까지 쭉 통로로 이어진다. 한 곳에 합동둥지를 마련하는 것 같지는 않으나, 몇 마리가 모여 살기는 좋아하는 것 같다. 내가 조사한 곳에는 대개 십여 개의 둥지가 한 군데 모여 있었다. 각 굴의 입구는 대개 떨어져 있지만 가끔 맞붙기도 했다.

화창한 햇볕 아래서, 즐겁게 일하는 광부답게 열심히 다양한 일을 하는 그들의 광경을 지켜보는 재미란 정말 일품이었다. 큰턱으로 끈질기게 자갈을 캐내고, 무거운 흙더미를 굴 밖으로 밀어낸다. 어떤 녀석은 뾰족한 갈고리발톱으로 담벼락에서 갉아낸 흙더미를 뒷걸음질로 쓸어내 벼랑 아래로 흘려 버린다. 공정이 한창일 때는 일정 간격을 두고 굴 밖으로 모래를 내던진다. 나는 이런 곳에서 처음 노래기벌이 있는 곳을 알았고, 이어서 다른 둥지도 발견하게 되었다. 어떤 녀석은 힘든 작업에 지쳤던지 둥지 위에 솟은 차양 밑에서 쉬면서, 더듬이와 날개를 윤이 나도록 손질한다. 크고 네모가 졌으며, 노란색과 검은색으로 얼룩진 얼굴을 굴 입구에 내밀고 꼼짝 않는 녀석도 있다. 근처 케르메스떡갈나무(Chêne au Kermès: *Quercus coccifera*) 숲의 덤불 위로 붕붕 소리를 내며 날아가는 녀석이 있다. 둥지 입구에서 망을 보던 수컷이 곧장 그 뒤를 따른다. 암수 한 쌍이 짝짓기를 하려는 참이다. 하지만 다른 수컷이 나타나 그들의 행복을 빼앗으려 한다. 처음의 붕붕거리던 소리가 협박으로 변하고, 곧 주먹다짐이 오간다. 누구든 승자가 인정될 때까지 두 마리는 먼지 속에서 뒹군다. 암컷은 근처에서 승부의 결과를 기다린다. 결투 끝에 행운의 수컷이 암컷을 데리고 먼 곳으로 날아간다. 조용한 덤불 속으로 찾아가는 거겠지. 몸집이 암컷의 절반밖에 안 되는 수컷은 출입구 주변을 서성거릴 뿐, 안으로 들어가지는 않는다. 녀석은 고된 땅파기 노동도, 식량 저장을 위해 더 힘든 사냥도 하지 않는다.

터널은 며칠 만에 완성된다. 작년에 지었던 것을 약간 수리해서 쓰기 때문에 그만큼 빠르다. 다른 노래기벌은 일정한 집, 즉 대대

로 물려받는 유산이 없는 것으
로 나는 알고 있다. 그야말로
방랑생활을 하는 진짜 보헤미
안(집시)이다. 방랑하다 운이
좋아 적당한 장소를 찾는 날이
면 거기가 어디든 정착한다. 그
러나 왕노래기벌은 정해진 터에
충실하다. 먼저 살던 벌이 차양으로 쓰

던 얇은 사암도 그대로 이용하고, 선대가 파놓은 모래층도 조금만
손질하는 등 그 조상이 공사해 놓은 것에 자신의 일을 조금만 보탤
뿐이다. 때로는 깊숙한 곳의 은신처를 힘겹게 검사한 뒤 손질해서
쓰기도 한다. 통로의 폭은 제법 널찍해서 엄지손가락이 들어갈 정
도이며, 처음 10~20cm 깊이까지는 수평이다가 거기서 갑자기 꺾
여 비스듬하게 이리저리 갈라진다. 이렇게 꺾인 다음은 방향이 불
규칙하게 구불거린다. 이런 굴곡과 방향은 토질의 파기 힘든 정도
에 따라 결정되는 것 같다. 총 길이가 50cm나 되는 것도 있다. 굴
끝에는 방이 있는데 수는 많지 않으며, 각 방마다 대여섯 마리씩의
딱정벌레 시체가 식량으로 저장된다. 건축에 관한 더 자세한 이야
기는 뒤로 미루고, 우선 우리를 감탄시키는 이야기부터 해보자.

  왕노래기벌이 애벌레의 먹을거리로 선택한 희생자는 바구미의
일종으로, 매우 큼직한 눈병흰줄바구미(Cléone ophalmique: *Cleonus
ophthalmicus* → *Leucosomus pedestris*)이다. 벌이 무거운 짐을 운반해 온다.
사냥한 흰줄바구미를 두 다리로 안아 그와 자신의 배와 머리를 맞

대고 날아온다. 굴과 가까운 곳까지 와서는 땅으로 털썩 내려와 나머지를 걸어서 끌고 간다. 희생물을 큰턱으로 물고 가파른 언덕을 힘들게 끌고 올라간다. 번번이 곤두박질치거나 바구미를 껴안은 채 언덕 밑까지 굴러 떨어지기도 한다. 하지만 어미 벌은 낙심하지 않고, 피곤함도 모른다. 바구미를 잠시도 놓치지 않고, 먼지를 뒤집어쓴 채 굴속으로 끌고 간다. 땅 위에서 무거운 짐과 함께 걸을 때는 결코 편해 보이지 않았으나, 날 때는 무척 편해 보인다. 몸집은 자신과 비슷해도 엄청나게 무거운 노획물을 옮기는 그의 모습을 보면, 이 작은 곤충은 힘이 가히 괴력에 가깝다고 해야겠다. 호기심으로 벌과 그것의 몸무게를 달아보았다. 약탈자는 평균 150mg, 희생자는 곱절에 가까운 250mg이었다.

몸무게의 차이만 보아도 사냥꾼의 힘이 얼마나 센지 충분히 알 만하다. 자유분방한 내 호기심에 시달리는 이 약탈자는 그 귀중한 노획물을 나에게 뺏기지 않으려고 도망칠 결심을 한다. 바구미를 그의 다리 사이에 낀 채 어떻게 그렇게 가볍게, 또한 안 잡힐 만큼 하늘 높이 날아오르던지, 혀를 내두르지 않을 수가 없었다. 매번 그렇게 도망치는 것은 아니다. 나는 사냥꾼이 상처를 입지 않도록 조심해 가며 지푸라기로 그의 몸뚱이를 이리저리 굴려 결국은 노획물을 빼앗는다. 빼앗긴 벌은 이리저리 찾아다닌다. 집으로 잠시 들어갔다가 나오더니 곧 다시 사냥을 떠난다. 시력 좋고 재주 많은 이 사냥꾼은 10분도 채 안 되어 새 바구미를 찾아서 벌써 죽였다. 이 바구

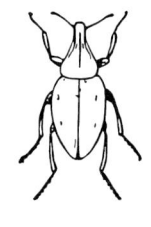

눈병흰줄바구미

미도 빼앗았다. 한 마리의 노래기벌에게서 여덟 번이나 사냥물을 빼앗았다. 녀석은 보람도 없는 사냥을 여덟 번이나 되풀이한 셈이다. 나는 그 대단한 끈기에 지쳐 버렸고, 아홉 번째 사냥물은 그의 몫으로 넘겨주었다.

한 번은 식량 창고를 침범해서 100마리가량의 바구미를 강제로 빼앗았다. 뒤푸르 씨가 비단벌레노래기벌의 습성에 관해 이미 알려 주었으니 당연히 그럴 것으로 믿었어야 했다. 하지만 수집한 결과를 내 눈으로 직접 보고 더욱 놀랐다. 다른 비단벌레 사냥꾼들은 비단벌레면 종은 가리지 않고 잡았으나, 왕노래기벌은 오직 눈병흰줄바구미 한 종만 잡는 외곬이었다. 딱 한 번 예외가 있었는데, 그것 역시 흰줄바구미 종류인 교차흰줄바구미(*Cleonus* → *Mecaspis alternans*)였다. 수많은 노래기벌을 조사했지만 교차흰줄바구미를 다시 본 일은 없고, 그 후의 연구에서 두 번째 예외로 길쭉바구미 무리인 흰색길쭉바구미(*Bothynoderes albidus* → *Chromoderus fasciatus*)를 발견한 것밖에 없다. 눈병흰줄바구미가 특별히 달고 맛있으며 체액도 많아서, 이 종을 특별히 선호했다는 이야기일까? 특별히 애벌레의 입맛에 맞는 즙액이며, 다른 종에서는 이 맛을 볼 수 없어서 이 종만 사냥했을까? 나는 그렇게 생각하지 않는다. 뒤푸르 씨의 노래기벌은 어느 종이든 비단벌레면 모두 사냥했다는 사실로 미루어 볼 때, 비단벌레라면 모든 종이 같은 성분의 영양분을 가졌을 것이라고 생각한다. 바구미도 사정은 대체로 같을 것이며, 영양의 질도 같을 것이 분명하다. 그렇다면 이토록 놀라운 선택은 질 때문이 아니라 양적인 문제일 것 같다. 즉, 시간과 노력이 적게 든다는 경제적인 이유에 지나지 않을 것이다. 왕노래기벌이 눈병흰줄바구미만 사냥하겠다고 고집했던 이유는, 결국 이 종이 이 지방의 바구미 중 가장 크고 흔했기 때문이다. 하지만 이렇게 양호한 사냥감을 발견하지 못하면, 이만 못한 종이라도 잡는 것이 분명함을 앞에서의 두 예외가 증명해 준 셈이다.

그렇다고 해서 이 벌만 대형 바구미를 사냥하는 것은 아니다. 다른 노래기벌도 자신의 몸집 크기나 능력 또는 사냥 기회 등에 따라 속, 종, 크기, 모양이 다른 여러 종류의 바구미를 잡는다. 띠노래기벌(*C. arenaria*)●이 여러 종의 먹을거리로 애벌레를 기른다는 것은 벌써 오래전부터 알려졌다. 나도 직접 그들의 둥지에서 토끼풀들바구미(*Sitona lineatus*), 갓털혹바구미(*Cneorhinus hispidus*→ *Strophomorphus porcellus*), 잔날개줄바구미(*Brachyderes*→ *Otiorhynchus gracilis*), 부채발들바구미(*Geonemus flabellipes*), 악당줄바구미(*Otiorhynchus malefidus*) 등을 보았다. 귀노래기벌(*C. aurita*, 띠노래기벌

털보바구미 몸에는 긴 털이 많아서 주어진 이름인데, 특히 딱지날개의 엉덩이 부분과 뒷다리의 털들은 더욱 두드러졌다. 6월 말경 산기슭 풀밭 꽃에 모여들어 꽃을 갉아 먹는 것을 볼 수 있다.

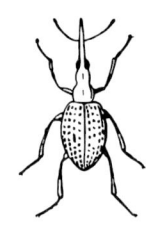

뚱보창주둥이바구미

과 동일종)은 백발줄바구미(*Otiorhynchus raucus*)와 갈색뚱보바구미(*Phytonomus punctatus*→ *Hypera zoilus*)를 사냥하며, 녹슬은노래기벌(*C. ferreri*→ *C. flavilabris*)은 두 종의 뚱보바구미(*H. zoilus*와 *murinus*→ *fuscocinerea*), 토끼풀들바구미, 갓털혹바구미뿐만 아니라, 거위벌레과의 포도복숭아거위벌레(*Rhynchites betuleti*→ *Byctiscus betulae*)도 사냥한다. 이 거위벌레는 포도나무 잎을 여송연(두루말이 담배)처럼 둘둘 마는 딱정벌레인데, 아름다운 청색 개체도 있으나 대개는 휘황찬란한 금동빛으로 반짝인다. 한 개의 방안에서 이렇게 휘황찬란한 벌레를 일곱 마리나 본 적도 있다. 땅 밑에 쌓여 있던 벌레 무더기가 보석에 비교될 만큼 대단한 호화판이었다. 가장 작은 종류의 노래기벌 역시 몸집이 작은 먹이를 수없이 모아 놓았다. 넉줄노래기벌(*C. quadricincta*)처럼 작은 종은 뚱보창주둥이바구미(*Apion gravidum*→ *pisi*)를 자그마치 30마리나 저장했다. 그러나 때로는 토끼풀들바구미나 뚱보바구미처럼 조금 커도 사양하지 않는다. 입술노래기벌(*C. labiata*→ *ruficornis*)도 작은 종류를 애벌레 먹을거리로 삼는 녀석이며, 이 지방에서 가장 작은 쥘노래기벌(*C. julii*)[2]은 꼬마 사냥꾼답게 바구미 중 가장 작은 뚱보창주둥이바구미와 곡간콩바구미(*Bruchus granarius*→ *pisorum*)를 사냥한다. 먹잇감 종류에 대한 이야기를 끝내기 전에, 몇몇 종의 노래기벌은 특별한 요리법으로 새끼를 기른다는 점도 부언해 두고 싶다. 예를 들어 장식노래기벌(*C. ornata*→ *C. rybyensis*)이 대표

---
[2] 이 권의 맨 끝에 신종으로 기재. 현재는 *C. rubida*로 정리되었다.

적인 경우이다. 하지만 이 문제는 우리 이야기 밖의 것이므로 생략하는 것이 좋겠다.

자, 딱정벌레를 애벌레 먹이로 삼는 여덟 종의 노래기벌 중 일곱 종은 모두 바구미를 택했다. 그런데 한 종만은 비단벌레를 택했다. 왜 이 한 종만 사냥 대상의 폭이 이렇게 좁게 선택적으로 제한되었을까? 비단벌레와 바구미의 겉모습은 전혀 달라도 노래기벌은 이 두 종류를 모두 애벌레의 먹이로 삼는다. 그렇다면 우리가 모르는 어떤 내부의 특성이 이 애벌레들의 먹이로 적당하기 때문인데, 과연 그것이 무엇일까? 애벌레는 틀림없이 맛과 영양에 차이가 있음을 안다는 이야기이다. 하지만 구태여 한 종류만 편식하는 이유에는 맛 이외의 무엇인가에 다른 점에 있을 것 같고, 이 이유를 아는 것이 더 중요할 것 같다.

이미 말했듯이, 뒤푸르 씨는 육식성 애벌레의 먹을거리를 장기간 불가사의한 비법으로 보존하는 것에 경탄했었다. 그런데 내가 굴에서 파냈든, 벌의 다리에서 빼앗았든 이 바구미들 역시 움직이지 못했다. 그래도 완전한 상태로 보존되어 색깔도 분명했고, 관절과 피부도 부드러웠으며, 내장도 싱싱했다. 움직이지 않아 시체 같다고 의심할 정도일 뿐이다. 확대경으로 조사해 보아도 작은 상처 하나 발견되지 않는다. 벌레가 당장 일어나 걸어갈 것처럼 보이기도 한다. 그뿐만이 아니다. 곤충의 시체는 더위에 몇 시간만 지나도 완전히 말라서 쉽게 부서진다. 반면에 습기가 많은 날씨에는 곧 썩거나 곰팡이가 핀다. 그런데 유리관이나 종이봉투 속에 한 달 이상 아무런 조처 없이 방치해도 내장이 신선했으며 살아 있는 벌레처럼 해부하기도 쉬웠다. 이런 사실들로 볼 때, 단지 방부제의 작용 때문이라고 생각할 수도 없고, 진짜 죽은 것으로 볼 수도 없다. 이 벌레에게는 아직도 분명 생명이 있
다. 단지 잠들어 수동적이며, 식물적 생명일 뿐이다. 잠시 화학적 파괴력의 침입을 받아, 얼마 동안 몸이 분해되는 것을 억제한 채 운동은 정지되었으나, 생명은 아직 남아 있다. 클로로포름이나 에테르에 의한 일시적 마취처럼 신경계에 어떤 불가사의한 법칙이 숨겨져 있는 것 같다.

 이 식물적 생명체는 틀림없이 아주 느리게, 그리고 은밀하게 기능 장애가 일어난다. 바구미가 다시는 깨어나지 못해도 처음 일주일 동안은 똥을 싸는 것이 그 증거이다. 창자 속이 비면 배설 행동이 끝남을 해부해서 보아도 알 수 있다. 이 곤충이 지닌 희미한 생명의 불길은 아직 끝나지 않았다. 자극에 대한 반응은 잃어버린 것 같았으나 남아 있는 잠은 깨울 수 있다. 대팻밥에 몇 방울의 벤젠을 묻혀 병에 넣은 뒤, 땅에서 막 파낸 바구미를 넣어 보았다. 그랬더니 15분 동안 다리를 움직이는 바람에 나는 몹시 놀랐고, 그를 다시 회생시킬 수도 있을 것 같은 기분이었다. 하지만 그 꿈은 헛된 것이었고, 잠깐 움직인 것은 막 꺼져 가는 생명에 대한 최후의 저항이었다. 운동은 곧 정지했고, 그 이상의 반응은 없었다. 바구미를 잡은 지 몇 시간 된 것부터 3~4일 된 것까지 실험을 되풀이 해보았는데 모두가 한결같은 결과였다. 다만 희생된 시간이 오랠수록 반응이 약했다. 움직임은 항상 앞에서 일어나 뒤로 전해진다. 먼저 더듬이가 천천히 흔들리기 시작하고, 다음 앞다리 발목마디가 흔들리는 떨림이 일어나고, 그 다음은 가운데 발목마디가, 끝으로 뒷다리의 발목마디가 떨리는데, 한 번 움직이기 시작하면 무질서한 떨림 운동이 일어난다. 잠시 그러다가 갑자기 멈춘다. 최근에 잡힌 것이 아니면 발목마디의 움직임은 거기서 끝나고, 종아리마디는 전혀 움직이지 않는다.

잡힌 지 열흘 후에는 벤젠증기 자극에 반응이 없었다. 이번에는 전류를 흘려 보았다. 이것은 훨씬 강력해서 벤젠에 효과가 없었던 벌레도 근육 수축과 운동이 일어났다. 바늘의 한쪽 끝은 배의 복판 끝마디에, 다른 쪽 끝은 목덜미에 꽂아 전류를 통했다. 그때마다 발목마디가 떨리고, 배 위에 놓였던 다리를 힘껏 뻗었다가 전류가 끊어지면 도로 당긴다. 이 운동도 처음 며칠 동안은 매우 심했으나, 시일이 지나면 그 강도가 점점 줄어들다가 종래는 없어진다. 열흘까지는 예민한 반응을 보였다. 하지만 보름째는 관절이 부드럽고 내장은 신선해도 전지의 전기에 의한 운동은 일어나지 않았다. 벤젠과 유황가스로 질식시켜 죽인 블랍스거저리(Blaps: *Blaps mortisaga*), 긴하늘소(Saperdes: *Saperda carcharias*), 목하늘소(Laminies: *Lamia textor*)에게도 전지를 걸어 보았다. 이들은 질식해서 죽은 지 겨우 2시간밖에 안 되었어도 전혀 움직임이 없었다. 무서운 전기 자극에서도 며칠씩 생사를 오가며 쉽게 반응하던 바구미와는 전혀 달랐다.

모든 사실이 완전한 시체지만 방부제 때문에 썩지 않았다는 가정과는 맞지 않는다. 따라서 이런 가정이 아니고는 문제를 설명할 수가 없다. 즉, 벌의 희생자들은 운동중추를 침해당한 것이며, 반응할 힘도 남아 있다. 하지만 식물적 삶이 생명을 천천히 꺼져 가게 하며, 이렇게 수명이 늦춰지면서 새끼들에게 필요한 기간만큼 내장의 신선도가 유지되는 것이다.

무엇보다 중요한 것은 공격 방법을 확인하는 것이다. 물론 노래기벌이 공격에 중요한 역할을 담당하는 것은 독침이다. 하지만 단단한 갑옷으로 무장했을 뿐만 아니라, 관절끼리의 이음매조차도 빈틈이 없는 바구미인데, 어디를 어떻게 찌를까? 침에 쏘인 벌레를 확대경으로 아무리 찾아보아도 찔린 곳을 알 수가 없다. 결국 벌이 찌르는 장면을 몸소 확인하지 않고는 검증할 수가 없다. 이 문제는 뒤푸르 씨도 손을 대지 못했을 만큼 힘든 문제였다. 나 역시 얼마 동안은 해결책을 찾지 못했으나 그래도 찾아보기로 했다. 그래서 곰곰이 생각하고 또 생각한 끝에 겨우 해결책을 찾아내는 데 성공했다.

노래기벌이 사냥 차 둥지를 떠날 때는 어느 한 방향으로 날지만, 먹이를 안고 돌아올 때는 여러 방향에서 온다. 나갔다가 돌아오는 시간은 10분을 넘지 않으니 수색 반경이 별로 넓지는 않고, 근처는 어디든 모두 사냥터라는 이야기이다. 게다가 먹잇감을 발견한 후 그를 움직이지 못하게 공격하고, 처리하는 시간까지 염두에 둔다면 더욱 가깝다는 계산이다. 그래서 사냥 중인 노래기벌을 찾아 나서기로 했고, 주의를 집중해 가며 근처를 살폈다. 하지만 아침부터 저녁까지 찾았어도 헛수고였다. 이런 헛수고를 포기했다. 몇 마리 안 되는 사냥꾼들은 여기저기 흩어져 있고, 수색 장소였던 포도와 올리브 밭은 나뭇가지들이 여간 성가신 게 아니었다. 게다가 재빨리 날아 버린 벌들은 금방 시야를 벗어나는 바람에, 현장에서는 포착할 기회마저 없었으니 이 방법을 단념할 수밖에 없었다.

노래기벌 둥지 입구 근처에 살아 있는 바구미를 가져다 놓으면, 그것에 유혹된 벌이 한편의 활극을 보여 주지 않을까? 그럴듯한 생각이다. 다음 날 아침부터 눈병휜줄바구미를 채집하기 위해 뛰어다녔다. 포도밭, 클로버 들판, 보리밭, 울타리, 자갈 동산, 길가 등을 샅샅이, 그리고 이틀 동안 온힘을 다해 찾아다녔다. 하지만 내 손에 들어온 녀석은 솔직히 말해서 세 마리뿐이다. 그나마도 먼지를 뒤집어쓴 채 맥이 빠졌고, 늙어서 더듬이나 발목마디가 부러진 불구자들만 잡혔다. 어쩌면 벌이 거들떠보지도 않을 만큼 형편없는 녀석들이다. 바구미 한 마리를 잡자고 미치광이처럼 동분서주하며 뛰어다녔던 그날은 벌써 오래전 일이다. 나는 지금까지도 매일 벌레를 찾아다니지만, 그 유명한 바구미는 어쩌다 겨우 눈에 띄는 정도이다. 여기저기 길가를 방황하는 녀석이 눈에 띌 뿐이니, 지금도 그들이 어떤 생활 조건에서 사는지 알지 못한다. 하지만 본능의 힘은 참으로 놀라지 않을 수 없구나! 사람 눈에는 띄지도 않는 이 벌레를, 노래기벌은 한 장소에서 수백 마리나, 그것도 아주 짧은 시간에 잡는다. 게다가 번데기를 방금 벗어 버린 아주 깨끗하고 반들거리는 녀석들만 찾아낸다.

어쨌든 가엾게도 내 손에 잡힌 희생물로 시험해 보았다. 지금 막 바구미를 잡아온 노래기벌이 땅굴로 들어갔다. 그가 다시 나와 원정을 떠나기 전에, 내가 잡아온 바구미 한 마리를 굴 입구 근처에 슬쩍 내려놓았다. 바구미가 방황하는 바람에 너무 멀어지면 다시 제자리에 갖다 놓는다. 그사이, 노래기벌이 큰 얼굴을 내밀며 밖으로 나온다. 기대에 부푼 내 심장이 두근거린다. 벌은 잠시 근처를 맴돌다가 바구미를 발견하고 그 옆으로 다가갔다. 하지만 내가 그렇게 고생하며 잡아온 먹을거리였건만 그는 돌아선다. 몇 번 되돌아와서 등을 타 넘어 보긴 했어도, 더 이상의 관심은 보이지 않고 날아가 버린다. 나는 어리둥절했다. 그리고 실망했다. 다른 둥지에서도 해보았으나 새로 환멸만 샀을 뿐이다. 이 민감한 녀석은 분명히 내가 제공한 바구미가 마음에 들지 않았다. 어쩌면 내 손가락의 불쾌한 냄새를 맡았을지도 모른다. 이렇게 세련된 녀석은 먹을거리를 누군가가 만졌다는 것만으로도 싫은 모양이다.

　벌 자신의 방어를 위해 필히 침을 쓰게 하면 되지 않을까? 나는 벌과 흰줄바구미를 한 마리씩 병에 넣고 흔들어서 흥분시켰다. 벌은 타고난 신경질쟁이인 데다가 놀랬고, 바구미는 무겁게 살찐 몸으로 공격은커녕 초조해하며 도망치려 한다. 그런데 곧 역할이 뒤바뀌어 바구미가 되레 공격적이 된다. 가끔씩 주둥이로 그 원수의 다리를 물어 당긴다. 공포에 짓눌린 노래기벌은 방어할 생각조차 못한다. 이제 해볼 만한 짓은 모두 해본 셈이다. 도대체 어떻게 해야 할지, 궁금증과 알고 싶은 욕망만 커져 갔다. 자, 어디, 다시 한 번 방법을 찾아보자.

　근사한 생각이 떠올랐다. 희망이 되살아난다. 그렇다. 이번은 분명히 성공한다. 벌이 사냥한 희생물을 옮기느라 정신없을 때,

비록 그가 싫어할 먹을거리지만 내가 잡은 바구미를 불쑥 주어 보자. 일에 몰두하여 주위가 산만할 테니, 아마도 그 불구자를 알아보지 못할 것이다.

이미 말했듯이, 사냥해 온 노래기벌은 굴 입구에서 조금 떨어진 벼랑 밑에 내려앉은 다음, 거기서 부터는 희생물을 힘들게 끌고 간다. 바로 그 순간, 핀셋으로 끌려 가는 희생물의 다리를 당겨서 빼앗고 내가 잡은 바구미를 내놓는 다. 이 실험은 완전히 성공했다. 먹을거리가 자기한테서 빠져나가고 없음을 알아챈 벌은 화가 났다. 발을 동동 구르며 방향을 바꾼다. 곧 바꿔쳐진 바구미를 발견하고 그에게 달려들어 다리를 잡아 끌려 한다. 녀석이 아직 살아 있음을 알아채자 갑자기 활극이 벌어진다. 하지만 믿을 수 없을 만큼 빠른 속도로 일을 끝낸다. 바구미와 마주선 벌은 강한 이빨로 상대방의 긴 코(주둥이)를 물고 꼼짝 못하게 누른다. 바구미는 다리가 젖혀진다. 벌은 그의 배쪽 관절 몇 마디가 벌어지도록 앞발로 등을 꽉 누른다. 그와 동시에 살육자의 배 끝이 바구미의 몸통 밑으로 휙 구부러지며 미끄러져 들어간다. 그러고는 앞과 가운데다리 사이의 앞가슴 이음매에 두세 번 독침을 강하게 꽂는다. 모든 일이 눈 깜짝할 사이에 끝난다. 벌레가 죽을 때 일어나는 사지의 경련도 없고, 버둥대지도 않으며, 벼락 맞은 듯 갑작스레, 그리고 영원히 움직이지 않는다. 순식간에 일을 끝낸 노래기벌은 시체를 바로 눕혀 배를 맞대고, 다리와 다리끼리 짝지어 껴안고 날아간다. 세 마리의 바구미로 세 번 실험했는데, 이들을 기절시키듯 죽이는 방법에는 한 치의 오차도 없었다.

실험 때마다 본래의 먹이는 노래기벌에게 돌려주고, 내 바구미는 되찾아 열심히 조사해 보았다. 벌써 옛날부터 이 암살자의 뛰어난 재능을 높이 평가했었지만, 이번 실험은 그 평가를 더욱 충분히 뒷받침해 주었다. 공격받은 곳에는 어떤 상처도, 체액의 흐름도 발견되지 않았다. 더욱 놀라운 것은 일체의 운동력이 그렇게도 빨리 완전하게 없어진 점이다. 살해된 직후 바구미의 반응력을 자세히 조사했는데, 손으로 집거나 쿡쿡 찔러도 전혀 반응을 보이지 않았다. 반응을 보려면 앞에서의 방법처럼 인공적인 수단이 필요했다. 바구미는 힘이 무척 강해서 산 채로 바늘에 꽂혀 곤충 살육자의 코르크판(채집자의 표본상자) 위에 고정되어도 며칠이나 몇 주일, 심지어는 몇 달까지 버둥거린다. 그런데 있는지 없는지 알지도 못할 만큼 적은 양의 독 한 방울을 가느다란 침으로 주입시키면 그 자리에서 일체의 운동력을 잃어버린다. 화학적 독소는 이 정도의 미량으로 이만큼의 효과를 내지 못한다. 혹시 그런 화학약품이 있다면 청산가리가 겨우 그 정도로 작용할 것이다. 이렇게 즉석에서 운동력을 잃는 원인을 알아내려면 동물의 생리학과 해부학에 의존해야 할 것이다. 이 불가사의를 설명하려면 독성의 강도보다는 장애를 받은 내장기관에 관해 더 관심을 가져야 할 것 같다.

그런데 침으로 찔린 곳에는 과연 어떤 기관들이 있을까?

5 암살의 명수들

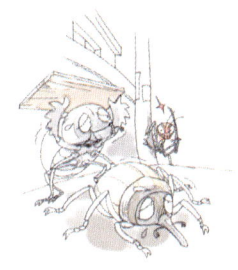

왕노래기벌은 침으로 찌른 곳을 들켰고, 그의 비밀 중 일부를 누설한 셈이다. 이것으로 문제가 모두 해결되었을까? 아직 아니다. 한참 더 알아야겠다. 이 곤충이 우리에게 알려 준 사실을 잠시 잊고 원점으로 돌아가 보자. 노래기벌이 지닌 문제를 우리의 문제로 삼고 다시 토의해 보자. 즉, 식량에 관한 문제 말이다. 지하창고에 몇 마리의 먹을거리를 쟁여 놓았는데, 이것이면 거기에 낳은 알에서 부화한 애벌레가 먹을 식량으로 충분하다.

식량 저장은 가장 간단한 문제 같아 보인다. 하지만 자세히 보면 여기에도 무엇보다 곤란한 문제가 있음을 깨닫게 된다. 먹잇감을 사냥할 때 사람은 총으로 쏘아 심한 상처를 입혀 죽인다. 하지만 벌은 우리가 모르는 어떤 교묘한 것들이 있다. 그들은 모습이나 빛깔이 원래의 상태 그대로인 먹이를 원한다. 팔다리도 말짱하고, 몸통에는 흠집이나 흉한 구멍이 없는 먹을거리로서, 살아 있는 벌레처럼 아주 신선하다. 무심코 만졌다가는 먼지처럼 가는 비늘이 벗겨진다. 이 가루는 그들의 고유한 빛깔을 나타내는 피부의 비늘인데, 이것들까지도 보존되어야 하니 그 얼마나 어려운 일인가? 누구든 벌레를 거칠게 밟아 죽일 수는 있어도, 살아 있는 것처럼 표가 안 나게 죽이는 것은 쉽지 않다. 바구미는 머리를 비틀어 놓아도 오랫동안 발버둥치는, 그야말로 생명력이 강한 벌레이다. 짓밟아 뭉갠 것처럼 찌부러지지 않은 상태로 즉사시키기란 누구에게도 당혹스런 일이다. 곤충 채집가라면 질식사 방법도 생각할 것이다. 하지만 그것도 벤젠이나 황화수소 따위로 원시적인 방법을 썼을 때나 겨우 성공할 수 있을지 의문이다. 바구미는 그렇게 유독한 물질에서 분출하는 가스 속에서도 한동안을 휘젓고 다니다가 천천히 윤기가 사라지며 죽는다. 더 심한 수단, 즉 시안화칼륨에 적신 종잇조각에서 발산하는 무서운 청산가스나, 곤충 채집자에게는 위험이 없으나 벌레는 순식간에 죽이는 유화수소가스의 사용 방법도 있을 수는 있다. 그런데 노래기벌이 그처럼 우아한 방법으로, 그렇게 빨리 해치운 기술 역시, 틀림없이 저 무서운 화학무기의 도움을 받았을 것이다.

시체라! 살코기만 먹는 애벌레에게 시체는 쓸모없는 쓰레기일 뿐, 전혀 먹을거리가 아니다. 이들은 조금만 썩은 기미를 보여노 절대로 먹지 않을 것이다. 애벌레는 그날그날의 신선한 고기를 요구하며, 썩지 않았다는 증거로 냄새가 나지 않아야 한다. 그렇다고 해서, 승객과 선원에게 신선한 고기를 공급하기 위해 살아 있는 동물을 배에 싣듯이, 그들의 먹을거리도 산 것을 둥지에 넣을 수는 없다. 그렇게도 연약하고 깨지기 쉬운 알을 산 먹을거리와 함께 넣어 둔다면 어찌 될지. 기다란 정강이에 쐐기 같은 박차가 달린 힘세고 난폭한 딱정벌레를 구더기처럼 나약한 애벌레와 함께 넣어 둔다고? 이것은 곧 애벌레를 죽이는 일이니 말도 안 된다. 이런 상황에서는 먹을거리가 시체처럼 못 움직여야 하고, 내장은 산 것처럼 신선해야 한다. 다시 말해서 식량 저장에도 모순된 조건의 난제가 포함된 것이다. 이렇게 까다로운 먹이 문제를 해결하려면 사계의 유명인사라도 두 손 들 것이며, 곤충 채집가 역시 항복할 것이다. 하지만 노래기벌 식당에는 이렇게 까다로운 식성이라도 이성적으로 도전하고 있다.

지금 이곳은 해부학자와 생리학자가 한 자리에 모인 아카데미라고 가정해 보자. 이 문제에 대하여 플루렁(Flourens)[1], 마장디(Magendie)[2], 클로드 베르나르(Claude Bernard)[3] 등과 같은 저명한 학자들이 모여서 토론 중인 학회라고 상상해 보자. 먹을거리가 전혀 움직이지도, 썩지도 않게 장기간 보존되는 문제. 이 문제에 대하여 우선 생각해야 할 점은 가장 자연적이고, 가장 단순한 보존식품일 것이다. 랑드 지방의 저 유명한 학자가 비단벌레에서 생각한 것처럼 방부제에게 구원 요청을 해볼 것이다. 그리고 벌의 독은 훌륭한 효능이 있다고 상상할 것이다. 하지만 이 효능 문제는 아직 알지 못하므로 훗날로 미룰 수밖에 없다. 랑드의 박물학자들이 마지막으로 할 수 있었던 답변이 미지의 방부제였듯이, 이 자리에 모인 학자들도 미지의 방부제로 살코기 보존법에 대한 최후

---

[1] Marie Jean-Pierre, 1794~1867년. 프랑스 생리, 해부학자, 국립식물원 파리박물관의 동물 비교해부학 교수
[2] François, 1783~1855년. 프랑스 생리학자, 의학자
[3] 1813~1878년. 프랑스 생리학자, 파리대학 교수

의 토론을 끝내고 말 수도 있다.

애벌레에게 필요한 것은 못 움직이는 상태로 저장된 고기가 아니라, 안 움직일망정 살아 있는 것과 똑같은 고기라야 한다. 학회에 모인 대학자들은 심사숙고 끝에 마취라는 것을 생각해 낼 것이다. — 그렇다. 바로 그거야! 동물을 마취시키는 거다. 생명은 빼앗지 않고, 오로지 운동 능력만 빼앗아야 한다. — 이 목적을 달성하기 위한 오직 하나의 수단은 한 곳 또는 여러 곳의 치명적인 장소를 택하여, 그곳의 신경조직을 마비시키는 방법밖에 없다.

하지만 이 문제는 탁월한 해부학 지식의 소유자가 아니면 결코 해결할 수 없다. 마비만 시키려면 어떻게 배치된 신경조직이며, 어느 조직을 찔러야 할까? 그 신경은 어디에 있을까? 위치는 고등동물의 뇌와 척추처럼 틀림없이 머리와 등줄기를 따라 있을 것이다. 하지만 이 아카데미의 학자들은 — 그건 큰 실수이다. —라고 외칠 것이다. 곤충은 등을 아래로 향하고 살아가는 동물 같다. 즉 등과 배가 뒤집혀서 척추가 아래쪽 가슴과 배를 따라 배열되었다. 따라서 곤충을 마비시키려면 등쪽이 아니라 배쪽을 수술해야 한다.

이 문제를 해결하고 나면 더 복잡한 문제가 기다린다. 메스를 든 해부학자에게 벌레의 저항 따위는 문제도 아니다. 필요한 곳에 칼을 갖다 대면 그만이다. 문제는 두꺼운 갑옷으로 무장해서 몸 안을 단단히 보호한 딱정벌레가 벌의 희생자라는 점이다. 따라서 벌에게는 선택의 여지가 없다. 게다가 수술 도구는 끝이 뾰족하고 예민하게 다듬어진 바늘이다. 딱정벌레에서 이런 바늘에 저항 없이 찔리는 관절막이 어디에 있는지, 오직 그 지점을 정확히 알아야 한다. 이런 관절 부위만 안다면 기껏해야 국소 마비만 시킬 뿐, 운동 기관 전체로 퍼지는 전신마비를 일으키지는 못한다. 오랫동안 싸워 목숨을 끊을 게 아니라, 단 한 번만 찔러 모든 운동 능력을 정지시켜야 한다. 과연 그곳이 어딘지, 노래기벌은 반드시 모든 운동기관에 분포된 신경의 중추부, 즉 운동의 중심부에 침을 놓아야 한다. 이런 신경중추는 몇몇 신경세포나 핵, 또는 신경절(節)로 이루어졌다. 이 신경절은 성충보다 애벌레가 더 많다. 이것들은 염주 모양으로, 몸의 아랫면 정중선을 따라 일정 간격으로 배열되었으며, 각각은 두 줄의 끈으로 연결되었다. 성충은 가슴신경절이라 불리는 세 쌍의 신경절이 날개와 다리의 운동을 관장한다. 침을 찔러야 할 곳은 바로 이곳, 즉 가슴신경절이다. 그러면 몸 전체가 움직이지 못한다.

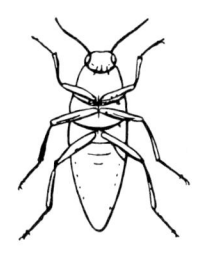

비단벌레(복면) 3/4

　가냘픈 벌침이 바구미를 찔러 운동중추에 도달할 수 있는 곳은 두 군데뿐이다. 하나는 목과 앞가슴이 이어지는 곳이며, 또 하나는 앞가슴과 가운데가슴이 이어지는 곳이다. 즉 앞과 가운데다리 쌍의 중간에 위치한다. 벌이 목관절 쪽 신경절을 제압하려면 침이 너무 멀어서 곤란하다. 따라서 침을 놓을 곳은 한 곳밖에 없다. ― 이 문제에 대하여 아카데미는 탁월한 생리학자 베르나르의 깊은 과학적 지식을 빌어 이렇게 발표할 것이다.― 벌이 침으로 찌를 장소는 앞과 가운데다리 쌍의 사이로, 아랫면 정중선이라고. 이 벌은 도대체 얼마나 뛰어난 지혜를 가졌기에 그런 곳을 알고 있을까?

벌은 가장 치명적인 곳, 즉 곤충의 해부학적 구조에 통달한 학자가 아니면 집어낼 수 없는 그런 곳을 택해서 거기에만 침을 놓는다. 이것만으로 충분하지 않다. 벌은 훨씬 더 어려운 문제를 해결해야 한다. 하지만 이것도 감쪽같은 솜씨로 해치워 우리를 어리둥절하게 만든다. 앞에서 말했듯이, 바구미의 운동을 통제하는 가슴신경중추는 세 개이다. 각 중추 간의 거리는 곤충에 따라 약간 다른데, 드물게는 서로 인접된 경우도 있다. 거리야 어쨌든 각 신경중추는 각각 지정된 기관에만 작용할 뿐 다른 기관에는 작용치 않는다. 그래서 어느 한 중추가 상해를 받으면 그것이 지배하던 기관만 마비된다. 따라서 깊은 곳의 세 중추를 하나씩 차례대로 모두 찔러야 한다. 게다가 앞과 가운데다리 사이는 찌를 수 있는 길이 한 곳뿐인데, 침이 너무 짧아서 이 길로 찌르는 것도, 침의 방향을 조정하는 것도 쉽지가 않다. 그런데 딱정벌레는 종류에 따라서 세 개의 신경절이 아주 가까워서 거의 합쳐진 모양이거나 뒤쪽의 두 개가 하나로 합쳐진 모양이다. 신경중추가 한 개로 집중하는 경향이 강할수록 특정기능은 더 완전해지는데, 그와 동시에 공격당하기는 훨씬 쉬워지니 슬픈 일이다. 자, 이런 종류가 노래기벌에게 필요한 진짜 먹잇감이다. 운동중추가 시로 인접해서 공동의 한 덩이로 되어 있으면, 즉 모든 중추가 한 덩어리인 딱정벌레라면 침으로 한 방만 찔러도 전신이 마비된다. 여러 번 찔러야 할 신경절들이 하나의 칼날 밑에 모두 모여 있기 때문이다.

그렇다면 어느 딱정벌레가 쉽게 마비시킬 수 있어서 먹잇감으로 선택될까? 이 문제 역시 간단치 않다. 비록 저명한 베르나르의 수준이라도 기관들의 일반적인 체제와 생명의 기초에는 통달했어도, 그 수준이 그런 곤충을 고르는 데 도움이 될 수는 없다. 지금 이 글을 읽고 있는 독자가 학자든 아니든 물어보겠다. 도서관 자료를 찾아보지 않고도 이런 신경중추를 소유한 딱정벌레를 알아낼 수 있는지, 그리고 도서관이라해서 필요한 자료를 즉시 찾아낼 수 있는

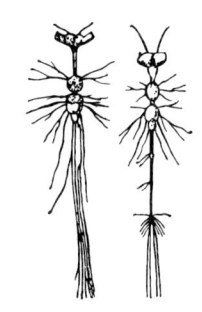

비단벌레의 신경계

지? 자, 이제는 아주 세밀한 전문 분야로 들어가야겠다. 큰길에서 벗어나 극소수의 몇 사람밖에 모르는 작은 길로 들어가 보자.

여기에 필요한 자료로 「박물학연보 제3집, 5권」에서 딱정벌레목에 관한 에밀 블랑샤르(E. Blanchard) 씨의 뛰어난 연구결과를 찾아냈다. 그에 의하면, 신경기관이 이렇게 집중된 딱정벌레로 우선 소똥구리를 꼽을 수 있다. 하지만 이 곤충은 너무 커서 노래기벌이 공격도, 끌고 가지도 못한다. 게다가 깨끗한 것을 좋아하는 벌이 주로 오물 속에 사는 이런 곤충은 사냥조차 안 할 것이다. 풍뎅이붙이(Histériens: Histeridae)도 운동중추가 인접했는데, 이들 역시 악취가 풍기는 시체 사이에서 썩은 것을 먹고사니 소용이 없다. 또 나무좀(Scolytiens: Scolytidae)이 있는데 이들은 너무 작아서 먹잇감으로는 부적당하다. 끝으로 비단벌레와 바구미를 꼽을 수 있다.

원초적인 문제로 암흑 속을 헤매던 차에, 어느 날 갑자기 광명이 비춰들었노라! 수많은 딱정벌레 중 바구미와 비단벌레만 노래기벌이 사냥하기에 아주 적당하고, 꼭 필요한 조건을 갖춘 종류였

구나. 이 두 종류는 사치스러운 사냥꾼이 참기 어려울 만큼 비위에 거슬리는 악취나 오물과는 멀리 떨어져 생활한다. 종 수도 많고, 크기도 다양하니 사냥꾼이 자신의 몸집 크기에 맞는 먹잇감을 고를 수도 있다. 무엇보다도 그들에게는 치명적인 급소가 있으며, 벌은 그곳을 침 한 방으로 쉽사리 처리할 수 있다. 벌침이 닿는 곳에 다리와 날개를 관장하는 운동중추가 있기 때문이다. 바구미는 세 개의 가슴신경절이 한 곳으로 아주 가깝게 몰렸는데, 특히 뒤쪽의 두 개는 서로 합쳐졌다. 비단벌레 역시 첫째 바로 뒤에 둘째와 셋째 신경절이 모여 하나의 덩어리를 이루었다. 딱정벌레를 먹잇감으로 하는 여덟 종의 노래기벌은 모두 비단벌레나 바구미만 사냥할 뿐, 다른 종류는 절대 사절이다. 사실상, 비단벌레와 바구미는 신경중추가 한 곳에 모였다는 점만 비슷할 뿐, 겉모습은 전혀 다르다. 노래기벌의 둥지 안에 왜 이렇게 전혀 다른 모습의 먹잇감들이 쌓여 있었는지에 대한 해답이 바로 여기에 있었다. 조물주가 지혜를 짜냈더라도 이보다 더 완벽한 선택 방법은 없었을 것이다. 그런데 이 방법으로 많은 문제를 훌륭하게 해결하였다. 그러고 보니, 혹시 우리가 어떤 착각 속에 사로잡힌 것은 아닌지, 이론적 선입관이 사실의 진상을 숨기고 있는 것은 아닌지, 혹시 내 펜이 멋대로 불가사의한 공상을 쓰고 있는 건 아닌지, 다시 한 번 생각해 볼 필요가 있다. 과학적 결론은 다각도에서 반복된 실험을 통해 증명되었을 때만 비로소 굳건하게 정립되는 법이다. 그렇다면 왕노래기벌이 우리에게 보여 준 것과 똑같은 방법으로 수술해 볼 필요가 생긴다. 벌침에 쏘인 녀석이 운동을 멈추고 아주 오랫동안 완전히 신선한 상태로 유지되듯이, 인공적으로도 그렇게 만들 수 있다면, 또한 이렇게 불가사의한 처리를 노래기벌의 사냥감으로, 또는 다른 종류라도 신경절이 집중된 딱정벌레로 실험할 수 있다면, 그리고 신경절이 각각 떨어진 딱정벌레로도 실험이 가능하다면, 비록 증명하기가 매우 힘들더라도, 이 벌이 가진 무의식적이며 본능적인 지혜 속에 담겨 있는 훌륭한 지식의 원천을 인정해야 할 것이다. 자, 이제 실험 결과가 어떻게 될지 알아보자.

수술은 침 한 방이면 끝나니 아주 간단하다. 끝이 뾰족한 금속 펜촉으로 주사하면 아주 편리하게 끝난다. 앞가슴의 이음매를 살짝 찌르고, 방부제 한 방울을 운동중추에 떨어뜨린다. 내가 사용한 방부제는 암모니아수였는데, 기능이 같은 종류의 액체라면 무엇이든 같은 결과가 나올 것이다. 펜촉으로 잉크를 살짝 찍듯이 암모니아수를 묻혀서 찔렀다. 그랬더니 가슴신경절이 모여 있는 종과 떨어져 있는 종에 따라 결과가 달랐다. 덩어리 신경절은 진왕소똥구리(*S. sacer*)와 목대장왕소똥구리(*S. laticollis*), 청동금테비단벌레(Bupreste bronzé: *Buprestis* → *Dicerca aenea*), 그리고 각종 바구미, 특히 지금 관찰 대상인 왕노래기벌이 사냥하는 눈병흰줄바구미 등으로 실험했다. 분리된 신경절은 딱정벌레과(Carabique: Carabidae)의 딱정벌레(*Carabus*)와 가슴먼지벌레(Nebriés: *Nebria*), 먼지벌레과의 무늬먼지벌레(Chlaenies: *Chlaenius*)와 다른 두 종류(Procruste: *Procrustes*, Sphodres: *Byrsops sphodrus*), 하늘소과의 긴하늘소(*Saperda*)와 목하늘소(*Lamia*), 거저리과의 블랍스거저리(*Blaps*), 스카루스(Scarus: *Scarus tristis*), 아시드거저리(Asides: *Asida*) 등을 실험 대상으로 했다.

소똥구리, 비단벌레, 바구미에서는 효과가 바로 나타났다. 죽음의 암모니아수 한 방울이 신경중추에 닿자마자 모든 운동이 경련조차 없이 정지해 버린다. 노래기벌이 쏘았을 때도 이렇게 빨리 정지되지는 않았는데, 건장한 왕소똥구리가 그렇게 갑자기 움직이지 못하는 것에 놀라지 않을 수가 없었다. 벌의 독침과 암모니아가 묻은 펜촉의 작용이 비슷한 점은 이뿐만이 아니었다. 주사를 맞은 소똥구리, 비단벌레, 바구미는 움직임만 없는 것이 아니라, 3주 또는 2달까지도 관절이 부드럽고, 내장도 신선했다. 처음에는 똥도 정상적으로 쌌고, 전기를 통하면 운동도 일으켰다. 한마디로 말해 노래기벌에게 쏘인 딱정벌레와 똑같은 결과가 나왔다. 벌이 사냥감을 침으로 쏜 것이나 신경중추를 암모니아로 마비시킨 것이나 나타난 상태가 같았다. 하지만 이렇게 오랫동안 벌레를 완전하게 보존시키는 원인이 한 방울의 암모니아 주사 때문이라고 결

하늘소 몸의 바탕은 검으나 황토색 털과 비늘로 덮여 있고, 장수하늘소 다음으로 큰 하늘소 무리에 속한다. 1980년까지만 해도 서울 시내의 가로수에서 많이 볼 수 있었다. 7월 말경 참나무 수액에 모여들며 간혹 장수말벌과 수액 쟁탈전을 벌이기도 하지만 결국은 장수말벌에게 쫓겨난다.

론지을 수는 없다. 방부제라
는 생각도 깨끗이 버려야 한
다. 비록 움직이지 못하는
벌레라도 죽은 것은 아니
며, 미미하나마 생명의 빛
이 아직은 남아서 각종 장기
가 얼마간 신선하게 유지되
기 때문이다. 하지만 종래는 죽

어서 썩어 버린다는 것도 이해해야 한다. 어떤 경우는 암모니아가 다리 운동만 정지시킨다. 독이 먼 곳까지 퍼지지 못해서 더듬이가 아직도 움직인다. 어떤 경우는 주사한 지 한 달 후에 살짝만 건드려도 강하게 움츠린다. 이는 기력이 모자라 움직이지 못했을 뿐, 생명이 끊어지지는 않았다는 명백한 증거이다. 이런 더듬이의 운동은 노래기벌에게 잡혀 온 바구미에서도 드문 일은 아니었다.

한 방울의 암모니아 주사는 왕소똥구리, 바구미, 비단벌레의 운동을 즉시 중단시킨다. 그렇다고 해서 매번 그렇지는 않았다. 상처가 너무 크거나 주사약이 너무 많으면 벌레는 진짜 죽어 버리며, 시체는 2~3일 만에 썩는 냄새를 풍긴다. 반대로 주사가 너무 약하면 다시 깨어나 부분적인 운동을 회복한다. 물론 벌레가 마비된 순간의 상태에 따라 차이는 있다. 벌도 사람처럼 서툴게 수술할 경우가 있어서 쏘인 녀석이 다시 살아난 경우를 본 적도 있다. 노랑조롱박벌(Sphex à ailes jaunes: *Sphex flavipennis*) 이야기도 곧 하겠지만, 이들은 귀뚜라미를 독침으로 찔러 땅속에 저장한다. 그의 굴에서 세 마리의 불쌍한 귀뚜라미를 꺼낸 일이 있는데, 겉보기에 매우 허약해서 죽은 것 같았고, 다른 곳이라면 죽었을 것이다. 그들을 유리병에 옮겼더니 상태가 좋아져 3주일 동안 움직임 없이 지냈다. 그 후, 두 마리는 곰팡이가 피었고, 한 마리는 부분적으로 살아났다. 더듬이와 입, 그리고 놀랍게도 앞다리 한 쌍이 운동을 회복했다. 재주꾼 벌마저 때로는 실수하여 먹이를 완전히 마비시키지 못한 것이다. 하물며 인간이 조잡한 기구로 매번 성공한다는 것은 기대할 수 없는 일이 아니더냐!

가슴신경절이 분리된 종류에게 암모니아 주사는 결과가 전혀 달랐다. 딱정벌레와 먼지벌레가 상처를 가장 덜 받았다. 진왕소똥구리가 즉석에서 운동을 정지할 만한 양을 주사했는데, 몸집이 작은 무늬먼지벌레, 가슴먼지벌레, 등빨간먼지벌레(Calathe: *Calathus*→ *Dolichus*) 따위까지도 아주 미약한 경련만 일으켰을 뿐이다. 주사 후, 점점 안정을 되찾고 몇 시간 내 씻은 듯이 회복하여 보통 때처

적동색먼지벌레 야행성 곤충으로 밤이 되면 등산로 같은 길가에서 죽은 곤충을 먹고 사는 육식성이다.

럼 활동했다. 서너 번의 반복실험 결과도 마찬가지였다. 종래는 반복실험의 상처가 커져서 죽었고, 곧 마르거나 썩어 버렸다.

거저리와 하늘소는 암모니아에 보다 예민했다. 약물에 맞으면 민첩한 활동이 없어지고, 얼마간 경련을 일으키며 죽은 것처럼 보인다. 하지만 풍뎅이(소똥구리)나 바구미처럼 계속 마비되지는 않았다. 경련은 일시적이며, 곧 전처럼 활발하게 활동한다. 주사약이 좀 많으면 운동이 다시 일어나지 않는다. 즉, 죽는다. 정말로 죽어서 곧 썩는다. 신경절이 합쳐진 종류에서는 그렇게도 효과가 강했던 방법이 분리된 종류에서는 완전하고 지속적인 마비를 일으키지 못했다. 기껏해야 하루 이틀밖에 계속되지 않는 일시적인 마비였다.

이제 결정적 증거를 얻은 셈이다. 노래기벌들이 특정 딱정벌레만 선택하여 먹이로 삼은 이유는 최고로 박식한 생리학과 가장 상세한 해부학이 알려 준 내용과 부합한 것이다. 이를 굳이 우연의 일치라고 한다면 그것은 무리이다. 이 조화를 우연이란 말로 대체할 수는 없다.

6 노랑조롱박벌

 딱정벌레는 비록 창으로 찔러도 버텨낼 만큼 튼튼한 갑옷으로 무장했더라도, 한 곳만은 약탈자의 침 한 방으로 치명적인 상처를 받는다. 이 갑옷의 결점을 잘 아는 약탈자가 바구미나 비단벌레 무리를 택해서 한 곳에 집중된 신경계를 독검으로 찌른다. 세 개의 신경중추를 한꺼번에 마비시키는 것이다. 한편 튼튼한 갑옷을 입지 못해 벌과 싸울 때 꼼짝 못하는 먹을거리까지도 이곳저곳 아무 데나 무턱대고 찌른다면 어떻게 될까? 이런 곤충에게도 칼의 겨냥 장소를 따로 정할까? 아니면, 희생자의 저항에 따른 위험을 예방하려고 상대방의 심장을 노릴까? 이 암살자도 노래기벌의 전술을 배워서 특별한 운동신경중추만 찌를까? 신경절이 분리되어서 찔리지 않은 신경절이 독립적으로 작용할 경우는 어떻게 할까? 이제 이 문제를 귀뚜라미 사냥꾼인 노랑조롱박벌(*Sphex flavipennis*)[1]에서 해답을 얻어 보자.

 7월 말경, 노랑조롱박벌은 지금까지 지하

[1] 현대 학자들은 파브르가 *S. funerarius*를 연구했을 것으로 보는데, 이 책에서는 원문대로 번역한다.

의 잠자리였으며, 자신을 보호해 주던 고치를 찢고 밖으로 나온다. 8월 한 달은 무더위에도 아랑곳없이, 지천으로 널린 가시투성이 뿔미나리류(Chardon-Roland: *Eryngium campestre*) 꽃 주변을 맴돌며 꿀을 찾아다닌다. 하지만 이렇게 태평한 생활도 잠시뿐이다. 9월 초가 되면 굴 파기와 사냥이라는 고된 일을 해야 한다. 이 벌은 대개 도로 가의 벼랑 위, 좁다란 평지를 집터로 택한다. 집터는 햇볕이 잘 들고 파내기 쉬운 모래땅이라는 두 가지 조건이 필요하다. 이런 곳에 지은 집은 가을비와 겨울의 된서리를 피할 수 있다는 것밖에 별다른 이점은 없다. 해가 잘 들어야 하므로 차양은 필요 없다. 편평한 들판에서는 비바람을 맞아도 상관없다. 굴을 파다가 혹시 큰비라도 만나는 날이면, 다음 날은 보기조차 민망하다. 파던 터널이 모래에 파묻혀 엉망진창이 된다. 다시 삽질할 엄두조차 못 내고, 결국은 포기해 버린다.

조롱박벌 대나무나 목조 기둥에 구멍을 뚫어 지은 둥지에 마른 풀이나 이끼 따위를 물어다 아기 방을 만들고, 애벌레의 먹잇감으로 베짱이류를 잡아다 저장한다. **홍다리조롱박벌** 땅속에 구멍을 뚫고 집을 짓는 점이 조롱박벌과 다르다.

노랑조롱박벌이 혼자 일하는 경우는 드물다. 열 또는 스무 마리, 때로는 더 많은 수가 적당한 부지를 골라 작은 부락을 이룬다. 이 부지런한 광부들이 차분하게 일하는 모습이나 분주하고 민첩하게 움직이는 몸놀림, 분명한 동작 등을 정확히 알고 싶으면, 그들의 부락에서 며칠 동안이라도 자세히 관찰해야만 한다. 앞발의 갈고리(발톱)로 흙을 부지런히 긁어모은다. 분류학의 선구자 린네(Linné)의 방법을 따르면 카니스 인스타(*Canis instar*)[2]로 불려야겠다. 땅파기에 신이 난 강아지라도 이렇게 대단한 열성을 갖지는 않았을 것이다. 일꾼들은 다함께 콧노래를 흥얼거린다. 날카롭고 짧게 끊어지는 그 노랫소리는 날개와 가슴을 떨 때 나는 소리인데, 서로 박자가 맞는다. 그야말로 어느 동아리가 쾌활한 가락에 맞추어 신나게 일하는 소리이다. 그사이 진동하는 날개 위로 가는 모래가 날려 먼지처럼 내려앉는다. 제법 많은 자갈을 일일이 골라내서 공사장 밖으로 멀리 굴려 버린다. 하지만 자갈이 잘 움직이지 않으면 날카로운 소리를 내면서 악착같이 달라붙는다. 마치 도끼로 장작을 패는 듯한 소리이다. 이빨과 발끝에 힘을 몰아가며 노력하다 보면 이윽고 굴의 모양이 드러난다. 그러면 그 안으로 몸을 던지듯이 쑥 들어간다. 앞발로 다시 흙을 긁어내리고, 흘러내린 흙은 점점 더 활발한 뒷걸음질로, 그렇게 앞뒷발을 번갈아 가며 밖으로 쓸어낸다. 그들은 걷는 게 아니라 용수철 장치에서 튕기듯 성급하게 드나든다. 꿈틀거리는 배, 떨리는 더듬이, 온몸을 진동시켜 소리를 내가며, 펄펄 뛰듯 맹렬하게 달라붙어 파낸다.

[2] 개의 학명은 *Canis familiaris*이며, 어느 생물종도 어린 개체에게 따로 학명을 붙일 수는 없다.

굴속으로 들어간 광부의 모습은 곧 보이지 않는다. 하지만 안에서는 아직도 피곤을 모르는 콧노래가 들려온다. 뒷걸음질로 모래를 간간이 굴 입구까지 쓸어 내온다. 때로는 일을 멈추고 햇볕으로 나와 힘든 노동에 굳어 버린 몸을 풀며, 관절 사이에 박힌 먼지와 흙가루를 빼낸다. 근처를 맴돌며 주변을 살피기도 한다. 조롱박벌은 이렇게 잠깐씩 쉴 때도 있지만 몇 시간 안에 땅굴을 다 파고, 입구의 문지방에 나타나 승리의 노래를 부른다. 또다시 날카로운 그의 눈만 찾아낼 수 있는 울퉁불퉁한 곳의 흙더미를 깎아 내거나 고르며 마지막 마무리 공사를 한다.

여러 부족의 노랑조롱박벌 집성촌을 관찰했는데, 한 부락은 매우 독특한 구조여서 아직도 내 기억에 생생하다. 도로 작업을 하던 인부들이 삽으로 도랑을 파내 넓은 길가에 퍼 올려놓은 몇 개의 흙더미가 있었다. 그 중 한 무더기가 오래전부터 햇볕에 말랐고, 높이는 50cm쯤의 큰 원뿔 모양이다. 이곳이 벌들에게 그렇게도 마음에 들었던지, 내가 아직까지 한 번도 본 일이 없을 만큼 높은 밀도의 큰 부락을 이루고 있었다. 삼각산 모양의 건조한 흙더미 표면은 온통 벌 구멍투성이라, 마치 거대한 해면(sponge) 같아 보였다. 모든 높이에서 활기찬 벌들이 분주하게 왕래하고 있었다. 마치 완공

날짜가 급해서 한창 서둘러 일하는 넓은 공사판의 한 장면을 연상케 했다. 더듬이를 물린 귀뚜라미 한 마리가 이 삼각산 도시의 비탈길로 질질 끌려 올라간다. 방안의 선반에는 식량이 가득 쌓여 있다. 아직도 공사 중인 굴에서는 흙을 밖으로 밀어낸다. 어떤 광부는 가끔씩 굴 입구를 들여다보는데, 얼굴은 먼지를 뒤집어썼다. 가끔 한 마리씩 휴식을 틈타 삼각산 정상을 오른다. 전망대 위에서 순조롭게 진행되는 공사를 바라보며 만족스러워 하는지도 모르겠다. 아무튼 대단한 광경이다. 그 식구들을 삼각산과 함께 몽땅 우리 집으로 옮기고 싶을 만큼 탐났다. 이런 생각은 할수록 속절없는 짓이다. 무슨 수를 써도 그렇게 무거운 삼각산 마을을 송두리째 옮겨 갈 수는 없기 때문이다.

지형이 정상적인 벌판에서 일하는 노랑조롱박벌 이야기로 돌아가자. 엄청나게 많은 벌이 모인 곳에서 굴 파기가 끝나고 사냥이 시작되었다. 벌들이 먹잇감을 찾아 멀리 떠난 '틈을 타 집안을 조사해 보았다. 집터가 평지라고 해서 완전히 평평한 것만은 아니다. 대개가 풀이나 쑥 덤불로 덮인 작은 언덕으로, 볼품없는 풀뿌리가 뒤엉킨 은밀한 곳 근처이다. 굴 입구에서 7~8cm 깊이에 가로지르는 구멍이 있고, 이 구멍은 식량과 애벌레가 있는 구석방과 연결된 통로이다. 날씨가 궂을 때는 벌들이 이 통로의 입구에서 웅크리고 있다. 밤에도 여기서 머물 때가 있고, 어떤 때는 낮에도 그 인상적인 얼굴에 뻔뻔해 보이는 커다란 눈만 드러내고 쉬기도 한다. 통로는 어느 정도 수평으로 진행되다가 엄지손가락 2~3개의 깊이에서 갑자기 비스듬하게 구부러지고, 그 안에 좀더 넓고 알 모양인 골방이 자리 잡았다. 벽은 시멘트를 바르지 않은 맨 흙인데도 손질이 잘 되어 있다. 모래가 잘 다져져서 단단한데, 천장이나 마루도 골고루 이런 모래로 손질해서 흙이 무너지지 않도록 해놓았다. 뿐만 아니라 연약한 애벌레의 피부에 상처를 내기 쉬운 우둘투둘한 곳들도 세심하게 손질되어 있다. 방으로 들어가는 통로는 먹잇감을 겨우 끌고 지나갈 만한 넓이다.

　노랑조롱박벌이 제일 첫 방에 필요한 식량을 채우고 알을 낳으면 바로 그 방 입구를 막아 버린다. 물론 그 방을 막았다고 해서 둥지까지 막는 것은 아니다. 바로 옆에 두 번째 방을 파고 같은 방법으로 식량과 알을 채우고, 세 번째 방도, 때로는 네 번째 방까지도 판다. 그제야 비로소 출입구 옆에 쌓아 두었던 흙을 구멍으로 밀어 넣는다. 그리고 굴 밖의 흔적을 모두 지워 버린다. 하나의 둥지에 보통 세 개, 드물게는 두 개나 네 개의 방이 만들어지는 것이다. 그런데 벌을 해부해 보면 뱃속에 30개 정도의 알이 들어 있다.

왕귀뚜라미 초원과 참외나 수박밭에서 8월경에 많이 볼 수 있는 잡식성 곤충이다. 요즈음은 국내에서도 많은 사람이 취미로, 그보다는 애완동물의 사료감으로 기르는 것 같다.

그렇다면 열 개의 둥지가 필요하다는 이야기이다. 한편 9월 이전에는 거의 공사에 착수하지 못하다가 그 한 달 안에 모두 끝내야 한다. 그렇지만 한 둥지의 식량 저장에는 2~3일밖에 걸리지 않는다. 이렇게 짧은 시간 안에 구멍을 파고, 먼 곳에서 100마리 정도의 귀뚜라미(Grillons: Gryllidae)를 잡아, 온갖 고생을 해가며 운반해 오고, 창고에 넣은 후 알을 낳고, 마지막으로 굴을 막아야 한다. 할 일이 이렇게 많으니 아무리 부지런한 벌이라도 시간을 낭비할 수가 없다. 게다가 바람이 심해 사냥할 수 없는 날도 있고, 비오는 날이나 흐린 날은 실업자가 된다. 그래서 왕노래기벌처럼 깊고 튼튼하며, 반영구적인 집을 마련할 수 없음을 이해하게 되었다. 노래기벌은 튼튼한 집을 자자손손 물려주며 매년 더 크게 확장한다. 이들의 둥지를 조사할 때는 어찌나 힘들던지, 땀에 흠뻑 젖었었다. 도중에 굴을 파야겠다는 의욕도, 연장까지도 모두 내팽개쳤었다. 하지만 조롱박벌은 조상에서 물려받는 것이 전혀 없다. 그래서 모든 일을 제 손으로 빨리 해치워야만 한다. 이들의 집은 마치 오늘 하루만 신세지기 위해 펼쳤다가 이튿날 바삐 걷어치우는 천막이나 다름없다. 이렇게 허술한 모래집 속의 애벌레, 즉 피난처조차 물려받지 못한 새끼들은 다행히도 자기 스스로 피난처 마련 방법을 알고 있다. 얇은 고치만 걸친 노래기벌의 애벌레보다 훨씬 고급인 서너 겹짜리 방수복을 입는 것이다.

조롱박벌이 요란한 날갯소리를 내며 사냥터에서 돌아온다. 자기보다 크고, 몇 배나 무거운 커다란 귀뚜라미의 더듬이를 물고 온다. 그 무게에 짓눌려 잠시 풀숲에 앉아 쉰다. 사냥물을 다시 다리 사이에 끼고 안간힘을 쓰며, 집 앞에 가로질린 계곡을 단숨에 날아서 넘어온다. 내가 지켜보고 있는 벼랑 위의 집성촌 한가운데로 털썩 내려앉는다. 나머지는 걸어간다. 벌은 내가 옆에 있건 말건 겁도 안 내며, 먹을거리 위에 올라탄 채 거만한 자세로 전진한다. 귀뚜라미의 더듬이 하나를 이빨로 물고, 머리를 쳐든 채 용감한 자세로 끌고 간다. 맨 땅이라면 별 문제가 없었겠지만, 사냥물이 갑자기 그물처럼 펼쳐진 잔디 밑동에 걸려 꼼짝 않는다. 그럴 때 놀라서 어리둥절해하는 모습이란 참으로 가관이다. 날개의 힘을 빌어 빼낼 때도 있지만, 대개는 장애물을 통과할 때까지 제자리에서 빙글빙글 돌며 길을 찾아 헤맨다. 결국은 귀뚜라미를 목적지까지 운반하며, 그의 더듬이가 굴 입구에 정확히 놓이도록 한다. 희생물을 거기에 놔두고 급히 굴속으로 들어간다. 몇 초 후, 머리를 밖으로 내밀고 작은 소리로 뭐라고 외치는 것 같다. 다음, 앞에 놓인 귀뚜라미의 더듬이를 물고 안으로 재빨리 들어간다.

귀뚜라미를 끌어들이는데 왜 그렇게 번거로운 절차를 거치는

지, 그 이유를 알아내고 싶다. 하지만 아직까지도 만족할 만한 답을 얻지 못했다. 일단 빈손으로 들어갔다가 곧 다시 나와 문턱에 내려놓았던 것을 끌어들인다. 굴속은 충분히 넓어서 그럴 필요가 없을 것 같다. 잡아온 녀석을 곧장 안으로 끌고 들어가든지, 아니면 자기가 먼저 들어가서 뒷걸음질로 끌면 힘이 덜 들지 않을까? 그동안 관찰했던 여러 종류의 사냥벌은 모두가 전혀 예비행동 없이, 큰턱과 가운데다리로 희생물을 곧장 방안까지 끌어들였다. 다만, 뒤푸르 씨의 노래기벌만 조금 복잡하게 일을 처리했다. 녀석은 비단벌레를 잠시 굴 입구에 놓아두고 통로 안으로 뒷걸음질해 들어간 다음, 거기서 큰턱으로 사냥물을 물고 끌어들인다. 즉, 이 노래기벌의 방법과 귀뚜라미 사냥꾼의 방법은 아주 크게 달랐다. 조롱박벌은 왜 먹이를 창고에 넣기 전에 반드시 집안을 둘러볼까? 무거운 짐을 다루기가 편치 않으니 미리 굴속을 깊은 곳까지 샅샅이 조사해 보고, 모든 게 이상 없음을 확인하려는 것일까? 혹시 집을 비운 사이 어떤 침입자는 없었는지 알아볼 필요가 있었을까?

침입자라면 대체 어떤 자일까? 여러 종류의 약탈 파리(쌍시목, 雙翅目)들, 특히 기생쉬파리(제18장의 역주 참조)는 사냥벌의 굴 앞에서 망을 보다가 틈만 나면 남의 먹을거리에다 자신의 알을 낳으

려 한다. 하지만 이 기생파리가 집안까지 침입하지는 않는다. 혹시라도, 집주인이 있는 것을 모르고 깊숙이 들어갔다가, 컴컴한 복도에서 그 주인에게 봉변당할 만큼 어리석은 녀석이 아니다. 조롱박벌도 다른 벌들처럼 약탈자 기생파리에게 세금을 바친다. 그렇다고 해서 기

기생쉬파리

생파리가 굴 안까지 들어가 행패를 부리는 일은 없다. 파리가 귀뚜라미에게 알을 낳고 싶다면 시간은 얼마든지 있다. 망을 잘 보고 있다가 벌이 잠깐 먹이를 내려놓은 틈을 타 잽싸게 제 후손을 맡길 수도 있다. 그렇다면, 무엇인가 훨씬 큰 위험이 조롱박벌을 위협하는 게 틀림없다. 어쨌든 굴속을 다시 한 번 조사해 보는 것이 절대적으로 필요해졌다.

지금, 관찰했던 내용 한 가지를 소개하여 이 의문을 풀어 보자. 조롱박벌의 점령지에서는 다른 종의 사냥벌이 모두 쫓겨난다. 그런데 어느 날, 이 부락에서 검정구멍벌(Tachytè noire: *Tachytes nigra*→

아므르털기생파리 우리나라에도 기생파리 종류는 대단히 많을 것 같으나, 자세한 연구가 없어서 어느 기생파리가 어떤 종의 곤충에 기생하는지에 대한 자료가 부족하다. 아므르털기생파리는 들이나 야산에서 가끔씩 보인다.

검정구멍벌

Notogonia pompiliformis)을 발견했다. 여기서는 분명히 타관 출신인데, 조롱박벌들과 섞여서 그들 둥지와 같은 크기의 굴을 막으려고 모래, 작은 나뭇가지의 토막 따위를 가져온다. 그런데 서두르는 기색도 없이 아주 태연하게 나른다. 정성껏 일하는 태도로 보아 굴속에 그의 알이 들었을지도 모른다는 생각이 났다. 틀림없을 것 같다. 이 낯선 벌이 굴로 들어올 때마다 집주인 조롱박벌은 불안해한다. 매번 덤벼들어 내쫓는 척하다가, 구멍벌이 쫓아 나오면 되레 질겁을 하며 돌아선다. 구멍벌은 태연히 제 일만 계속한다. 분명히 두 종 사이에 분쟁이 생긴 것이라, 그 집안을 조사해 보았다. 안에 네 마리의 귀뚜라미가 들어 있었다. 내 짐작이 맞았다. 크기가 조롱박벌의 절반도 안 되는 구멍벌 애벌레에게 이렇게 큰 먹이는 지나치다. 그렇지만 태연하게 굴 막기에 정성을 들이며, 주인 행세를 하는 녀석은 예상대로 그 집에 침입한 강도였다. 그런데 도둑보다 덩치가 훨씬 크고, 힘도 센 조롱박벌이 어째서 빼앗기고 있을까? 쓸데없이 쫓는 시늉만 했을 뿐, 그리고 주인을 본체만체하던 침입자가 밖으로 나가려고 방향을 바꾸는데, 왜 그 자세에 되레 겁을 집어먹고 도망칠까? 벌레의 세상도 사람처럼 성공의 비결은 첫째도 뻔뻔하기, 둘째도, 셋째마저도 뻔뻔해야 할까? 침입자는 계속 뻔뻔한 수법을 쓴다. 조롱박벌은 발만 동동 구를 뿐, 강도에게 덤벼들지도 않고 오직 착할 뿐이다. 그런데 조용히 시치미를 떼고 그의 앞을 왕래하던 약탈자의

모습이 눈에 선하다.

다른 상황 하나를 덧붙여 본다. 검정구멍벌이 귀뚜라미 더듬이를 물고 가는 것을 여러 번 보았다. 과연 그 희생물을 그가 직접 잡았을까? 그렇게 믿고 싶지만 수상하다. 어디든 적당한 굴이 있기를 바라며 찾아다니다가 지친 듯, 수레바퀴 자국에서 갈피를 못 잡고 헤매는 우유부단한 그자의 거동이 아무래도 수상하다. 어쩌면 제 굴을 파기에 진짜로 골몰했을지도 모르지만, 그가 땅을 파는 것은 한 번도 보지 못했다. 훨씬 중대한 사건이 있다. 그가 먹을거리를 쓰레기통에 버리는 것을 보았다. 아마도 들여놓을 굴을 찾지 못해서 할 수 없이 그랬을 게 분명하다. 무노동으로 이득을 얻은 자가 아니면 이런 낭비가 있을 수 없다. 아마도 이 귀뚜라미는 조롱박벌의 굴 앞에서 훔쳤을 것이다. 흰줄조롱박벌(Sphex à bordures blanche: *Sphex albisecta*→ *Prionyx kirbii*)처럼 배에 흰 띠를 두른 흰줄구멍벌(*T. obsoleta*)도 메뚜기로 애벌레를 기른다. 이들 역시 굴 파는 모습은 한 번도 본 적이 없지만, 메뚜기를 끌고 가는 것은 여러 번 보았다. 서로 다른 종의 곤충 사이에 먹잇감이 같다는 것은 먹이의 성질에 대해 심사숙고할 계기가 된다. 어쨌든 구멍벌의 명예를 의심했으니[3], 그에 대한 약간의 보상으로 이 말을 덧붙여야겠다. 정강이혹구멍벌(*T. tarsina*→ *Tachysphex tarsinus*)은 아직 날개도 안 자란 꼬마메뚜기를 직접 잡고, 직접 굴을 파서 창고에 넣는 것을 내 눈으로 보았다고.

결국, 조롱박벌이 노획물을 들이기 전에 집안으로 고집스럽게 들어갔던 이유를 나는

[3] 의심했던 일을 『곤충기』 제3권 12장에서 다시 설명한다.

이렇게 말할 수밖에 없다. '집을 비운 사이 침입한 도둑놈을 쫓아내기 위한 것 외에 또 다른 목적이 있겠는가?'라고. 이제 이 문제를 더 알아보는 것은 단념해야겠다. 곤충의 본능에 대한 온갖 기능을 누가 다 설명할 수 있겠나? 조롱박벌의 지혜조차 헤아리지 못하는 인간의 판단력은 과연 얼마나 불쌍하단 말이더냐!

그 문제는 그렇고, 조롱박벌은 반드시 이런 희한한 행동을 한다는 사실도 증명되었다. 이 행동이 내게 흥미를 끌었던 실험 내용 하나를 밝혀 보자. 조롱박벌이 둥지로 돌아와 집안을 살피는 동안, 문 앞에 내려놓았던 귀뚜라미를 집어서 조금 멀리 옮겼다. 굴에서 다시 올라온 벌은 깜짝 놀란다. 크게 날갯소리를 내며 여기저기 주위를 살핀다. 먼 곳에 희생물이 있음을 발견하고, 적당한 곳으로 다시 끌어다 놓는다. 그리고 다시 구멍으로 내려간다. 물론 방금 했던 행동을 똑같이 반복한 것이다. 굴에서 나와 먹이가 없어진 것에 실망하다가 다시 찾아 구멍 앞으로 옮긴다. 그리고 언제나 또다시 혼자서 내려간다. 나의 참을성이 지칠 때까지, 한 번, 또 한 번, 40번이나 똑같은 행동을 반복했는데, 결국은 그의 고집이 내 고집을 꺾고 말았다. 그의 행동은 한 번도 변하지 않으니 말이다.

방금 보았듯이, 이 집성촌에서는 어느 벌이든 이렇게 고집스런 행동을 보였고, 이 사실이 한동안 나를 괴롭혔다. 이 벌에게 숙명적으로 몸에 배어 있는 어떤 버릇 때문에, 그 어떤 환경도 그의 속성을 바꿀 수 없는 것이라 생각했다. 또한 이 벌의 행동은 언제나 변함없이 규칙적일 뿐, 아무리 큰 희생을 치르더라도 아주 작은 경험 하나를 제 것으로 만들 능력이 거의 없음을 절대적으로 믿었다. 하지만 새로운 실험으로 이 믿음은 바뀌었다.

이듬해 전의 실험 장소로 다시 찾아갔다. 새 세대는 부모가 선택한 장소를 상속받아 직종도, 작업 방법도 그대로 충실히 이어가고 있었다. 귀뚜라미로 행한 실험은 여전히 같은 결과였다. 작년 조롱박벌처럼 금년의 벌도 전혀 소득 없는 그 행동을 고집스럽게 이어갔다. 나의 잘못된 사고방식은 점점 더 확고해졌다. 그런데 그때 나에게 하나의 행운이 찾아왔다. 여기서 먼, 다른 지방에서 노랑조롱박벌 집성촌을 발견하고 같은 실험을 해보았다. 두세 차례는 전과 같은 결과였다. 그런데 이번에는 더듬이를 문 벌이 말을 타듯 귀뚜라미 위에 올라탄 자세로 들어갔다. 도대체 누가 바보란 말이냐? 나는 이 얄미운 벌에게 뒤통수를 얻어맞은 기분이었다. 다른 굴에서도, 근처에서도, 이 벌들은 배신행동으로 나를 김새게 하려는 듯, 희생물을 안은 채 그대로 집안으로 들어갔다. 단 몇 마리도 어리석은 고집을 피우는, 즉 문지방 앞에 내려놓았다가 다시 가지러 나오는 녀석은 없었다. 이게 도대체 어찌 된 일일까? 그날 내가 조사한 집단은 다른 조상에서 태어났다. 그들의 어미가 택했던 집터로 찾아온 후손들은 작년에 조사한 집단과 혈통이 다르고, 머리도 더 영리하단 말인가? 꾀라는 재능도 유전한다. 따라서 조상의 재능 정도에 따라 분명히 영리한 자들의 부락도, 우둔한 자들의 부락도 있게 마련이다. 조롱박벌도 사람처럼 지방마다 기질이 달랐다.

다음 날 또 다른 곳에서 반복실험을 했다. 내 계략은 다시 성공했다. 처음처럼 진짜 보에오티아(Béotiens: 고대 지명→ 우둔한) 사람들만큼이나 돌대가리 집단인 벌을 만났다.

7 단검으로
세 번 찌르다

조롱박벌(*Sphex*)이 가장 멋진 솜씨를 보여 줄 때는 두말할 것도 없이 귀뚜라미를 제물로 삼는 순간이다. 이들의 희생물 처리 방법을 알아보자. 노래기벌이 희생물과 싸우는 방법을 관찰할 때 성공했던 경험을 살려, 이 벌에게도 그 방법을 써 보았다. 즉, 사냥꾼의 노획물을 빼앗고 대신 살아 있는 다른 먹이와 바꿔치는 방법이다. 조롱박벌은 일단 먹이를 내려놓고 혼자 굴속으로 들어가므로 바꿔치기는 쉬웠다. 게다가 녀석은 대담해서 친해지기도 쉽고, 빼앗은 귀뚜라미 대신 다른 녀석을 내놓으면 내 손바닥까지 쫓아와 잡으려 한다. 그래서 아주 가까이서도 그의 횔극을 자세히 볼 수 있으니, 그야말로 안성맞춤의 실험 재료였다.

살아 있는 귀뚜라미를 찾는 것도 쉬운 일이라 재료 구하기도 문제가 아니다. 근처의 아무 돌멩이든 들쳐 올리면, 녀석들이 그 밑에서 햇볕을 피해 엎드려 있다. 금년에 알에서 까나와 아직 날개도 자라지 못했고, 너무 어려서 벌에게 안 잡힐 만큼 깊은 곳에 숨을 줄도 모른다. 잠깐 동안 필요한 만큼의 귀뚜라미를 잡으면 준비는 끝나고, 이제 관찰할 곳을 물색하면 된다. 벼랑 위의 조롱박벌 집성촌 한가운데 자리 잡고 앉아서 기다린다.

사냥꾼 한 마리가 귀뚜라미를 짊어지고 출입구로 다가온다. 다음, 혼자서 구멍으로 들어간다. 사냥해 온 것을 재빨리 치우고, 대신 조금 먼 곳에 내 귀뚜라미를 놓는다. 사냥꾼이 다시 나와 주위를 둘러보다가 그 먹을거리를 잡으러 쫓아간다. 이제 곧 승부를 겨루는 극적인 광경이 펼쳐진다. 겁먹은 귀뚜라미가 깡충거리며 도망친다. 조롱박벌이 덤벼든다. 두 선수는 위아래로 맞붙어서 엎치락뒤치락하고, 모래가 연기처럼 날리는 난투극이 벌어진다. 잠시 후, 공격수에게 승리의 월계관이 돌아간다. 귀뚜라미는 정강이로 힘찬 뒷발질도, 커다란 이빨로 물어보려고도 했지만, 결국은 땅바닥에 쓰러져 벌렁 뒤집히고 만다.

조롱박벌은 곧 조치를 취한다. 귀뚜라미와 배를 맞대고, 이빨로 배 끝의 가는 끈(미모, 尾毛)을 물고, 앞발로 상대가 버둥거리지 못하게 넓적다리를 누른다. 가운데다리도 동시에 숨을 헐떡이는 패자의 옆구리를 조이고, 뒷다리는 두 개의 지렛대처럼 이마에 버텨 목관절을 넓힌다. 한편, 몸은 수직으로 높여 큰턱에 물리지 않도록 조심하면서 독검으로 목을 찌른다. 참으로 감동 없이는 볼 수 없는 장면이다. 다음은 가슴판과 판 사이의 관절막을, 그 다음은 배쪽을 찌

른다. 이제 귀뚜라미는 죽었고 모든 게 끝났다. 벌은 흐트러진 몸매를 가다듬고, 마지막 고통에 사지가 떨리는 희생물을 끌고 간다.

 방금 지켜본 싸움을 회상하며, 그 벌의 전술 속에 어떤 놀라운 사실이 숨어 있었는지 음미해 보자. 조롱박벌이 공격한 적수는 사실상 수동적이었고, 제대로 도망을 치지도 못했으며, 공격무기도 변변치 못했다. 몸을 지킬 수단이라곤 가슴을 덮은 갑옷뿐인데, 그나마도 살육자는 이곳의 약점까지 알고 있다. 사실상, 귀뚜라미도 막강한 무기인 큰턱으로 공격자를 물면, 벌의 몸통 따위는 갈기를 낼 수 있다. 두 개의 뒷다리는 그야말로 단단한 몽둥이가 된다. 이 몽둥이에는 꼬챙이보다 날카로운 가시가 두 줄로 나 있어 적을 멀리 내칠 수도, 뒷발질로 상대를 뒤엎을 수도 있다. 그래서 조롱박벌도 침으로 쏘기 전에 얼마나 조심하는지 알 만하다. 희생자는 도망치고 싶었으나 벌렁 누워 버린 상태가 되고 보니, 용수철 같은 뒷다리를 퉁길 발판이 없다. 왕노래기벌이 정상적인 자세의 바구미를 공격할 때 그랬듯이, 조롱박벌도 앞다리로 가시가 장착된 귀뚜라미의 뒷다리를 눌러서 사용치 못하게 해야 한다. 큰턱도 위협적이지만 뒷다리에 눌려 벙긋 열렸을 뿐 물리지는 않는다. 이렇게 반격을 못하게 하는 것만으로는 불충분하다. 녹을 주사할 때 침이 빗나가지 않도록 꼼짝 못하게 해야 한다. 배 끝의 미모를 문 것도 몸통운동을 막기 위해서이다. 아무리 풍부한 상상력을 동원해도 이보다 훌륭한 공격 방법은 찾아내지 못할 것이다. 과연 옛날 그리스 씨름판의 검투사들은 이 벌보다 더 과학적으로 계산된 전투법을 알고 있었는지 의심스럽다.

방금 보았듯이, 희생자의 몸을 여러 번 찔렀다. 우선 머리 밑에, 다음엔 앞가슴의 뒤쪽, 끝으로 배가 연결된 부분을 찌르는데, 매번 본능적으로 틀림없는 정확성과 기술을 보여 준다. 노래기벌 연구에서 얻었던 결론 중 중요한 것들을 다시 한 번 생각해 보자. 벌의 애벌레에게 먹이가 될 희생물은 전혀 움직이지 않아도 시체는 아니었다. 다만 마비가 일어났을 뿐이다. 동물적 생활은 일부 또는 전부가 없어졌으나 식물적 생활, 즉 영양기관의 활동은 지속되었고, 애벌레가 다 먹을 때까지 오랫동안 썩지 않았다. 이렇게 마비시킬 때, 벌은 실험생리학자가 추천할 정도의 훌륭한 과학적 방법을 사용해서 독침으로 운동 기관을 지배하는 신경중추를 찌른다. 관절동물(Animaux articulés: Arthropods→ Arthropoda, =節肢動物門)은 몇 개의 신경중추나 신경절이 어느 정도 독립적인 기능을 가졌음은 이미 알고 있으며 그 중 어느 하나에 장애가 일어나면, 그 신경절과 관계되는 부위만 마비된다. 이 현상은 신경절이 독립되었을수록 뚜렷하며, 신경절이 한군데로 집중된 경우는 이 공동 중추에 상처를 입히면 신경망이 분포된 모든 몸마디가 마비된다. 이런 예는 비단벌레와 바구미에서 보았다. 그래서 노래기벌은 침으로 희생자의 가슴에 있는 신경중추 덩어리를 한 번만 찔러서 마비시킨다. 그런데 귀뚜라미의 몸속에는 세 쌍의 다리를 움직이는 신경절이 각각 따로 일까? 그렇다. 세 개가 각각 떨어져 있다. 조롱박벌은 이 사실을 벌써 옛날부터 해부학자보다 더 잘 알고 있었다. 이 지식을 통해 귀뚜라미에게 반복해서 세 번 침을 놓아야 한다는 고차원적 논리가 나왔다. 자존심이 대단히 강한 과학자라도 이 벌 앞에서는 무릎을 꿇어야 할 게 아니더냐!

　노래기벌의 바구미가 죽은 것처럼 보였듯이, 노랑조롱박벌의 침에 쏘인 귀뚜라미 역시 죽은 것처럼 보이나 진짜로 죽은 것은 아니다. 희생된 귀뚜라미의 피부는 아직 부드럽고, 약한 자극에도 반응한다. 이제 또다시 꺼질 듯한 생명의 불씨를 확인하기 위한 인위적 실험은 필요 없다. 그래도 벌렁 누워 있는 귀뚜라미를 자세히 검사해 보았다. 찔린 지 1~2주일 후에도, 더 한참 후에도 배가 크게 요동질 치는 것을 보았다. 더듬이나 입술수염 따위의 촉수들도, 엉덩이의 미모도 움직였다. 희생된 귀뚜라미를 유리관 안에서 한 달 반 동안 아주 신선한 상태로 보존할 수도 있었다. 따라서 조롱박벌 애벌레는 고치를 짓기 전의 약 보름 동안 마지막 한 끼의 식사까지도 신선한 고기를 보장받은 것이다.

　사냥이 끝났다. 방마다 필요한 식량은 서너 마리의 귀뚜라미였고, 그들의 머리는 안쪽을, 다리는 입구를 향해 누워 있다. 조롱박벌은 알을 가운데 귀뚜라미에 낳는다. 다음 방문을 막으면 되는데, 입구에 쌓아 두었던 모래를 재주꾼의 뒷걸음질로 쓸어 넣는다. 가끔 흙더미를 앞발로 긁어 제법 굵고 보슬보슬한 모래알을 골라 큰턱으로 물어다 보충한다. 적당한 모래더미가 없으면 근처로 찾아 나서, 마치 석공이 건축

물의 초석을 고르듯 신중하게 골라온다. 낙엽이나 지푸라기 따위의 식물 부스러기도 잘 이용한다. 잠깐 지켜보는 사이, 지하 건축물의 바깥쪽 흔적은 완전히 사라진다. 그곳에 잘 표시라도 해두지 않으면 다시 찾을 수가 없다. 새 구멍을 파고, 식량을 채우고, 문 닫는 일은 벌의 알집(난소, 卵巢)에 들어 있는 알의 수만큼 반복된다. 알을 다 낳은 어미 벌은 만사태평의 방랑생활이 시작되지만, 가을 첫추위가 벌써 그들의 충실한 일생에 종말을 재촉한다.

조롱박벌이 할 일은 끝났다. 이제 벌의 무기를 조사하는 것으로 내 일도 끝내자. 독을 만드는 기관에는 둘로 깔끔하게 갈라진 가지가 있고, 각 가지는 약간 표주박처럼 생긴 저장주머니와 연결되었다. 이 주머니에서 나온 가는 관이 독침의 축으로 이어져 독액을 침 끝까지 보낸다. 주사 효과를 고려해 볼 때, 침은 믿을 수 없을 만큼 너무도 가늘다. 꿀벌(Abeille domestique: *Apis mellifera*, 양봉꿀벌)의 침처럼 끝에서 뒤로 뻗친 가시가 없이 단순하게 매끈할 뿐이다. 그렇다. 꿀벌은 치명상을 입히거나 목숨걸고 싸워야 할 경우가 아니면 침을 사용하지 않는다. 뒤로 뻗친 가시가 적의 살에 박혀서 빠지지 않고, 내장이 달려 나가 자신도 치명상을 입기 때문이다. 만일, 조롱박벌 침도 이렇게 생겨서 최초의 사냥에 자신의 목숨을 빼앗긴다면, 이런 무기가 무슨 소용이 있는가? 애벌레의 먹이 잡기에 침을 사용하는 벌들은 거의 모두가 꿀벌처럼 가시 달린 침이 아닐 것이라 생각된다. 그들의 칼은 복수심을 충족시키려고 휘두르는 사치스런 무기가 아니다. 신들이 즐겨보겠다고 그들의 침을 그렇게 만들었다면, 그것은 그의 생명과 맞바꿔야 하는 너무 비싼 즐거움이다. 그 침은 일할 때 쓰는 연장이며, 애벌레의 장래가 달린 도구이다. 그리고 사냥감과 격투할 때 손쉽게 써야 할 무기이다. 상대의 몸을 찌른 후 쉽사리 빠져나와야 한다. 갈고리가 달린 창보다 가시가 없는 칼날이 이들의 조건을 더 만족시킨다.

조롱박벌의 침, 건장한 먹잇감이라도 놀랄 만큼 빨리 쓰러뜨리는 그 침에 쏘이면, 과연 얼마나 아플지 확인해 보고 싶었다. 자, 그렇다면 내 자신이 실험동물이 되어 보자. 그런데 어쩐 일인지 아프지가 않다. 정말로 고백하건대, 성질 급한 꿀벌이나 말벌(Guêpes: Vespidae, 말벌과)에게 쏘였을 때와는 비교도 안 될 만큼 거의 느낌이 없는 것에 놀라지 않을 수가 없었다. 통증이 너무 약해서 연구할 때는 핀셋을 쓰지 않고 맨손으로 벌을 잡을 정도였다. 다른 여러 종류의 벌에 대해서도 마찬가지라고 말할 수 있다. 노래기벌, 진노래기벌 (Philanthes: *Philanthus*), 뾰족구멍벌(Palares: *Palarus*) 따위의 노래기벌과(Philanthidae)와 구멍벌과(Sphecoidae)의 여러 종, 매우 크고 약간 무

장수말벌 참나무류 수액에 잘 모여드는 벌로 나뭇가지와 바위 또는 주택 주변까지 접근하여 집을 싯고 생활을 한다. 가을철에는 개체수가 늘어 공격적이므로 벌집에 접근하는 것을 피해야 한다.

서워 보이는 배벌(Scolies: *Scolia*)[1] 까지도, 내가 관찰했던 사냥벌 (Hyménoptère déprédateurs) 전체에 대해서도 그렇게 말할 수 있다. 거미 사냥꾼인 대모벌(Pompiles: Pompilidae)만은 예외였지만, 이들의 침도 꿀벌에 비하면 훨씬 덜 아팠다.

줄배벌 복부 2,3마디의 양 옆에 커다란 황색 무늬가 특징적이며, 8월에 많이 나타난다. 주로 콩풍뎅이의 굼벵이를 사냥한다.

끝으로 자기 방어만을 위해 무장한 벌, 예를 들어 말벌은 멋모르고 그의 집에 침입할 뻔 했던 자에게 얼마나 맹렬히 달려들어 징계를 가하는지, 이는 모두가 아는 사실이다. 하지만 먹을거리를 상대하기 위해 칼을 지닌 벌들은 아주 평화적이며, 자기 주머니 속의 독은 가족을 위해 얼마나 중요한지도 알고 있는 것 같다. 그들의 독액은 가족을 보호하기 위한 것이며, 생명의 근원이다. 따라서 만용과 같은 복수를 위해서가 아니라 사냥이란 엄숙한 경우에만 알뜰하게 사용할 뿐이다. 사냥벌의 여러 집성촌 가운데서 집을 파헤쳐도, 애벌레 먹을거리를 날치기해도, 벌침으로 징계를 받아 본 적은 한 번도 없었다. 그들의 무기를 꼭 써 보게 하려면 손으로 직접 벌을 잡아야만 한다. 그것도 거친 손가락보다는 부드러운 손목에라도 대주어야 겨우 그곳의 피부를 찔러 줄지 모르겠다.

---

[1] 『파브르 곤충기』 제3, 4권에 등장하는 붉은털배벌 같다.

8 애벌레와 번데기

노랑조롱박벌 알은 황백색이며, 긴 원통 모양이나 활처럼 약간 구부러졌고, 길이는 3~4mm이다. 산란장소는 먹을거리 곤충의 앞다리와 가운데다리 사이의 약간 옆쪽 가슴 위로 정해져 있다. 흰줄조롱박벌(*Prionyx kirbii*)이나 랑그독조롱박벌(S. languedocien: *Sphex* → *Palmodes occitanicus* =홍배조롱박벌)[1]도 마찬가진데 전자는 메뚜기 가슴에, 후자는 유럽민충이(Ephippigére: *Ephippigera ephippiger*) 가슴에 낳으며, 다른 곳에 낳는 경우는 보지 못했다. 아마도 이렇게 지정된 장소는 어린 애벌레에게 어떤 특별한 의미가 있을 것이다.

알은 보통 3~4일 만에 부화한다. 아주 얇은 피막이 찢어지자 작고 연약한 벌레가 보이는데, 수정처럼 맑고 투명하며 앞쪽으로 점점 가늘어졌다. 뒤쪽은 약간 불룩하고 양옆에는 흰색의 가느다란 실들이 있는데, 이것은 숨관(기관, 氣管)의 가지들이다. 애벌레

[1] 랑그독(Languedoc)은 프랑스에서 지중해안의 중서부 지방 이름이며, 벌의 이름은 이 지방산임을 나타낸 것이다. 따라서 이 벌은 '랑그독조롱박벌'로 부르는 것이 옳다. 하지만 이 종은 한국에도 분포하는 '홍배조롱박벌'이며 기왕에 번역하는 것이니 앞으로는 우리 이름을 쓰기로 한다.

가 들어 있던 알껍질도 마찬가지다. 머리는 알의 앞쪽 끝에 심겨진 것처럼 고정되었고, 몸통은 껍질에서 빠져나와 먹이 위에 약간 걸치고 있다. 투명한 애벌레의 몸속에서 빠르고 규칙적인 주기로 파동 치는 것이 보인다. 몸통 가운데서 일어난 파동운동이 앞뒤로 퍼져나가는데, 이 파동은 애벌레의 소화관이 액체먹이를 쭉쭉 빨아들이기 때문에 일어나는 것이다.

우리의 시선을 강하게 끄는 장면 앞에서 잠깐 걸음을 멈춰 보자. 노랑조롱박벌 방에는 3~4마리의 산 귀뚜라미가 눕혀진 상태로 저장되었다. 하지만 홍배조롱박벌의 먹을거리는 제법 크고 뚱뚱한 유럽민충이 한 마리뿐이다. 만일 지금, 생명수를 쭉쭉 빨고 있는 애벌레를 먹이에서 떼어 놓으면 모든 게 끝장이다. 거기서 굴러 떨어져도 마찬가지다. 새끼는 너무 연약하고, 운동도 못하기 때문이다. 이렇게 무능한 새끼가 어떻게 혼자서 생명수 흡수장소를 찾을까? 희생물은 조금만 움직여도 자신의 내장을 파먹는 꼬마를 물리칠 수 있다. 거대한 덩치로 몸부림을 쳐볼 만도 하다. 그런데 항의 한 번 못하고 그에게 온몸이 맡겨졌다. 물론 암살자의 독침에 찔렸기 때문이다. 하지만 침을 맞은 게 오래되지 않았고, 영향도 덜 받는 곳은 아직 감각과 운동 능력이 남아 있다. 그래서 숨도 쉬고, 큰턱도 여닫으며, 미모도 더듬이처럼 흔든다. 만일 어린 꼬마가 희생물의 큰턱 주변에서 알짱대거나, 아직 감각이 남아 있는 곳을 물어뜯는다면 어떤 일이 벌어질까? 연약한 꼬마가 처음 먹는 곳은 어느 곳보다 부드럽고 즙액이 많은 배쪽이다. 귀뚜라미, 메뚜기, 민충이 모두가 살아 있는 상태에서 몸뚱이를 갉아 먹힌다면, 아무래도 피부가 떨릴 것이며, 이 떨림만으로도 어린 꼬마를 충분히 떨궈 버릴 것이다. 떨어지는 날이면 희생자의 큰턱에 물려죽을 판이다.

그러나 그런 위험들을 걱정할 필요가 없는 곳이 있다. 어미가 침으로 찌른 곳은 가슴이며, 그곳은 건드리거나 바늘로 찔러도 통증을 못 느낀다. 잡힌 지 얼마 안 된 희생자도 마찬가지다. 알은 바로 그곳에 낳으며, 막 태어난 새끼가 처음 먹기 시작하는 곳도 바로 거기이다. 귀뚜라미는 고통을 느끼지 못하므로 반응하지 않는다. 애벌레가 좀더 자라서 먹는 면적이 넓어지면 감각이 남아 있는 부분까지 먹을 것이고, 그러면 희생자도 버둥거리겠지만 이미 때는 늦었다. 귀뚜라미는 혼수상태가 깊어진 반면 꼬마벌레는 이미 자라서 힘이 강해졌다. 산란 위치는 다리 기부 근처의 가슴이었지만, 침을 찌른 곳은 두꺼운 피부의 가운데가 아니라 가장 얇은 옆구리 쪽이었다. 왜 이런 위치에다 산란했는지가 바로 이 문제의 해답이 될 것이다. 캄캄한 땅속에서 먹을거리 몸통 중 적당한 한 곳을 가려낸 것은 어미의 분별력에 의한 선택일 텐데, 여기도 어떤 논리가 개입되지 않았겠더냐!

조롱박벌 애벌레

나는 조롱박벌 애벌레를 길러 보았다. 귀뚜라미를 한 마리씩 차례로 주며, 매일매일 무럭무럭 빠르게 자라는 모습을 지켜보았다. 사냥꾼이 알을 낳은 첫 번째 귀뚜라미는 침으로 두 번째 찔린 곳, 즉 앞과 가운데다리 사이부터 먹히기 시작한다. 며칠 후 사냥꾼의 몸이 희생물의 가슴에 절반쯤 들어갈 만큼 넓은 우물을 팠다. 그때까지도 살아 있는 귀뚜라미는 자신의 몸뚱이를 뜯길 때마다 더듬이와 미모를 흔들거나, 허공에서 입을 여닫았

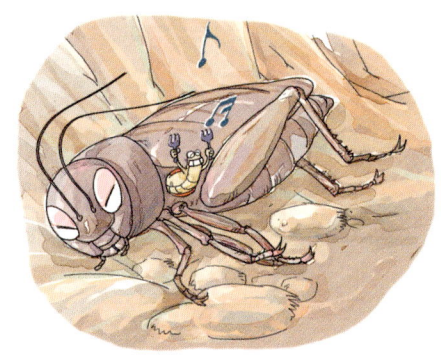

고, 가끔 다리도 움직였다. 아무리 그래봐야 애벌레는 전혀 위험 없이 내장을 들쑤셔 가며 먹어 댄다. 벌에게 희생당하는 귀뚜라미에게는 이 얼마나 끔찍한 악몽이더냐!

첫 번째 먹이는 6~7일 만에 동이 나고, 남은 것은 다리와 껍질 따위의 잔해뿐이다. 이때쯤 12mm가량 자란 애벌레가 처음 뚫었던 가슴의 구멍을 통해 밖으로 나온다. 자라는 동안 애벌레가 허물을 벗는데(탈피, 脫皮), 벗어 버린 껍질이 곧잘 그 구멍에 걸린다. 탈피 후 조금 쉬었다가 두 번째 먹이를 먹는데, 이때쯤의 애벌레는 매우 튼튼하다. 하지만 귀뚜라미는 침에 쏘인 지 벌써 1주일이나 지났으니 혼수상태만 더 깊어졌을 뿐이다. 따라서 힘 빠진 귀뚜라미가 움직여봤자 애벌레는 겁낼 필요도, 경계할 필요도 없다. 이제는 부드럽고 액체가 많은 배부터 먹는다. 곧 세 번째 먹이를 거쳐, 마지막의 네 번째는 10여 시간 만에 먹어치운다. 귀뚜라미는 내장이 모두 먹히고 몸은 텅 빈 껍질만 남을 뿐이다. 다섯 번째를 주었으나 거들떠보지도 않는다. 아주 조금 먹는 녀석도 있으나 다이어트를 하려는 건 아니다. 애벌레는 지금까지 한 번도 똥

을 배설하지 않았다. 귀뚜라미를 네 마리씩이나 먹었으니 창자가 터질 만큼 부풀어 올랐을 테니, 더 준 먹이에 걸신들린 듯이 식욕이 일지는 않을 것이다.

10~12일간 쉬지 않고 먹은 뒤에는 오직 고치 지을 꿈만 꾸는데, 이때의 몸길이는 25~30mm, 제일 넓은 부분의 너비는 5~6mm이다. 전체적인 모양은 뒤가 약간 굵고 앞쪽으로 차차 가늘어져 일반적인 벌들의 애벌레 모습이다. 몸마디(체절)는 머리까지 합쳐 14마디. 머리는 아주 작고 큰턱은 큰 편이나 강해 보이지는 않는다. 요런 턱으로 지금까지 그렇게 큰 귀뚜라미를 해치웠다는 게 믿어지지 않는다. 14체절 중, 중간 체절에는 숨구멍이 있다. 황백색 바탕의 몸통에는 흰 바위 색 점무늬들이 많이 흩어져 있다.

이미 말했듯이, 애벌레가 두 번째 먹이를 먹을 때는 아주 연하고 체액이 많은 배부터 먹는다. 마치 어린애가 잼 발린 빵에서 달콤한 잼부터 핥고 나서 변변치 못한 빵을 뜯어먹듯이, 애벌레도 가장 맛있는 내장부터 먹는다. 단단한 살코기는 나중에 소화를 도울 겸, 심심풀이 겸, 씹을 거리로 남겨 둔다. 하지만 알에서 갓 부화한 어린 벌레는 맛있는 곳부터 먹는 게 아니라, 빵부터 먹고 다음에 잼을 먹는다. 그들은 어미가 낳아 놓은 지리, 즉 가슴 가운데를 갉아야 하므로 선택의 여지가 없다. 그곳은 좀 단단해도 침에 쏘여 완전히 마비되었으니 안전하다. 다른 곳은 약해도 가끔씩 경련을 일으켜, 어린 벌레가 잘못 먹었다가 떨어지는 날이면 끔찍한 일이 벌어질 수도 있다. 창이 장착된 뒷다리에 걷어 차일 수도 있고, 큰턱에 물릴지도 모른다. 어미가 산란장소를 결정할 때는 어린 새끼의 식욕보다 안전을 더 생각한 것이다.

자, 여기서 하나의 의문이 생긴다. 맨 처음 먹을 먹을거리, 즉 어미가 알을 낳은 귀뚜라미는 다른 귀뚜라미보다 어린 새끼에게 더 위험할 것이다. 새끼는 연약한데 반해 희생자는 방금 잡혀 와서 숨넘어가기 직전의 막바지 행동이 심한 상태이다. 따라서 첫 먹을거리는 가능한 한 완전하게 마비시켜야 한다. 어미는 그에게 세 번 침을 놓는다. 하지만 다른 먹이는 한두 번만 놓아도 되지 않을까? 시간이 흐를수록 마비는 깊이 확산되는 반면 애벌레는 강해지니, 한두 번만으로도 충분할 것 같다. 더욱이 독약은 벌에게 귀중품이니 불필요한 곳에 낭비할 수가 없다. 귀중한 사냥용 군수품이므로 아껴야 한다. 어쨌든, 벌은 한 희생물을 세 번 쏘는 경우도, 두 번만 쏘는 경우도 목격했다. 하기야 건강해 보이는 어미가 배를 부들부들 떨며 세 번째 침 놓을 장소를 찾는 듯했지만, 그 후에 찔렀는지를 확인하지는 못했다. 그래도 나는 이렇게 믿고 싶다. 첫 번째 먹이는 틀림없이 세 번 찌른다. 그러나 다음 것들은 두 번만 찌른다. 이 의문은 곧 나나니의 연구가 밝혀 줄 것이니 여기서는 일단 접어 두기로 하자.

마지막 귀뚜라미를 먹어치운 애벌레는 드디어 고치를 짓기 시작한다. 작품은 적어도 이틀 안에 완성한다. 베틀로 베를 짜듯 능숙한 솜씨를 발휘해서 만든 튼튼하고 꽉 막힌 방의 고치이다. 이후 애벌레는 방안에서 편히, 그리고 어쩔 수 없이 밀려오는 혼수상태로 깊이 빠져든다. 이 상태는 자는 것도, 깨어 있는 것도 아니고, 물론 죽지는 않았으나 산 것 같아 보이지도 않는 상태이니, 어떻게 표현해야 할지 모르겠다. 이런 상태로 열 달 후 애벌레가 모습을 바꿔 나타난다. 복잡하기로는 고치만 한 물건도 없다. 바깥층은 그물처럼 거칠고 엉성하게 짜였는데, 그 안에는 다시 세 층이 있다. 이 명주실 건축물의 각 층을 좀더 살펴보자.

가장 바깥은 거미집처럼 거칠고 훤히 들여다보이는 그물 모양이다. 애벌레는 공중에 매달린 해먹(그물침대)에 올라앉은 듯, 그 위에 자리 잡고 진짜 고치를 짠다. 해먹은 건축공사의 비계(발판)로 쓰기 위해 급조한 것이라 불완전한 모양새이다. 이곳저곳 버려진 실에는 모래, 흙, 붉은 줄무늬의 귀뚜라미 다리, 머리, 음식 찌꺼기 등이 달라붙어 있다. 그 안쪽 층은 진짜 고치의 첫째 층으로 펠트(모전, 毛氈) 성질의 엷은 갈색의 주머니인데, 아주 얇고 부드러우며 불규칙하게 주름졌다. 이 주머니에서 나온 실이 바깥층 비계와 연결된다. 원통 모양 주머니인 고치에는 구멍이 전혀 없고, 그 안에 든 알맹이 때문에 표면에 주름이 진 것이다.

그 안쪽 층은 탄력성 있는 상자(케이스)이다. 이 상자는 바깥 주머니보다 훨씬 작고, 거의 원통 모양인데 머리 쪽은 거의 둥글고 아래는 약간 원뿔 모양이다. 색깔은 밝은 갈색인데 아래쪽이 더 진하다. 재질은 상당히 단단하나 조금만 눌러도 쑥 들어가는데, 원뿔 부분은 눌러도 들어가지 않으며, 마치 무엇이 들어 있는 느낌이다. 케이스를 열어 보면 서로 찰싹 붙었으나 쉽게 벗겨지는 두 층으로 갈라지는데, 바깥층은 앞에서의 주머니와 똑같은 펠트로 되어 있다. 제3의 가장 안쪽 층은 일종의 셸락(Laque) 같은데, 갈색을 띠며 짙은 보랏빛 광택이 난다. 하지만 매끈하고 부서지기 쉬워 바깥

층과는 전혀 다른 성질이다. 확대경으로 보면 바깥처럼 명주실의 펠트가 아니라, 특별한 바니시 따위의 도료이다. 이 바니시는 참으로 별나게 만들어졌다. 고치의 원뿔 모양 끝에 무엇이 들어 있었던 느낌은 바로 수많은 이 알맹이가 안쪽에 차 있었기 때문인데, 이것은 작고 검은색의 마개에 해당한다. 마개는 고치 속 애벌레가 일생 중 단 한 번 내보낸 배설물이 말라붙은 덩어리이며, 원뿔의 끝이 진한 색을 띤 것도 바로 이 때문이었다. 이런 여러 겹의 고치는 길이가 27mm, 가장 넓은 곳의 너비는 9mm이다.

　고치 안쪽에 발린 보라색 바니시 이야기를 다시 해보자. 처음에는 그것이 틀림없이 명주실 샘에서 나온 분비물일 것이라 믿었다. 두 겹의 명주 주머니와 비계를 짜고 난 후 마지막으로 분비했다고 생각했다. 이를 확인하려고 베틀 작업은 끝냈으나 아직 래커(셀락)칠 작업은 시작하지 않은 애벌레를 해부해 보았다. 하지만 명주실 샘에서는 보라색 액체가 보이지 않는다. 부푼 소화관 안의 죽만 맨드라미 빛깔로 보일 뿐이다. 얼마 후 고치 밑 부분의 배설물 덩이에서도 이런 색이 보였다. 이 두 곳 외에는 모두 하얗거나 약간 황색을 띠었다. 애벌레가 배설물을 고치 벽에 바른다는 것을 미처 생각지 못했던 것이다. 어쨌든 이 도료는 소화관의 부산

물임이 틀림없다. 하지만 내 불찰로 그것을 확인할 여러 번의 기회를 놓쳐 버려 지금은 답변을 할 수가 없게 되었다. 혹시 애벌레가 맨드라미 색의 죽을 토해서 래커를 만들어 바른 건 아닐까 한다. 이 마지막 작업 후 처음으로 소화된 찌꺼기를 뭉쳐서 내놓았을 것이다. 애벌레가 작은 방안에 배설물을 쌓아 두었던 이유를 이렇게 설명해 본다.

어쨌든, 래커의 효능에 대해서는 의심의 여지가 없다. 어미 벌은 거친 모래밭에서 별로 깊지 않은 곳에 애벌레의 방을 마련했다. 비록 그런 곳에 묻혔으나, 그는 완전 방수 구조의 고치 덕분에 외부의 습기로부터 보호되는 것이다. 니스칠을 한 이 오막살이가 습기를 얼마나 막아 주는지 알아보려고, 고치를 며칠 동안 물속에 담갔으나 안에는 습기의 흔적조차 없었다. 보호 장치가 없는 굴속에서 애벌레를 보호하도록 여러 겹으로 고안된 조롱박벌 고치와 왕노래기벌의 고치를 비교해 볼 생각이다. 그래서 50cm도 넘는 깊이의 사암 속에 숨어 있는 왕노래기벌 고치를 찾아냈다. 노래기벌 고치는 배(梨)를 길게 잡아당겨 머리 쪽을 잘라 놓은 모습으로, 애벌레가 훤히 비쳐 보일 정도로 얇고 성긴 한 장의 명주 보자기에 지나지 않았다. 수많은 곤충의 관찰을 통해 나는 언제나 새끼벌레의 능력과 어미벌레의 작업은 이렇게 서로 보완적임을 보아왔다. 깊숙이 잘 보호된 곳의 번데기는 얇은 고치를 걸치고, 낮고 비바람이 들이치는 곳의 번데기는 튼튼한 구조의 고치를 껴입는다.

완전히 비밀에 쌓인 한 생애를 완성하는데 9개월이 걸린다. 탈바꿈이라는 미지의 세계를 거쳐 번데기에 이르는, 9월 말부터 이

지난해 7월 초까지의 행적을 더듬어 보자. 빛바랜 껍질에서 애벌레가 막 탈출할 시기, 즉 번데기는 과도기시대라기보다 조끼로 몸을 졸라맨 성충이며, 한 달 후 일어날 우화(羽化, 날개돋이)를 조용히 기다리는 시기이다. 더듬이, 입틀의 각 기관, 다리, 장차 펼쳐질 날개는 아주 맑은 수정처럼 보이며, 가슴과 배의 아래쪽은 규칙적으로 파였다. 다른 부분은 약간 노란빛을 띠는 흰색으로 불투명하다. 배의 중간 네 마디의 양옆은 좁지만 둔각으로 길게 늘어났다. 끝마디의 등쪽 끝은 반원처럼 둥글게 펼쳐진 부챗살 모양이며, 아래쪽은 두 개의 원뿔 모양 돌기가 나란히 배열되었다. 배에는 모두 11개의 돌기가 나 있는 셈이다. 이렇게 기묘한 모습의 생물이 조롱박벌이 되려면, 그를 졸라맸던 얇은 껍질을 벗어 버리고, 부분적으로 검정과 붉은색 옷으로 갈아입어야 한다.

 나는 나날이 변해 가는 번데기 색깔에 호기심이 생겼다. 풍부한 물감의 팔레트인 태양광선이 이들의 색깔 변화에 어떤 영향을 주는지도 알고 싶었다. 그래서 고치에서 번데기 몇 마리를 꺼내 유리관에 옮겼다. 몇 개는 자연상태처럼 완전히 어둡게 하여 대조군으로 삼았다. 다른 것들은 흰 벽에 걸쳐서 하루 종일 강한 햇볕을 쪼였다. 그렇게 조건이 전혀 달랐어도 색의 변화는 양쪽이 모두 같았다. 가끔 약간의 차이가 생길 때도 있으나 햇볕을 받은 쪽의 색이 더 약했다. 식물은 빛에 의해 큰 변화가 일어나지만, 곤충의 착색은 빛과 무관하며 촉진도 없었다. 본래 그랬어야만 한다. 빛의 덕을 가장 크게 보는 딱정벌레(*Carabus*)나 비단벌레 따위는 태양 빛을 훔쳤다고 할 만큼 아름다운 광택이 나지만, 사실상 이들의 색깔은 어두운 땅속이나 고목의 썩은 줄기 속에서 만들어진 것이다.

　제일 먼저 색깔의 윤곽이 드러나는 곳은 눈이다. 겹눈이 흰색에서 엷은 황갈색으로, 다음 회갈색으로, 마지막에 검은색으로 차차 변했다. 그리고 이마에 있는 홑눈의 색이 바뀐다. 몸통은 아직 본래의 흰색 그대로인데, 눈은 먼저 색깔이 나타난 것이다. 어느 동물에게나 아주 미묘한 기관인 눈이 먼저 성숙한다는 사실을 기억해 두기 바란다. 좀더 지나면 가운데가슴과 뒷가슴을 나누는 도랑 위가 연기처럼 뿌예진다. 그리고 24시간 후 가운데가슴이 온통 검어진다. 동시에 앞가슴의 경계선도 연기에 그을린 빛이 되며, 뒷가슴의 등쪽 중앙에 검은 점이 나타난다. 큰턱은 검푸르게 변한다. 가슴마디가 점점 진해지고 마지막으로 머리와 넓적다리로 번져나간다. 하루가 지나면 그을린 색의 머리와 가슴이 까맣게 변한다. 이제 배도 색깔이 나타나기 시작하고 곧 진해진다. 앞쪽 마디들은 녹색에서 약간 검붉은 빛이 되며, 뒷마디들은 잿빛이 도는 검은색 테두리가 생긴다. 마지막으로 더듬이와 다리가 점점 진해졌다가 검게 된다. 배 끝은 오렌지색이었다가 검어진다. 발목마디와 입틀의 여러 부속기관은 투명한 갈색이며, 아직 펼쳐지지 않아 쭈그러진 날개는 연기처럼 흐릿한 색이다. 24시간 후, 마침내 번데기는 자신을 묶어 두었던 족쇄를 깨뜨린다.

　눈은 다른 부분보다 보름이나 빨리 착색되었다. 착색이 모두 마감되는데는 6~7일밖에 걸리지 않는다. 앞에서 보았듯이, 곤충이 몸 색깔을 발현시키는 진행의 법칙을 알아내기는 쉽다. 겹눈과 홑눈 외에는 고등동물에서 일어나는 과정을 생각해 보면 된다. 착색의 출발점은 몸통의 중앙인 가슴이며, 여기서부터 점점 원심원적으로 퍼져나간다. 우선 가슴에서 바깥쪽 부분으로, 다음은 머리와 배로, 마지막에는 여러 부속기관인 더듬이, 다리 등으로 퍼진다. 발목마디와 입틀의 많은 부속기관은 한참 후에 착색되며, 날개는 족쇄였던 허물에서 빠져나온 뒤에야 제 색이 나타난다.

자, 드디어 조롱박벌이 정장으로 갈아입었다. 이제는 번데기의 껍질만 벗으면 된다. 껍질은 본을 뜬 듯 몸에 꼭 맞는 얇은 막이며, 완전한 성충의 모습과 색깔을 보여 준다. 혼수상태에서 깨어난 벌은 마지막 탈바꿈의 전주곡으로 갑자기 힘차게 발버둥친다. 오랫동안 옥죄었던 다리에 생기를 불어넣으려는 몸짓이다. 배를 연달아 구부렸다 폈다 하고, 다리도 뻗었다 구부렸다, 다시 뻗으며 엉킨 다리관절에 힘을 준다. 머리와 배 끝으로 몸통을 버티고, 다시 여러 차례 위로 젖혀 늘어나게 하고, 목관절과 잘록한 배마디와 가슴을 잇는 관절을 세게 움직인다. 15분가량 이렇게 격심한 체조를 하고 나면 껍질은 어디든 잡아당겨져 찢긴다. 목 언저리도, 다리를 묶어 두었던 곳도, 배의 자루마디도, 어디든 세게 발버둥치면 찢어진다.

벗어 버린 베일은 여러 갈래로 찢겨, 크고 작은 누더기가 된다. 커다란 누더기는 가슴과 배를 둘러쌌던 것이며, 날개를 담았던 케이스이기도 하다. 다음으로 큰 누더기는 머리를 감쌌던 것이고, 그 다음은 각 다리를 둘러쌌다가 부서진 것들이다. 큰 누더기는 배의 반복적 부풀림 운동으로 벗겨진다. 이 운동으로 누더기들이 뭉개지며, 가는 실타래 모양의 숨관들은 얼마 동안 누더기와 곤충을 얽어매 놓고 있다. 탈출운동이 끝난 조롱박벌은 더 이상 움직이지 않는다. 그런데 머리, 더듬이, 다리는 아직 완전히 벗겨지지 않았다. 특히 다리는 수많은 가시가 거칠게 나 있어서 한 번에 싹 벗겨지지 않는다. 그래서 일부의 누더기들은 마른 채로 몸에 붙어 있다가, 벌이 원기를 회복한 후 다시 다리를 비빌 때 떨어져나간다. 발목마디로 빗질하거나 닦으며 허물벗기의 마지막 손질을 한다.[2]

허물을 벗을 때 날개가 빠져나오는 방법은 참으로 주목거리이다. 날개는 절반으로 접혀서 바짝 쭈그러진 상태로, 아직은 작아서 쉽게 허물에서 빠진다. 그래서 빠른 시간 내에 벗겨진다. 빠져는 나왔으나 계속 부르르 떨어야 한다. 지금까지는 좁은 감방에 갇혔던 아주 작은 날개였으나, 허물이 벗겨지고 몸 밖으로 밀려나오자 이제는 자유롭고 매우 넓게 펼쳐진다. 이때는 체액이 날개맥 속으로 충분히 흘러들어, 날개가 부풀려 펼쳐지게 한다. 이렇게 체액이 흘러드는 것은 허물에서 날개가 쉽게 빠지는 주요 원인이 되기도 한다. 이제 막 펼쳐진 날개로 밀짚처럼 노란색의 아주 맑은 액체가 맥 사이로 불규칙하게 흘러들어 고이게 된다. 그래서 무거워 보이며, 두 장의 날개 끝이 좀 수그러든다.

날개와 함께 누더기에서 빠져나온 조롱박벌은 3일 정도 꼼짝 않고 쉰다. 그동안 정상적인 날개 색깔이 되고, 발목마디도, 입틀의 여러 기관도 제자리를 잡는다. 번데기 상태로 24일을 지난 후 완전한 성충의 모습이 된 것이다. 어느 날 아침, 지금까지 갇혀 있던 고치를 뚫고, 모래 틈에 길을 터 밖으로 나

[2] 일반적인 곤충의 탈피법으로 볼 수가 없다. 파브르 씨는 고치 안에서 설명처럼 나올 것으로 상상한 것 같은데 아마도 잠깐 착각을 일으키고 글을 쓴 것 같다.

온다. 생전 처음 보는 햇빛이 눈부시지도 않은지, 갑자기 대지 밖으로 나타난다. 넘치는 햇볕을 온몸으로 받으며, 더듬이와 날개를 빗질하고, 다리로 몸통도 비비고, 고양이 세수를 하듯 발끝에 침을 발라 두 눈을 닦는다. 화장이 끝나면 즐겁게 하늘로 날아오른다. 이제부터 두 달 동안 이 세상에서 사는 것이다.

나의 어여쁜 조롱박벌아! 너는 내 눈앞에서 알에서 깨어났고, 모래를 깐 헌 상자에서 내 손으로 준 먹이를 먹으며 키워졌다. 네가 탈바꿈하는 모습을 차근차근 지켜보려고, 번데기가 배내옷을 찢는 것을 보려고, 날개가 케이스에서 빠져나오는 순간을 놓치지 않으려고, 한밤중에도 벌떡 벌떡 일어났었다. 너는 나에게 많은 것을 가르쳐 주었다. 그런데 너는 어떤 배움도 없고, 스승도 없이 알아야 할 것은 모두 알고 있구나. 오오! 아름다운 나의 조롱박벌들아! 내가 너희들을 길렀던 시험관, 병, 상자 따위는 겁내지 말고, 매미가 좋아하는 무더운 햇볕 속에서 하늘 높이 날거라. 아무렴, 떠나야지. 하지만 뿔미나리 꽃 위에서 너의 파멸을 꿈꾸며 기다리는 황라사마귀(*Mantis religiosa*)를 조심하거라. 양지 바른 언덕에서 너를 노리는 도마뱀도 주의해야 한다. 이제 조용히 떠나거라. 너의 땅굴도 파고, 둥지도 지어야겠지. 그리고 너의 단검으로 귀뚜라미를 솜씨 좋게 찔러서 가족을 번식시켜라. 네가 나에게, 그리고 내 생애에 베풀어 주었던 행복의 순간을, 언젠가는 다른 사람에게도 전해 주기 위해서이다.

9 고차원의 학설들

 조롱박벌속(*Sphex*)에는 굉장히 많은 종이 포함되나, 프랑스에는 많지 않다. 내가 알기로는 세 종뿐인데, 모두 올리브나무 지대에 살며 강한 햇볕을 좋아한다. 그들은 노랑조롱박벌(*S. flavipennis*), 흰줄조롱박벌(*Prionyx kirbii*), 홍배조롱박벌(*Palmodes occitanicus*)이다. 이 사냥벌들이 신중하게 곤충분류학의 기준에 맞추어 먹이를 선택한다는 연구보고서는 큰 흥미를 자아낸다. 이들은 반드시 메뚜기 무리(Orthoptères: Orthoptera, 메뚜기목, 直翅目)만 선택하는데, 노랑조롱박벌은 귀뚜라미를, 흰줄조롱박벌은 메뚜기를, 홍배조롱박벌은 유럽민충이를 사냥해서, 자신들의 애벌레를 기른다.

 벌들이 선정한 먹잇감들은 서로의 모습이 크게 다르다. 따라서 그 먹을거리 간의 상호관계나 비슷한 점을 찾아내려면, 공부를 많이 한 곤충학자의 안목을 가졌거나 이에 못지않은 예리한 눈이 필요하다. 실제로 귀뚜라미와 메뚜기를 비교해 보자. 귀뚜라미는 짧고 뚱뚱하여 땅딸막한 몸매에 머리는 크고 둥글며, 온몸이 검은색인데 넓적다리에는 붉은 줄무늬가 있다. 메뚜기는 회색으로 호리호리하게 마른 몸매에 머리는 작고 원뿔 모양인데, 긴 뒷다리로 용수철처럼 튀어 오르며, 부채처럼 접었던 날개를 좍 펴고 계속 날아다닌다.[1] 이번에는 유럽민충이를 보자. 이들은 두 장의 오목한 비늘 모양으로 심벌즈를 연상시키는 일종의 악기를 등에 짊어지고 다닌다. 끌고 다니기조차 무거울 만큼 뚱뚱한 배는 엷은 초록색으로 버터 같은 노란색의 띠무늬가 있고, 배에는 기다란 칼(산란관, 産卵管)이 있다. 이상의 세 종류를 늘어놓고 비교해 보면 틀림없이 내 의견에 동의할 것이다. 같은 목

알락귀뚜라미 풀밭에서 드물게 발견되고 있다. 왕귀뚜라미보다 1/3 정도 작은 종이다. 머리 뒷부분과 더듬이에는 황백색 줄무늬가 있고 앞가슴 등판에 노랑 무늬가 있다.

벼메뚜기 8월경에 날개돋이를 하며 벼과 식물을 해친다. 농약의 사용으로 크게 감소하였으나, 환경보호의식의 고취로 유기농이 부활했다. 그러자 90년대 말부터 다시 살아나고 있다.

(目)의 곤충들이지만 이렇게 서로 다른 것을 구별하려면, 조롱박벌도 보통사람은 물론 과학자조차 따르기 어려울 정도의 전문적인 안목이 있어야 할 것이다.

이렇게 이상할 정도로 같은 종류의 곤충에 치우치는 이들의 기호는 마치 저 유명한

---
[1] 이름은 메뚜기를 썼으나 형태는 방아깨비를 설명하고 있다.

유럽민충이 날개가 가슴과 배의 홈 사이에 들어가 있어서 울지 않을 때는 보이지 않는다. 채집: Violos-en-Laval, Herault, France. 1988년 8월 21일, 김진일

곤충분류학자 라뜨레이유 씨가 제안한 분류법을 받아들인 것 같다. 이 기회에 프랑스 밖의 조롱박벌도 메뚜기목 곤충만 먹잇감으로 사냥하는지 알고 싶었다. 그러나 유감스럽게도 이에 관한 문헌은 드물었고, 특히 종에 관한 자료는 거의 없었다. 이렇게 자료가 없는 것은 학자 대부분이 그동안 피상적인 방법으로만 연구해 왔기 때문이다. 곤충을 한 마리 잡으면, 그것을 곤충핀으로 꽂아 표본상자의 코르크판 위에 나열한다. 다음, 그의 다리 밑에다 라틴어로 쓴 명찰(학명)을 붙이는 것으로 이 곤충에 관한 자료는 모두 끝난다. 나는 이런 식의 곤충학 연구법은 반갑지 않다. 어떤 종이 더듬이는 모두 몇 마디, 날개의 맥은 몇 개, 가슴과 배의 털은 몇 개 …… 등등의, 이런 설명은 아무리 줄줄 늘어 보았자 쓸모가 없다. 생활 방법, 본능, 습성을 알 때까지는 그 곤충을 정말 알았다고 할 수 없으니까.

종에 대해 길고 장황하게 기재(記載)[2]한 글보다는 두세 마디의 글이 더 간결하면서

[2] 어떤 생물의 분류학적 특징을 상세히 설명한 글

도 그 종을 설명하는데 얼마나 효과적인지 비교해 보자. 홍배조롱박벌이 어떤 곤충인지에 대하여 기재문에서는 날개맥의 수와 배치를 설명하는데, 경맥(徑脈), 중맥(中脈), 주맥(肘脈)까지도 빠짐없이 설명한다. 겉모습은, 여기는 검고 저기는 갈색이며, 날개 끝은 회색을 띤 갈색, 이 무늬는 검정 비로드 색, 저 무늬는 은빛, 표면에는 솜털이 났거나 매끈함 등등을 정말로 자세하고 분명하게 설명한다. 이런 설명을 쓴 사람의 관찰력과 인내심에 대한 공적은 인정해야 한다. 하지만 상당한 전문가라도 이런 기재문 앞에서는 매우 당혹스럽게 마련이다. 긴 기재 끝에 한마디 덧붙여 보자. '유럽민충이 사냥한다'고. 이 두 단어로 마치 광명을 찾은 듯한 기분이다. 민충이는 홍배조롱박벌의 전유물임을 혼동할 염려가 없고, 바로 이 벌 이야기임도 곧 알 수 있게 된다. 이런 광명을 곤충학 안으로 비춰들게 하려면 어찌해야 할까? 곤충학은 곤충을 실제로 관찰해야 하는 것이지, 바늘에 꽂아 표본상자에 늘어놓는 것뿐이어서는 안 된다.

이제 이런 이야기는 그만하고, 외국의 조롱박벌들은 불과 몇 종일망정 사냥감이 무엇인지 알아보자. 나는 르펠르티에 드 상 파르조(Lepelletier de St.-Fargeau)[3]의 저서 『벌 이야기(Histoire des Hyménoptères)』를 참고했다. 지중해 건너편, 알제리 지방의 몇몇 주에 사는 노랑조롱박벌과 흰줄조롱박벌은 프랑스의 사냥꾼들과 입맛이 같았다. 종려나무(Palmiers) 지대에서도 올리브나무 지대에서처럼 메뚜기를 사냥한다. 카빌르(Kabyle)와 베르베르(Berbére) 사람들과 함께 사는 이

---

3 1769~1850년, 프랑스 곤충학자

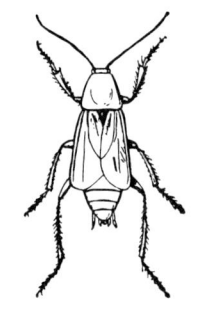
왕바퀴(먹바퀴)

광란의 사냥꾼들은 넓은 바다를 사이에 두고 멀리 떨어져 있지만, 프로방스 친구들과 같은 먹을거리를 잡는다. 또 그 책은 네 번째 종, 즉 아프리카조롱박벌(Sphex africain: *Sphex afra*→ *afer*)은 오랑(Oran)시[4] 근처에서 귀뚜라미를 사냥한다고 했다. 끝으로, 다섯 번째의 어떤 종은 어느 책이었는지 잊어버렸는데, 카스피해 근처의 풀밭에서 역시 귀뚜라미와 싸운다는 것을 읽은 기억이 있다. 이렇게 지중해 연안에서는 다섯 종의 조롱박벌이 메뚜기 무리로 새끼를 기른다.

이번에는 적도를 넘어 남반구 저쪽의 모리스(Maurice)섬과 레위니옹(Réunion)섬으로 가 보자. 거기는 왕바퀴조롱박벌(Chlorion comprié: *Chlorion maxillosum ciliatum*)이 사는데, 이 벌은 속이 다르나 역시 조롱박벌의 한 족(族)[5]이다. 즉, 이들끼리는 서로 친척간인 셈이다. 이 벌은 일종의 바퀴를 먹잇감으로 사냥하는데, 이 바퀴는 항구와 배에서 주민들의 식료품을 악랄하게 훔쳐먹어 카컬락(Kakerlac)[6]이라 불리며, 우리 동네도 이와 친척뻘인 종이 자주 드나든다. 밤의 어두움이 찾아오면 구린내 나는 넓적한 몸을 설쳐대며, 음식물이 있는 곳이면 어디든, 집안의 가구나 벽 틈 사이로 끼어들어 먹어치운다. 이놈의 짓거리를 모르는 사람도 있을까? 놈들이 우리 집에서 음식을 먹고 있음을 상상해 보시라. 불쾌하기 짝이 없는 이런 놈도

[4] 알제리 북서부의 대도시
[5] 곤충에서 속과 과의 중간에 위치하는 분류 단위
[6] 왕바퀴과 먹바퀴(*Periplaneta fuliginosa*)의 다른 이름으로 한국의 가옥에도 자주 출현한다.

왕바퀴조롱박벌이 좋아하는 먹잇감이란다. 그러면 녀석은 징그러운 그놈의 어디가 좋아서 먹잇감으로 정했을까? 대답은 아주 간단하다. 왕바퀴는 비록 빈대처럼 생겼지만 귀뚜라미, 메뚜기, 민충이와 함께 모두 메뚜기목에 속한다.[7] 이상 여섯 종의 조롱박벌은 각각의 서식

먹바퀴 겉모습은 검고 대형인 집바퀴를 많이 닮았고, 가옥보다는 민가근처 숲의 고사목 그루터기에서 발견된다.

지가 달랐어도, 모두 직시류 사냥꾼이라고 결론지어도 되겠다. 구태여 보편적인 결론을 내리지 않더라도 조롱박벌 애벌레의 먹잇감은 대개 어떤 종류인지 알 만하다.

이렇게 특정 먹이만 선택하는 데는 분명히 이유가 있을 것이다. 그렇다면 이유가 무엇일까? 도대체 왜 곤충분류학상 같은 목이라는 엄격한 제한을 두고, 어디서는 지저분한 왕(먹)바퀴를, 다른 데서는 즙액이 좀 적어도 맛은 있는 메뚜기를, 또 다른 곳에서는 포동포동하게 살찐 귀뚜라미나 뚱뚱보 민충이를 애벌레의 먹이로 삼을까? 고백하건대, 사실 나는 모른다. 정말로 아무것도 모르겠으니, 이 문제의 해결은 다른 사람에게 맡겨야겠다. 다만 이런 점은 지적해 보고 싶다. 소는 포유동물 중 덩치가 매우 크고 되새김질하는 반추동물인데, 곤충 중에서는 메뚜기 무리가 이와 비슷한 동물이다. 이런 동물들은 온화한 성질에 튼튼한 위를 가지고 태

[7] 현재는 바퀴를 별도의 목으로 분류하나, 과거에는 이들도 메뚜기목으로 분류하였다.

어나 풀만 먹고도 잘 자란다. 수도 많아서 어디에나 분포하며, 움직임이 느려서 쉽게 붙잡히기도 한다. 몸집이 크니 포식자의 배를 채우는 데는 그만이며, 질도 최고인 요리 재료이다. 조롱박벌은 힘센 사냥꾼이니, 곤충 중 반추동물에 해당하는 이런 큰 먹잇감이 필요하다. 마치, 사람이 순하고 살찐 양이나 소 따위의 반추동물을 먹을거리로 생각하듯, 조롱박벌도 이렇게 생각하는 것은 아닐까? 하지만 이것은 어디까지나 나의 상상일 뿐이다.

　나는 또 다른 면에서 중요한 문제에 대한 추측보다는 좀더 합리적인 견해가 있다. 메뚜기를 먹는 녀석은 먹이를 절대로 바꾸지 못할까? 어쩌다 좋아하는 먹이를 못 잡게 되면 다른 종류로 바꿀 수 있을까? 이 세상에서 홍배조롱박벌에게 맛있는 먹이는 오직 민충이뿐일까? 흰줄조롱박벌은 메뚜기가 아니면 안 되고, 노랑조롱박벌은 귀뚜라미밖에 식탁에 올릴 수 없을까? 시간, 장소 그리고 환경에 따라, 또는 편식할 재료가 없을 때는 어느 정도 비슷한 먹잇감으로 안 될까? 만일 이런 경우가 생긴다면, 그것이야말로 중대한 사건이니 사실여부를 확인해 봐야겠다. 왜냐하면 본능의 계시를 받은 영감은 절대적일 뿐 결코 변할 수 없는 것인지를, 혹시 변한다면 그 범위는 어느 정도인지를 알려 줄 것이기 때문이다. 조롱박벌은 한 종류의 먹이만 선호할 뿐, 사냥 대상의 범위가 얼마나 넓은지는 상상조차 못하겠다. 하지만 노래기벌 연구에서 관찰하고 증명했듯이, 그 사냥꾼은 넓은 범위의 먹이를 선택했고, 그의 방안에는 여러 종의 비단벌레나 바구미가 들어 있었다. 그런데 조롱박벌은 메뚜기목 중 각기 다른 한 종만을 골랐다. 나는 언제나 한 종의 먹이를 고수하는 것밖에 보지 못했다. 그런데 단 한 번, 그야말로 운 좋게도 딱 한 번, 먹잇감이 몽땅 바뀐 것을 보았다. 이 사실을 조롱박벌[8]의 습성에 기록해 두었고, 지금 그 내용을 기꺼이 밝혀 보겠다. 열심히 관찰해 둔 사실을 언젠가는 누군가가 본능심리학을 튼튼한 반석 위에 올려놓는 기초 재료로 삼을 것이기에.

기록해 둔 내용은 이런 것이다. 장소는 론 강의 둑 위, 강물은 파도치며 흐르고, 건너편은 버드나무와 수양버들, 그리고 갈대가 우거진 덤불 숲이다. 수풀 사이에 고운 모래가 덮인 좁은 길이 있다. 노랑조롱박벌 한 마리가 껑충껑충 뛰면서, 때로는 끌면서 사냥물을 가져온다. 그런데 이게 어찌 된 일일까? 귀뚜라미가 아니라 보통의 메뚜기라니! 그는 낯익은 벌로, 오직 귀뚜라미만 사냥하는 노랑조롱박벌이 분명하다. 눈으로 똑똑히 보면서도 믿기지 않는다. 둥지는 멀지 않았다. 벌은 희생물을 둥지에 넣을 것이다. 나는 그 자리에 주저앉아 필요하다면 몇 시간이라도 기다리며, 과거에는 보지 못한 새 먹잇감의 사냥에 대해 탐구해 볼 참이다. 내가 앉으니 오솔길 한 모퉁이를 몽땅 차지하게 되었다. 갑자기 두 명의 순박한 풋내기 졸병 군인이 나타났다.

[8] 원문은 Sphégiennes로 쓰였는데 Sphégiens의 오식이다. Sphégiens는 모든 구멍벌과 벌에게 통용되는 용어로서 155쪽의 경우는 구멍벌로 번역한다.

머리를 깎아 올린 모습이 금방 입영한 것 같다. 로봇처럼 걷는 모습은 흉내내기조차 힘들다. 그들은 칼로 버드나무 가지치기를 하면서, 아마 고향의 아가씨 이야기를 주고받는 것이겠지. 문득 걱정이 내 머리를 스쳤다. 아아! 길에서 실험하기란 쉬운 일이 아니다. 여러 해 동안 기다린 기회를 만났으나, 하필 그 시점에 행인의 방해로 관찰을 망쳐 버린다. 그리고 다시는 그런 기회가 오지 않는다. 이런 불행한 날들이 얼마나 많았더냐! 이런 걱정을 하며 풋내기들에게 길을 내주려고 일어섰다. 버드나무 덤불에 몸을 붙여 좁은 길을 터 주었다. 그 이상은 양보할 수가 없었다. "어이 군인 아저씨들, 거기는 밟지 마시오." 하지만 그렇게 말한 것이 화근이 되어 사태를 더욱 악화시켜 버렸다. 그들은 모래밭에 덫이라도 묻힌 줄 알았나 보다. 이런저런 질문을 쏟아낸다. 하지만 그들이 만족할 만한 대답을 할 수가 없었다. 하기야 초청하지도 않은 이 사람들을 증인으로 만들 수도 있겠지만, 이런 연구에서는 방해만 될 뿐이다. 운을 하늘에 맡긴 채, 한마디도 대꾸하지 않았다. 맙소사! 슬프도다! 하늘은 기어이 나를 배반하는구나. 무거운 구둣발이 바로 벌집의 천장을 밟아 뭉개는 게 아닌가. 마치 못 투성이의 구둣발로 내가 짓밟히는 듯, 나는 온몸에 전율이 일었다.

 졸병들은 가 버렸고, 나는 무너진 둥지 속에 남아 있는 것들을 구해 보려 했다. 조롱박벌은 그 안에서 짓눌린 다리를 질질 끌고 있었다. 조금 전에 들여놓은 메뚜기도 있었다. 그런데 두 마리의 다른 메뚜기가 더 있었다. 정말 이상한 일이 벌어진 것이다. 이 주변에 귀뚜라미가 없어서 그랬을까? 벌은 귀뚜라미가 없어 곤란해지자, 온갖 궁리 끝에 메뚜기로 배를 채우려 했을까? 속담처럼 개똥지빠귀(Grives: *Turdus* sp.)가 없으니 종다리(Merles: *Turdus* sp.)로 만족한다는 걸까? 하지만 나는 그렇게 믿고 싶지는 않았다. 왜냐하면 이 근처에 맛좋은 귀뚜라미가 없다고 할 만한 근거가 없기 때문이다. 이 미지의 새로운 문제도 행운이 따르는 어떤 사람이 밝혀내겠지. 노랑조롱박벌은 달리 대책이 없는 어떤 필요성 때문에, 또는 알 수 없는 어떤 동기로, 그렇게도 원하던 귀뚜라미 대신 모습이 전혀 다른, 그러나 같은 직시류인 메뚜기를 대용했던 일이 있었다.

드 상 파르조 씨의 조롱박벌 습성 논문에 어느 관찰자의 이야기가 인용되었다. 그 관찰자는 아프리카 오랑시 근처에서 노랑조롱박벌이 메뚜기를 끌고 가는 것도, 그 집에 메뚜기가 들어 있는 것도 목격했다고 한다. 이 경우도 내가 론 강 둑에서 본 것처럼 우연한 일이었을까? 예외? 아니면 정상적인 법칙일까? 혹시 오랑시 벌판에는 귀뚜라미가 없을까? 그래서 메뚜기로 대신했을까? 이 문제는 지금 내놓아 보았자 당장 해답이 나오지는 않는다.

지금 라코르데르(Lacordaire)[9] 씨의 『곤충학개론』에서 한 문구를 발췌하려는데, 그 내용은 전부터 내가 그에게 항의하고 싶었던 문구이다.

다윈(Darwin)[10]은 인간과 동물은 서로 같은 원리의 지능을 통해 활동한다는 것을 입증하는 책을 펴낸 학자이다. 어느 날 그가 뜰을 산책하던 중, 샛길에서 조롱박벌이 자기만큼 커다란 파리

[9] Jean-Théodore Lacordaire, 1801~1870년, 프랑스 태생 벨기에 곤충학자이자 여행가. 저서는 「Introduction à Entomologie」
[10] 진화론의 창시자인 찰스 다윈의 조부, 에라스무스(Érasme) 다윈

9. 고차원의 학설들 153

를 잡는 것을 목격했다. 벌은 큰턱으로 파리의 머리와 배를 잘라 버리고 가슴만 남기는 광경을 지켜보았다. 벌은 날개가 아직 남아 있는 파리를 가지고 날아가려 했다. 그러나 바람이 그 날개에 부딪쳐 자신의 몸까지 빙글빙글 도니 날 수가 없었다. 그러자 벌은 길로 다시 내려와 날개를 모두 떼어 버렸다. 이렇게 방해의 원인을 제거한 뒤, 나머지를 가지고 둥지로 날아갔다. 이 사실은 벌도 추리력이 있다는 확실한 증거이다. 이 벌도 다른 종의 조롱박벌과 마찬가지로 파리를 운반하기 전에 날개를 떼어 버리는 본능이 있다. 여기서 벌은 일련의 사고에 의해 실행된 행동으로, 추리력의 개입을 인정하지 않고서는 설명할 수가 없다.

곤충 한 마리에게 이성을 인정하는 이런 경솔함, 그리고 그 짤막한 문구를 나는 진리라고 말하고 싶지 않다. 더욱이 그럴듯하다고 느껴지는 부분조차 없다. 벌의 행동을 말하는 게 아니다. 그런 행동은 나도 거리낌 없이 인정할 수 있다. 하지만 그 행동의 원인에 대해서는 미심쩍다. 다윈은 그 일을 실제로 보았지만, 연극의 주인공을 잘못 알았고, 또한 의미를 너무 과하게 오해했다. 왜 그런지 이제 그 이유를 증명해 보겠다.

영국의 이 노학자는 그렇게도 고귀하게 취급한 생물에 대해서 나름대로 정통한 지식을 가졌을 것이며, 그 벌의 이름도 잘 알았을 것이다. 조롱박벌이란 이름도 과학적으로 엄밀한 의미에서 사용됐을 것이다. 이런 가정 하에서, 영국에도 조롱박벌이 산다면 그들도 메뚜기를 사냥했을 텐데, 무슨 착각이 일었기에 파리를 먹이로 택했단 말일까? 나는 이것을 인정할 수가 없다. 설사 인정할 경우라도 불가능한 문제는 또 있다. 조롱박벌이 제 새끼를 위해 못 움직이게 마비시킨 벌레는 가져와도, 시체는 결코 가져오지 않는다는 것은 이미 알려진 사실이다. 그렇다면 조롱박벌에게 머리, 배, 날개가 잘린 먹이란 도대체 무엇이란 말일까? 그가 가져간 먹이는 시체 토막에 지나지 않는다. 그것은 집안을 곧 악취로 더럽힐 뿐, 며칠 후 태어날 애벌레에게는 전혀 쓸모가 없다. 다윈이 관찰하던 날, 그의 앞에 있었던 것은 엄밀한 의미에서의 조롱박벌은 결코 아니다. 그렇다면, 그가 본 것은 무엇이었을까?

  그가 썼던 파리란 단어는 너무도 많은 종류를 포괄하는 이름이다. 파리목(쌍시목) 곤충의 대부분에 통용되는 이름으로 수천, 수만 종 중 어느 종을 말하는지, 아주 애매하고 막연하다. 어쩌면 그가 조롱박벌이라고 한 것도 벌의 정확한 종명을 쓴 것이 아니라 막연한 표현이었을 것이다. 그의 저서가 출간되던 지난 세기말, 그 시대는 조롱박벌이나 은주둥이벌(Crabroniens: Crabronidae), 구멍벌(Sphecoidae: 151쪽 역주 참조)까지도 말벌이라고 했었다. 사실상, 은주둥이벌 중 몇 종은 새끼의 먹이로 파리를 사냥하는데, 영국의 박물학자들에게는 아직 그것이 알려지지 않았던 시대이다. 어쨌든, 다윈의 조롱박벌은 은주둥이벌이 아니었을까? 하지만 그것도 의심된다. 이 무리도 2~3주 동안 자라는 새끼의 먹잇감은 다른 사냥꾼처럼, 못 움직이되 신선하게 살아 있는 것이다. 따라서 은주둥이벌도 아니다. 육식성 애벌레는 모두 신선한 고기를 필요로 할 뿐, 썩거나 썩어 가는 것은 안 된다. 나는 이 법칙밖에 모른다. 그의 조롱박벌이란 단어가 옛날에 쓰였던 이름이라고 볼 수도 없다.

진정한 의미에서, 다윈의 관찰은 과학적으로 정확한 사실이 아니라 수수께끼를 해석한 셈이다. 이 수수께끼를 좀더 조사해 보자. 은주둥이벌 중 여러 종이 몸에는 검정색과 노란색이 섞여 있고, 크기는 말벌이나 쌍살벌[11]과 비슷하다. 그래서 곤충감별에 익숙지 않은 사람은 잘못 판단하기 쉽고, 은주둥이벌을 특별히 연구한 사람이 아니면 말벌로 오인하기도 한다. 아마도 다윈 역시 잘못 보았을 것이다. 영국의 이 관찰자는 사물을 높은 곳에서 내려다만 보았을 뿐, 작은 사건을 세밀하게 조사하는 것은 부질없다고 생각했다. 그들은 그런 사고방식에 따라 선험적 학설을 강화시키고, 벌레의 추리 능력도 인정한 것이다. 결국, 말벌을 조롱박벌로 잘못 생각해서 부당한 과오를 범하지 않았을까? 나는 그랬다고 단언한다. 이유는 다음을 보시라.

말벌이 항상은 아니지만 새끼에게 곧잘 동물성 먹이를 먹인다. 하지만 미리 저장한 먹이는 아니다. 매일 몇 차례씩 잡아다 애벌레 입에 직접 넣어 준다. 이것은 어미가 희생물을 큰턱으로 곱게 갈아 메멀레이드(marmelade = 설탕에 졸인 과일)처럼 만든 죽이며, 죽의 재료는 파리가 적당

---

[11] 원문은 말벌과에 해당하는 Guêpes를 썼으나 앞으로 여러 권에서 자주 말벌 종에 해당하는 Frelons과 섞어 써서 곧잘 혼동된다. 더욱이 Frelons은 쌍살벌에게 사용한 일이 많아 더욱 혼란스럽다. 이 문장에서는 말벌과를 지칭한 것으로 보는 게 좋겠다.

하다. 짐승고기라도 신선한 것을 만나면 하늘에서 떨어진 횡재이다. 그래서 그들은 겁도 없이 부엌으로, 푸줏간의 도마 위로 쏜살같이 날아들어 마음에 드는 고기 조각을 뜯어 도망친다. 이 광경을 못 본 사람도 있을까? 창문이 반쯤 열려 방안과 마루 위로 한 줄기의 햇빛이 쏟아져 들어올 때, 거기서 달콤한 낮잠에 빠진 집파리(Mouche domestique: *Musca domestica*)에게 난데없는 말벌이 날아든다. 파리를 물고 사라지는, 이런 말벌을 보지 못한 사람도 있을까? 집파리 역시 육식을 즐기는 애벌레의 요리 재료이다.

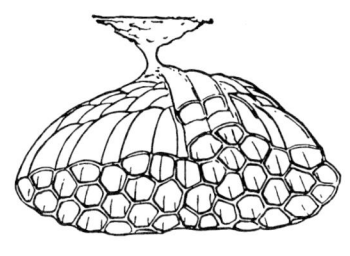

프랑스쌍살벌 집 3/4

잡힌 파리는 그 자리 또는 길이나 둥지에서 다섯 토막이 난다. 영양가 없는 날개는 뜯겨나가고 즙액이 적은 다리도 버려진다. 벌은 가슴만, 때로는 머리와 배도 한꺼번에 씹어서 죽을 만들어 애벌레에게 먹인다. 나는 어미 벌의 육아법대로 직접 파리죽을 만들어 애벌레를 키워 본 적이 있다. 재료는 프랑스쌍살벌(*Polistes gallicus*: *Polistes gallica*→ *gallicus*). 이 벌은 관목의 잔가지에다 종이 같은 재료로 회색의 작은 장미꽃 모양 둥지를 짓는 종이다. 요리 재료는 파리 메멀레이드였고, 조리 도구는 납작한 대리석이었다. 파리를 깨끗하게 닦고, 영양가가 없는 날개와 다리는 떼어낸 다음, 돌판 위에서 순가락으로 문질러 메멀레이드를 만든다. 이 죽을 지푸라기 끝에 묻혀, 새가 새끼에게 주듯이 새끼 벌의 입에 넣어 주며 밤마다 시중을 들었다. 나는 어렸을 때도 이런 일을 하며 아주 기뻐했

프랑스쌍살벌 3/4

었다. 그때는 한 배에서 까나온 참새 새끼들을 길렀으나 성공하지는 못했다. 결코 쉽지 않은 사육이지만 나는 지칠 때까지 열심히, 그리고 세심한 주의를 기울이며 실험을 계속했다.

여가 시간을 아껴 가며 엄격하고 정확하게 실시한 실험 덕분에, 깜깜했던 수수께끼가 마침내 진리의 빛으로 가득 찼다. 10월 초 어느 날, 연구실 앞에 두 무더기의 커다란 쑥부쟁이가 꽃을 피웠다. 각종 곤충이 모여들었는데, 양봉꿀벌(Abeille domestique: *Apis mellifera*)과 꽃등에(*Eristalis tenax*, 쌍시류)가 가장 많았다. 마치 베르길리우스(Virgile)[12]가 우리에게 노랫가락을 들려주는 듯, 그 꽃에서 부드러운 속삭임이 들려왔다.

이따금 들려오는 가벼운 속삭임이 단잠에 빠지도록 이끌린다.

[12] Publius Vergilius Moro, 기원전 70~기원전 19년, 로마 제정시대 대표 시인

꽃등에 파리의 일종인데, 꿀벌로 착각해서 겁을 내는 사람이 많다. 각종 야생화에 모여들며 봄부터 가을철까지 활동한다.

그런 곳에서 시인은 매혹의 잠에 빠져들었지만, 박물학자는 연구과제를 발견한다. 금년에 마지막으로 피는 이 꽃 위에서, 꽃향기에 흠뻑 취한 꼬마들이 틀림없이 미발표 논문의 자료를 제공해 주겠지. 나는 수많은 백합이 두 무더기를 이룬 꽃부리 앞에 서서 관찰을 시작했다.[13]

햇볕은 내리쬐도, 바람 한 점 없이 고요하고 대기는 무겁다. 아무래도 폭풍이 곧 몰려올 것 같다. 하지만 이런 날씨가 벌들이 일하기에는 적격이다. 그들은 곧 비가 올 것을 미리 알고, 시간 절약을 위해 훨씬 더 열심히 일한다. 꿀벌은 꿀을 찾고, 꽃등에도 이 꽃 저 꽃으로 날아다닌다. 벌들이 꿀주머니를 채우려고 바쁘긴 했어도 평화로웠던 이 순간, 난데없는 말벌이 뛰어든다. 그는 꿀이 아니라 곤충을 겁탈하러 온 녀석이다.

곤충을 잡아먹는 말벌은 두 종인데, 그들간에 힘의 차이가 있어 사냥터를 서로 나누어 가졌다. 놈들은 바로 꽃등에를 잡는 점박이 땅벌(Guêpe commune: *Vespa* → *Vespula vulgaris*)과 꿀벌을 잡는 말벌(Frelon: *Vespa crabro*)이다. 사냥 방법은 두 종 모두 같다. 두 강도들은 꽃 위를 분주히 날며 살피다가 탐나는 먹잇감을 갑자기 덮친다. 이때 사냥감이 재빨리 꽃을 버리고 도망치면, 덮치던 힘이 넘친 사냥꾼은 그 꽃에 머리를 처박는다. 하지만 곧 이어 하늘에서 추격전이 벌어진다. 말하자면 종달새(Alouette: *Alauda*)를 추격하는 새매(Épervier: *Accipiter nisus*)라고나 할까. 꿀벌과 꽃등에는 급히 방향을 바꾸어 벌을 따돌린다. 벌은 다시 꽃부리 위를 빙글빙글 돈

---

[13] 쑥부쟁이는 국화과식물이다. 따라서 원문은 국화과를 백합과로 잘못 표기한 것 같다.

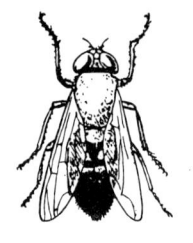

꽃등에

다. 그리고 빨리 도망치지 못한 녀석이 붙잡힌다. 점박이땅벌은 그 자리에서 꽃등에와 함께 한 덩어리가 되어 잔디 위로 떨어진다. 나도 곧장 땅바닥에 배를 깔고 엎드린다. 시야를 가로막는 마른 잎과 풀들을 양옆으로 살짝 치운다. 사냥꾼이 겁먹지 않도록 조심해 가며 이제 벌어지려는 활극을 구경한다.

땅벌이 자신보다 몸집이 큰 꽃등에와 잔디 위에서 뒤엉켜 싸움이 벌어진다. 꽃등에는 비록 무기가 없어도 힘은 세다. 굉음 같은 날갯짓 소리를 내며 절망적으로 저항한다. 땅벌은 칼이 있어도 쓸 줄을 모른다. 사냥벌이라면 잘 알았을 상대방의 치명적인 곳조차 모른다. 그래서 먹이를 오랫동안 신선하게 유지하지도 못한다. 게다가 애벌레의 먹이는 씹어서 물렁하게 만든 메멀레이드 죽이다. 그러니 먹이를 어떻게 죽이든 벌로서는 상관없다. 무턱대고 칼을 휘두르다 요행히 맞으면 그만이니, 전신을 아무 데라도 찌를 기회를 노리며 육탄전이다. 사냥벌은 먹잇감을 마비시킬 때 외과의사처럼 교묘히 칼질을 한다. 하지만 땅벌은 마치 보통 살인마처럼 칼을 마구 휘둘러서 아무 데나 찔리게 된다. 벌의 행동이 이렇게 어설프니 꽃등에는 좀처럼 항복하지 않는다. 꽃등에는 칼보다 오히려 이빨에 물려서 죽는다. 벌은 큰턱으로 꽃등에의 몸통을 찢거나 잘게 썰어 버린다. 이 살인마는 꽃등에가 다리 사이에서 움직이지 못하도록 꽉 누르고, 큰턱으로 머리를 잘라 땅바닥에 떨궈 버린다. 다음, 어깨에서 날갯죽지를 떼어내고, 다리를 하나씩 자른다. 마지

막으로 배를 잘라 버리는데, 그
전에 내장을 완전히 들어낸다. 결
국 녀석은 양질의 근육으로 이루
진 가슴만을 원한다. 지체 없이
이런 가슴살을 부둥켜안고 둥지
를 향한다. 그리고 거기서 죽을
만들어 애벌레에게 먹인다.

  말벌이 꿀벌을 잡는 방법도 거의 비슷하다. 꿀벌은 긴 침이 있어도 커다란 상대와 오랫동안 싸울 수가 없다. 말벌은 꽃에서 잡은 꿀벌을 즉석에서 처리할 때도 있으나, 대개는 근처 관목의 작은 가지 위에서 요리한다. 꿀주머니가 찢어지면 흘러나오는 꿀을 핥는다. 꿀벌은 사냥꾼에게 꿀을, 그의 새끼에게 고기를 바치는 이중 희생자이다. 말벌은 대개 날개와 배를 버리지만 가끔은 통째로 가져간다. 그래도 종래는 영양가 없는 것들을 버린다. 어떤 때는 사냥터에서 다리와 날개, 때로는 배까지 버리고 이빨로 부수어 죽을 만들 때도 있다.

  자, 지금의 이야기는 세밀한 부분까지도 다윈이 관찰한 사실과 일치한다. 점박이땅벌이 몸집 큰 꽃등에를 잡아 큰턱으로 머리, 날개, 배, 그리고 다리를 자른 다음 가슴만 가져간다. 하지만 파리의 날개를 떼어 버린 이유를 설명하려고 바람을 끌어들인 것은 논리적이지 못하다. 게다가 이런 작업은 풀숲처럼 아주 은밀한 곳에서 행해진다. 약탈자가 애벌레에게 쓸모없는 것들은 버린다는 것, 오직 그것만 사실일 뿐이다.

큰뱀허물쌍살벌 야산 작은 나뭇가지나 나뭇잎에 집을 짓는다. 벌집이 투명할 정도로 밝은 색을 띠고 길어 뱀허물 같은 느낌이 든다. 쌍살벌 종류로 어쩌다가 녀석에게 쏘이면 통증이 오래간다.

결국 다윈 이야기의 주인공은 말벌이 틀림없다. 그렇다면 이 벌이 바람을 덜 맞으려는 합리적인 생각에서 날개를 떼어 버리고 가슴만 남겼다는 설명은 어떻게 받아들여야 할까? 이 사실에서 멋있는 결론을 끌어내려 했지만 실은 나올 것이 없었다. 현장에서 먹이를 해체하다 새끼의 입맛에 맞는 부분만 남긴다는 것, 그 자체가 말이 안 된다. 거기에는 어떤 추리력도 나타나지 않으며, 기록할 가치조차 없는 하나의 초보적인 본능 행위만 존재할 뿐이다.

인간은 깎아 내리고 동물은 추켜올려 비슷한 접촉점을 설정해 놓고, 양쪽을 동일 수준에서 보려는 것이 오늘날 일반적으로 유행하는 고차원의 학설(Hautes théories)이다. 아아! 고상한 학설에 심취한 병적인 이 시대, 말벌아, 너는 모르겠지. 하지만 실험에 비춰 보면, 석학 에라스무스 다윈(Érasme→ Erasmus Darwin: 찰스 다윈 Charles Darwin의 할아버지)의 조롱박벌처럼 웃음거리에 불과한 것들이 얼마나 당당하게 주장되고 있는지 알게 되겠지!

10 홍배조롱박벌

　화학자는 심사숙고 후 연구계획을 세우고, 최적 조건일 때 약품을 섞어 석면판 밑의 램프에 불을 붙인다. 시간, 장소, 조건은 그가 정한다. 시간을 정하면 방해꾼이 없는 연구실에 깊숙이 자리 잡는다. 그리고 심사숙고했던 대로 조건을 이끌어 낸다. 원료의 성질에 대한 비밀을 추적하고, 그것이 옳다고 생각될 때 그 지식을 바탕으로 화학작용을 일으킨다.

　생물의 신비, 해부학상의 구조적 신비가 아니라 살아서 행동하는 생명의 신비, 특히 본능의 비밀은 관찰자가 몹시 어렵고 미묘한 조건에 맞추기를 요구한다. 시간을 자유롭게 이용하기는커녕 계절, 날짜, 시간, 그리고 순간까지도 모든 조건에 노예가 되기를 요구한다. 그러니 적당한 기회가 나타나면 아무것도 따질 것 없이 즉시 잡아야 한다. 오랫동안, 어쩌면 다시는 그런 기회가 오지 않을지도 모르기 때문이다. 기회란 대개 전혀 생각지도 않았을 때 불쑥 찾아온다. 그래서 그에 대응할 준비가 전혀 안 되어 있기 마련이다. 그렇지만 즉시 조금의 재료나마 준비하고, 계획을 세우고, 전술과 방책도 짜내야 한다. 시점을 놓치기 전에 묘안이 떠올라서 성과를 얻도록 영감이 떠올라 준다면, 이것이야말로 정말 큰 행운이다. 이런 기회란 그것을 항상 찾아 헤매는 사람에게만 주어진다. 햇볕이 따갑게 쏟아지는 모래언덕 위나, 한증막처럼 답답하고 깊은 계곡 사이, 지반이 단단하다고 무작정 안심할 수만은 없는 사암 위의 좁은 길에서, 며칠이고 참으면서 기회를 노려야만 한다. 사정없이 내리쬐는 햇볕을 얼마큼이라도 가려 주는 올리브나무의 앙상한 가지 밑을 실험실로 삼을 수만 있다면, 이때는 시바리스(Sybarite)[1] 사람들의 사치를 허락받은 셈이다. 마치 에덴동산의 인간 팔자를 얻은 것이나 다름없다. 이런 때는 사치를 허락해 준 운명에 감사드려야 한다. 명당자리이다. 눈은 크게 부릅뜨고 지켜봐야 한다. 언제 또 이런 기회가 올지 모르니까.

　기회는 온다. 조금 늦게 오거나 우여곡절은 있을망정 꼭 온다. 아아! 속세의 평범한 사람들이 드나들지 않는 조용한 실험 공간에서, 혼자 홀가분하게 연구에만 몰두한다면 기회는 온다. 내가 한 군데만 정신을 집중한 것을 보고, 지나던 행인이 다가온다. 그리고 자기는 아무것도 안 보이는데, 무엇을 보냐고 시끄럽게 질문을 퍼붓는 바람에 시진 적도 있다. 개암나무(Coudrier→ noisetier의 古語, Corylus)요술막대로 지하수를 찾는 점쟁이 취급도 받아 보았고, 더 심하게는 마술로 땅속에 묻힌 항아리를 찾는 수상한 사람 취급까지 받아 보지 않았더냐! 그들에게 기독교 신도처럼 보였을 때

---

[1] 기원전 8~기원전 6세기, 이탈리아 남부의 고대 도시, 주민들의 풍습이 나태하고 나약했다.

는, 내가 지켜보는 것을 자기도 들여다보다가 '뭐야, 시시하게. 그 나이에 겨우 파리나 들여다보며 세월을 보내다니' 하며 비웃을 것이 뻔하다. 이렇게 귀찮은 행인들이 피해나 끼치지 말고, 두 졸병의 구둣발로 빚어졌던 참혹한 사건이 다시는 되풀이되지 않고, 숲속에서 남몰래 슬쩍 비웃으며 지나가는 것으로 끝난다면, 그래도 그런 것들은 상당한 운을 만난 셈이다.

아무리 설명해 줘도 이해하지 못하면서, 내 일에 지나치게 관심을 쏟는 사람은 호기심 많은 행인, 아니면 국법의 대변자로서 밭이나 산림을 감시하는 완고한 순경이다. 순경은 줄곧 나를 감시하고 있다. 왠지는 몰라도, 지옥에서 고통 받는 영혼처럼 여기저기를 헤매고 다니는 나를, 그는 자주 보았을 것이다. 땅을 파다가, 또는 산에 길을 내는 바람에 깎여 버린 벼랑에서 아주 조심스럽게 흙을 무너뜨리다가 그에게 들키기도 한다. 결국은 걸려들어 불리한 혐의를 받는다. 그의 눈에는 내가 집 없는 떠돌이 집시, 이상한 주소 불명자, 방랑자, 농장 털이범 또는 미친 놈 따위로밖에 보이지 않는다. 동란(식물 채집통)을 메고 가면 그의 눈에는 족제비 상자를 메고 가는 밀렵꾼으로 보인다. 또 그의 머리는 사냥 금지법이나 땅 소유주의 권리를 무시하고 토끼 굴을 모조리 파헤치고 다니는 자라는 생각뿐이다. 어쨌건 이것만은 조심해야 한다. 아무리 목이 말라도 포도밭의 포도송이에는 손대지 말 것. 틀림없이 어디선가 공무원 명찰을 단 사나이가 기다렸다는 듯, 득달같이 달려와 조서를 꾸민다. 조서에는 지금까지 납득되지 않았던 모든 일에 대해 꼬치꼬치 캐물으며 해명해 보라 할 것이다.

나는 그런 나쁜 짓은 한 번도 안 했다고 생각한다. 그런데 어느 날, 모래 위에 배를 깔고 엎드려서 코벌(*Bembix*) 둥지의 관찰에 정신이 팔렸는데, 갑자기 굵은 목소리가 들려왔다. "경찰이오. 따라 오시오!" 레 장글레의 산림감시원이었다. 그는 어떻게 해서든 내가 잘못을 저지를 기회만 노리고 있었다. 나의 괴상한 행동이 그의 심기를 어지럽혀 왔던 차에, 마침내 그 궁금증을 풀어 보려는 생각이 더욱 커졌고, 드디어 나를 이렇게 난폭하게 소환해 보기로 결정한 것이다. 나 역시 따져가며 항의했으나, 이 불쌍한 친구는 내 말을 전혀 알아듣지 못한다. 되레 이렇게 외쳐 댄다. "이봐! 이봐! 농담하지 마. 이 뜨거운 날씨에 파리가 나는 것을 보겠다고 뙤약볕 밑에서 기다리다니. 누가 그런 말을 믿어. 허튼 수작은 절대로 용서치 않을 테니 헛소리 마. 알았나! 이번은 처음이니까 봐주는 거야!" 그러고는 가 버렸다. 그는 아마도 내 옷깃에 붉은 리본의 레지옹 도뇌르(Légion d'honeur)² 훈장이 장식된 것을 보았을 것이고, 그 리본이 그를 자리에서 뜨게 하는데 큰 힘이 되었을 것 같다. 나는 곤충이나 식물채집을 갔다가 이와 비슷한 작은 은혜를 여러 번 입었는데, 그때마다 이 리본 덕을 보았다고 믿는다. 방뚜우산(Mt. Ventoux, 제13장 참조)으로 식물채집을 갔을 때도 무거운 짐을 짊어진 안내인이 그전보다 내 말을 더 잘 들었고, 마지 낭나귀도 전보다 뒷발질을 덜하는 것 같았다.

아무리 붉은 리본이라도, 길가에서 실험할 때 부닥치는 이 곤충학자의 곤란까지 너그럽게 봐준다는 보장은 없다. 유별났던 예

---

2 파브르 나이 42세(1865년)에 5등급, 87세(1910년)에 4급과 상금 2,000프랑을 받았다.

한 가지를 들어보겠다. 어느 날 아침, 골짜기 아래쪽의 돌 옆에 숨어서 벌을 기다리고 있었다. 아침부터 메뚜기 사냥꾼 홍배조롱박벌(*Palmodes occitanicus*, 일명 랑그독조롱박벌)을 만나러 온 것이다. 세 명의 포도 따는 아낙네들이 지나갔다. 그들은 골똘히 돌 위에 걸터앉아 있는 남자를 보았다. "안녕하세요." 서로 인사가 오갔다. 저녁 때, 그들은 가득 딴 포도 광주리를 머리에 이고 다시 그곳을 지나갔다. 남자는 여전히 그 자리에 앉아 한 곳만 들여다본다. 인적이 드문 이런 곳에서 하루 종일 안 움직이고 있다는 것이 그녀들에게 깊은 인상을 주었겠지. 내 앞을 지나던 여자 하나가 자신의 손가락을 이마로 가져가 빙빙 돌리면서, 옆 사람에게 소곤댄다. "가엾어라. 저런 바보, 불쌍해라." 세 아낙은 가슴에다 십자가의 성호를 긋는다.

저런 인노쌩(inoucént, 바보). 그녀는 나더러 바보라고 했다. 나쁜 짓은 안 해도, 사고력이 부족해서 불쌍한 사람이라는 뜻이다. 그녀들에게 바보란 하느님한테 낙인찍힌 사람이니, 모두 성호를 그었던 것이다. 어쨌다고! 나는 생각했다. 참으로 무서운 운명의 장난이다. 저 시골 여인들의 눈에는 벌레의 본능과 이성에 대해 이렇게 고생해 가며 연구하는 내가 이성이 없는 사람이라니! 이런 모욕이 또 어디에 있나! 바보라는 것쯤은 별것 아니다. 뻬께이레(pécaïré, 저런 불쌍해라)란다. 지금 진정한 마음에서 우러난 그녀들은, 프로방스 지방말로 "뻬께이레"라고 해준 이 한 마디에, 나는 바보라는 말조차 바로 잊어버렸다.

포도 따는 세 아낙이 지나갔던 바로 그 골짜기로 여러분을 초대하련다. 그토록 초라한 나의 행색과 불행을 독자들께서도 선선히 받아 준다면 말이다. 그 일대는 홍배조롱박벌이 자주 드나드는데, 이들은 둥지를 틀 때가 되어도 모여서 무리를 짓지 않는다. 정처 없이 홀로 떠돌다가 우연히 이곳에 와서 여기저기에 집을 짓고 사는, 즉 단독생활을 하는 녀석들이다. 노랑조롱박벌은 떼 지어 있는 친구들, 즉 공장처럼 많은 일꾼이 흥청거리는 곳을 좋아하는 반면, 홍배조롱박벌은 홀로 고독과 고요함을 즐긴다. 이들은 노랑조롱박벌에 비해 훨씬 큰 체구, 무게 있는 걸음걸이, 좀더 뻣뻣한 거동, 그리고 검정색 복장을 걸치고 혼자 산다. 남의 일에는 일체 참견치 않으며 친구도 싫어한다. 조롱박벌 중에서도 유별나게 어울리기 싫어하는 녀석들이다. 노랑조롱박벌은 남을 좋아하는데 이들은 그렇지 않으니, 이것만으로도 두 벌의 특징은 확연하다.

그러니 홍배조롱박벌 실험이 훨씬 더 힘들다. 오랫동안 생각해 낸 실험 방법이라도, 이 벌을 상대로 했을 때는 허탕치기 십상이다. 첫 번 실험이 잘 안 되면 그 자리에서 두세 번 반복 실험을 해 보기도 한다. 관찰 재료를 미리 준비했어도, 가령 먹잇감을 미리 잡아 그의 사냥물과 바꿔치기 하려 해도, 사냥꾼이 다시 나타날지 어쩔지 의심이 생긴다. 어쩌다가 그가 나타났는데 준비한 재료가 벌써 못 쓰게 되었으면, 급히 서둘러서 임시변통을 해야 한다. 그러니 언제든 내가 마음먹은 대로 실현되기를 꿈꿔 볼 수조차 없는 실정이다.

그래도 매사에 자신 있게 덤벼보는 수밖에 별 도리가 없다. 장소는 그런대로 적당한 곳이다. 뜨거운 햇볕이 내려 쬐는 이곳에 여러 마리의 조롱박벌이 포도나무(Vigne: *Vitis vinifera*) 잎에서 쉬고 있는 것을 보고 놀랐었다. 벌은 편안한 자세로 행복한 듯, 더위와 햇볕을 즐기며 가끔씩 기쁨에 떠는 듯도 했다. 행복에 겨워 몸을 좌우로 흔드는 것 같기도 했다. 발끝으로 잎을 두드리며 북 치는 소리를 낸다. 마치 나뭇잎에 억수같이 쏟아지는 소나기 소리 같다. 가까운 곳에서도 경쾌한 북소리가 들려온다. 잠시 멈추었다가 또다시 절정의 기쁨을 나타내는 듯, 발목에 신경자극이 일고, 춤을 출 듯 움직임이 시작된다. 어떤 녀석은 애벌레의 둥지를 절반쯤 파다가 갑자기 일을 멈추고, 가까운 포도나무 잎에 올라가 햇볕에 한바탕 일광욕을 하다가, 아쉬운 듯이 다시 일터로 돌아간다. 빗자루로 적당히 슬슬 쓰는 척하다가, 포도 잎에서의 향락이 유혹하는 바람에 더는 참지 못하고 일터를 떠나는 녀석도 있다.

  벌들의 이 즐거운 휴식처가 어쩌면 먹이를 찾기 위해 주변을 둘러보는 전망대일지도 모른다. 그들의 유일한 먹잇감, 즉 유럽민충이는 포도밭 주변의 풀숲 여기저기에 흩어져 있다. 녀석들은 모두가 매우 뚱뚱하지만, 벌은 뱃속에 알이 가득 차 팽팽하게 부푼 암컷만 잡는다.

  수차례에 걸친 민충이 찾기, 소득 없이 끝난 수색 작업, 장시간의 지루한 기다림, 이런 따위는 집어치우고, 지금 조롱박벌이 눈앞에 나타났다는 가정 하에 이야기를 계속하겠다. 높은 벼랑의 아래쪽 깊은 곳, 모래가 덮인 길 위에서 날개는 퍼덕이며 힘들게 걸어서 무거운 짐을 끌고 오는 녀석이 보인다. 실보다 가는 민충이의 더듬이를 밧줄 삼아 큰턱으로 물고 씩씩하게 끌어 온다. 더듬

이를 잡힌 녀석은 벌의 다리 사이에 벌렁 눕혀서 끌려온다. 땅바닥이 울퉁불퉁해서 끌기가 힘들면 그 큰 민충이를 다리에 껴안고 슬쩍슬쩍 날면서, 그래도 어떤 때는 힘겹게 걸어서 옮긴다. 코벌은 민충이에 비하면 아주 가벼운 파리를 잡아서, 또 노래기벌은 비단벌레를 잡아 1km나 되는 거리를 쉬지 않고 한 번에 날아온다. 하지만 조롱박벌은 먹을거리를 다리에 안은 채, 먼 데서 단번에 날아오는 것을 본 적이 없다. 홍배조롱박벌은 가깝건 멀건 짓눌릴 만한 무게 때문에 힘들게, 천천히 걸어서 옮긴다.

홍배조롱박벌은 사냥물이 너무 크고 무거워서, 다른 벌들과는 땅굴 파기 순서와 방법이 근본적으로 다르다. 지금까지 보아온 사냥벌들의 땅굴 작업은 먼저 땅에 굴을 파고 먹이를 곳간에 넣는 방법이었다. 대개는 먹잇감을 힘들지 않게 옮길 수 있으므로 집터는 제 마음대로 정한다. 멀리 사냥을 나가도 문제가 없다. 제 둥지로 빨리 날아오니 멀건 가깝건 상관없다. 그래도 자기가 태어난 곳, 즉 조상이 살던 집을 즐겨 택한다. 대대로 물려온 깊숙한 굴을 상속받아 조금만 수리해서 새 방으로 이어지는 굴을 만든다. 각자가 매년 입구부터 새 통로를 파는 것보다 그것이 더 안전하다. 특히 왕노래기벌과 진노래기벌(*Philanthus*)이 그렇다. 조상 대대로 살던 집이 튼튼하지 못해 비바람을 견디지 못하면, 그래서 다음해에 자손에게 물려줄 수 없다면, 그 자손은 자신의 노력으로 새 굴을 파야 한다. 이들에게 조상의 경험을 거쳐 성지가 된 장소는 적어도 몇 가지 안전한 조건이 갖추어졌다. 산란한 여러 방을 연결시키기 위해 새로 통로를 파야하는 노력도 절감된다.

하지만 공동생활을 하는 노래기벌이라도 일은 각자가 할 뿐, 공동의 목적을 위한 공동의 노력은 없다. 따라서 진정한 사회는 아니다. 그래도 이웃집 동료를 마주보며 서로 격려하는 집단이라고 할 수는 있겠다. 한 후손의 집단 규모가 비록 작더라도, 집단 땅파기 작업과 단독 작업 간에는 외관상으로도 큰 차이가 있다. 마치 한 공장에서 경쟁심을 가진 많은 직공이 열심히 일하는 모습과 혼자서 따분하게 일하는 일꾼의 내키지 않는 모습이 연상된다. 벌레도 사람처럼 본보기에 자극되었을 때 자기의 활동에 더 전념한다.

결론적으로 말해서, 사냥벌들은 먹잇감이 무겁지 않으면 아주 먼 곳이라도 날아서 운반한다. 이런 종류는 집터를 제 마음대로 선정할 수 있다. 자신이 태어난 곳을 기꺼이 선택하여 공동의 굴 속에 몇 개의 가지를 쳐 각 방과 연결한다. 이렇게 고향에 모인 동족은 함께 살면서 집단을 형성하고, 이런 집단생활은 경쟁심의 밑바탕이 된다. 이렇게 첫발을 합동생활로 내디딤으로써, 보다 쉽게 사회생활로의 진행이 이루어질 것이다. 이런 비교가 허락된다면, 인간의 사회생활이나 공동생활도 이런 식으로 이루어진 게 아닐까? 좁은 길밖에 없어서 걸어다니기 불편한 지역 사람들은 서로 멀리 떨어져 동네를 이룬다. 그러다가 편한 도로가 생기면 사람들이 모여 도시가 형성된다. 이번에는 편한 도로 정도가 아니라 철도가 생기면 런던, 파리처럼 사람들이 밀집한 거대하고 유명한 대도시가 탄생한다.

홍배조롱박벌은 사정이 전혀 다르다. 그의 먹을거리인 민충이는 한 마리 무게가 다른 사냥꾼이 여러 번 잡아다 쌓아 놓은 먹을거리 전체의 무게에 해당할 정도이다. 노래기벌들은 조금씩 나누어 사냥하지만 홍배조롱박벌은 한 번에 해치운다. 대신 무거워서 먼 거리를 날지 못하며, 느릿느릿 걸어서 끌고 간다. 그러니 가는 데 시간이 많이 걸리고 피곤도 하다. 그래서 집터는 사냥 여하에 따라 결정된다. 우선 사냥부터 하고, 다음에 굴을 판다. 그렇다면 공동부락으로 갈 필요도 없고, 동족이라 해서 옆집에 살 필요도 없다. 물론, 서로가 열심히 일하도록 독려할 친구도 없다. 조롱박벌은 그날의 운수에 따라 도착한 그곳에서, 신명나지는 않아도 혼자서 양심적으로 일할 뿐이다. 무엇보다 먼저 민충이를 찾아서 움직이지 못하게 만든다. 다음은 집짓기에 바쁘다. 먹이를 운반하는 수고를 줄이려고 잡은 곳 근처에서 적당한 장소를 물색하여 굴을 판다. 장래의 애벌레 방을 만들고, 알과 식량을 넣는다. 노래기벌에서 본 것과는 정반대의 방법이다. 요점을 다시 한 번 말해 보면 다음과 같다.

홍배조롱박벌은 굴을 팔 때 항상 혼자이다. 장소는 돌에 얻어맞아 움푹 파인 곳으로 먼지가 수북이 쌓인 낡은 담벼락의 한 귀퉁이나, 사암이 불쑥 튀어나와 차양 구실을 하는 바위 밑을 은신처로 삼는다. 그런 곳은 포악한 눈알장지뱀(*Timon lepidus*)이 즐겨 드나들던 곳이며, 햇볕이 정면에서 내리쬐어 마치 온실 같다. 바닥에 쌓인 먼지는 둥근 천장에서 조금씩 흘러내린 해묵은 것이라 아주 쉽게 파진다. 큰턱과 갈고리 발톱으로 땅을 파고, 흙을 쓸어내 순식간에 방을 만든다. 날개에 힘을 주지 않고 어정쩡하게 나는 걸 보니, 사냥을 멀리 가는 것은 아닌 게 분명하다. 눈으로 벌을 쫓아 보면 그가 내리는 곳을 알 수 있다. 이제는 걸어서 갈 작정인가 보다. 내가 옆에서 계속 따라다녀도 그는 놀라거나 무서워하지 않는다. 걸어가든, 날아가든 목적지에 이르면 잠시 주변을 두리번거리며 살핀다. 이리저리 조금씩 왕래하는 것을 보니, 목표가 없이 그저 무엇인가를 찾는 중이다. 드디어 발견한다. 아니 찾아낸다. 민충이를 찾아냈다. 벌써 절반쯤 마비되었고 아직 발목마디, 더듬이, 산란관이 움직인다. 벌써 침으로 몇 방 쏘인 게 틀림없다. 길눈이 어두운 그가 수술을 끝내면, 다루기 불편한 그 짐을 일단 그 자리에 놓아두고 둥지 틀 장소를 찾는다. 아마도 다시 돌아왔을 때 찾기 쉽도록 풀덤불 위에 어떤 흔적을 남겼을 것이다. 흔적 기억하기에 자신 있으니 그리 다시 돌아올 작정을 하고, 근처를 한 바퀴 돌아 마음에 드는 곳에 구멍을 판다. 일단 집이 마련되면, 놓아둔 곳으로 되돌아와 힘들이지 않고 다시 찾아낸다. 이제는 둥지로 옮길 차례이다. 말을 타듯 먹이 위에 올라앉아, 한쪽 또는 양쪽 더듬이를 입에 문다. 자, 출발이다. 허리와 이빨로 힘껏, 그리고 질질 끌고 간다. 가끔 단숨에 운반을 끝내기도 한다.

가끔, 그러나 제법 자주, 벌이 갑자기 짐을 내려놓고 급히 집안으로 달려간다. 어쩌면 짐이 너무 커서 굴로 끌어들이거나 창고에 넣는데 지장이 있든지, 아니면 실수한 일이 있어서 불안했나 보다. 혹시 안에서 무슨 일이 벌어졌나? 다시 굴을 판다. 입구를 넓히고 문지방은 평평하게, 천장도 튼튼하게 손질한다. 그래보았자 발목마디로 두세 번 두드리면 끝나는 일이다. 다음, 몇 발짝 바깥에 누워 있는 민충이에 다가가 다시 운반하기 시작한다. 이번에는 작업을 끝낼까? 변덕스러운 조롱박벌의 머리에 또 다른 생각이 스쳤나 보다. 현관은 조사했지만 새끼의 방안은 들어가 보지 않았나 보다. 민충이를 길에 내버려 두고 방안에 이상이 없는지 다시 확인하러 들어간다. 다시 검사하고, 발목마디로 벽을 몇 번 두드려 마지막 손질을 한다. 이런 자질구레한 일로 꾸물댈 시간이 없다. 민충이로 되돌아와 더듬이 꼭지를 문다. 자, 전진이다. 이번에는 운반을 끝내는 거다. 아마도 그는 다른 벌보다 의심이 많은 녀석이었나 보다. 건물 구석구석, 특히 세밀한 곳에 대한 건망증이 있었는지도 모르겠다. 매번 기억을 가다듬으며 다섯 번이고, 여섯 번이고 먹이를 길바닥에 팽개쳐 둔 채, 집안으로 들어가 부실한 곳을 손질한다. 하지만 전혀 쉬지 않고 곧 일에 착수하는 녀석도 있다. 벌이 집안을 손질하러 들어갈 때, 길바닥의 민충이를 누군가가 손댈까 봐 멀리서 이따금씩 뒤돌아보기도 한다. 이 행동을 보니 왕소똥구리기 수리 중인 자기 집 식당에서 밖으로 나와, 귀중한 진수성찬을 만져 보고 조금씩 집 가까이 당겨놓던 모습이 생각난다.

지금까지 말한 사실들로 보아 결론은 명백하다. 즉, 홍배조롱박벌은 먹을거리를 먼저 사냥하고 다음 굴 파기 작업을 하는데, 둥지의 위치는 사냥한 장소에 따라 결정된다는 결론이다. 전에는 먹이보다 창고가 먼저 준비되는 것을 봐왔는데, 홍배조롱박벌은 창고보다 먹이를 먼저 마련한다. 순서가 뒤바뀐 이유는 먹을거리가 무거워서 먼 거리의 공중수송이 어렵기 때문이다. 나는 힘이 약해서가 아니다. 오히려 멋있게 날 수 있으나, 무거운 먹이를 날개의 힘에만 의존하면 무리가 따를 것이다. 그렇지만 끌고 가면 땅바닥이 짐을 떠받쳐 주어 도움이 된다. 그렇게 받쳐 주어야 힘을 낼 수 있고, 일도 훌륭하게 해낼 수 있다. 먹이를 날아서 운반하면 시간도 줄이고 피로도 덜하겠지만, 그는 언제나 걷던가 찔끔찔끔 날 뿐이다. 최근에 관찰한 또 하나의 호기심거리를 말해 보자.

갑자기 홍배조롱박벌 한 마리가 나타났다. 어디서 왔는지 모른다. 그런데 금방 잡은 듯한 유럽민충이를 끌고 온다. 이제 그가 당장 할 일은 굴을 파는 일이다. 하지만 여기는 사람들이 늘 밟고 다녀 돌처럼 단단히 굳은 길바닥이라 형편없는 장소이다. 사냥물은 될수록 빨리 처리해야 하는데, 힘든 굴 파기 작업으로 시간을 낭비할 여유가 없다. 짧은 시간 안에 애벌레의 방을 만들 만한 장소가 필요하다. 이 벌이 어떤 땅을 좋아하는지는 이미 말했듯이, 바위 밑의 후미진 구석에 있는, 그리고 여러 해 동안 먼지가 쌓여 흙과 섞인 곳이 적당하다. 지켜보는 동안 벌이 한 시골집의 담 밑에서 멈췄다. 담은 높이가 6~8m나 되며, 벽은 새로 발라졌다. 그는 마치 본능적으로 '저 위 지붕의 기와 밑에 오랫동안 먼지가 쌓인 구덩이가 있소'라고 말하는 것 같았다. 그리고 담 밑에 먹이를 내려놓고 지붕으로 날아간다. 굽은 기와 밑에서 적당한 장소를 찾아내고 일을 시작한다. 집짓기
는 10분, 기껏해야 15분이면
끝난다. 그리고 날아 내려와
민충이에게 다가간다. 이제
는 그것을 위로 올려야 한다.
지금의 형편이라면 당연히 민
충이를 입에 물고 날아서 올라가
야 하지 않을까? 그러나 그게 아니었
다. 벌은 아주 힘든 방법을 택한다. 그렇게 높은 담벼락, 미장이가 흙손으로 울퉁불퉁하게 발라 놓았으나 표면은 가파르고 매끄러운데, 이런 벽을 기어오르겠단다. 민충이를 다리 사이에 끼고 이런 벽으로 끌고 올라가는 것을 본 나는 말도 안 되는 짓이라 생각했다. 그러나 곧 대담한 시도의 결과를 보고 안심했다. 앞이 가려 보이지도 않는 울퉁불퉁한 회반죽 표면을 발판 삼아, 무거운 짐을 안은 채, 가파른 담벼락을 힘차게, 평지처럼 착실하게, 그리고 일정한 속도로 걸어서 올라간다. 어려움이 없는 듯이 꼭대기까지 올라간다. 그리고 민충이를 지붕 끝, 기와의 오목한 곳에 놓는다. 사냥물이 불안정하게 놓였던지 둥지를 검사하는 동안 담장 밑으로 떨어진다. 다시 시작한다. 이번에도 기어올라간다. 조심성 부족으로 벌어진 일을 똑같이 다시 겪는다. 기와에서 다시 미끄러진다. 그러나 그는 유유히 세 번이나 담을 기어오르며 민충이를 운반했다. 이번에는 용케도 성공하여 집안에 들여놓았다.

이 경우도 공중수송을 시도하지 않았음은 분명하다. 무거운 짐을 가지고 먼길을 여행할 수 없기 때문이다. 이렇게 공중수송이 불가능하다는 이들의 습성을 밝히기 위해 이 장(章)의 제목을 이별로 정한 것이다. 노랑조롱박벌은 자기의 비행능력 범위 내라면 어디든, 먹잇감을 나를 수 있기에 절반쯤 사회생활을 하는 족속, 즉 동족끼리 모여 사는 종이 되었다. 하지만 홍배조롱박벌은 무거운 먹이를 비행으로 운반할 수 없기에 혼자서 일하는, 즉 동족끼리 옆집에 살며 누릴 수 있는 기쁨을 되레 경멸하는, 다시 말해서 친구를 싫어하는 종이 되었다. 이들의 기본적인 성격은 사냥한 먹을거리의 무게에 따라 결정된 것이다.

11 본능의 과학

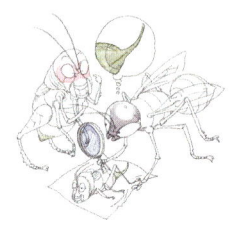

홍배조롱박벌(P. occitanicus)도 사냥감인 민충이를 마비시킬 때는 귀뚜라미 사냥꾼처럼 침으로 가슴을 여러 차례 쏘아 그곳의 신경조직을 파괴시킬 것은 의심의 여지가 없다. 벌들이 이런 방법으로 신경중추를 상해하는 것은 이제 별로 낯설지 않은 일이다. 나는 실제로 관찰하기 전에도 이들이 훌륭한 솜씨로 그런 수술을 잘 해낼 것으로 확신하고 있었다. 살아 있는 곤충을 잡는 벌이 꽁무니에 차고 다니는 독검은 허세를 부리기 위한 장식품이 아니다. 이 약탈자들은 그의 사용법을 확실하게 알고 있다. 하지만 홍배조롱박벌의 암살장면은 아직 한 번도 보지 못했다. 이유는 이 벌이 홀로 단독생활을 하기 때문이었다.

공동 집성촌에는 파인 굴도 많고, 먹이가 저장된 둥지에서 기다리면 모든 것을 관찰할 수 있었다. 거기서는 이 벌 저 벌이 사냥해 오는 모습을 볼 수도 있고, 그래서 그들이 잡아온 희생물과 다른 먹이와의 바꿔치기 실험도 쉬웠다. 실험 재료를 충분히 준비할 수도, 미리 다양한 계획을 세워 마음대로 반복 실험을 할 수도 있었다. 하지만 홍배조롱박벌은 그렇게 마음대로 되지 않는다. 미리 준비해 놓고 이리저리 뛰어다녀도, 넓은 대지의 여기저기에 한 마리씩 흩어져서 혼자만의 삶을 즐기는 녀석에게는 효과가 없었다. 우연히 한 마리와 마주쳤을 때는 준비가 안 된 빈손이니 허탕을 칠 수밖에 없었다. 민충이를 잡아오는 조롱박벌을 갑자기 만났을 때는 벌에 대해서 까맣게 잊고 있을 때가 대부분이었다.

마침내, 기회를 만났다. 사냥꾼이 바꿔치기 한 희생물을 단검으로 멋지게 찌르는 솜씨를 보여 주려는 단 한 번의 기회이다. 서두르자. 시간이 없다. 몇 분 후면 그의 포로는 굴속으로 끌려 들어갈 것이고, 그러면 기막힌 이 기회를 영영 잃고 만다. 이렇게 절호의 찬스를 만났는데, 살아 있는 민충이를 마련할 틈이 없었다고 푸념만 늘어놓을 참이냐! 내 눈앞에 절묘한 실험 재료가 있는데, 그것을 이용할 수 없다니! 지금 대용먹이를 제공치 못하면 나는 조롱박벌의 비밀을 알아내지 못한다. 노래기벌을 연구하던 때를 생각해 보자. 그때도 노래기벌에게 주려는 바구미를 찾는데 꼬박 사흘이나 뛰어다니지 않았던가! 그런데 지금은 몇 분밖에 시간이 없으니 대용품을 찾아 더욱 미친 듯이 뛰어야만 했다. 이렇게 절망적으로 뛰어다닌 적이 두 번이나 있었다. 아! 포도밭을 미친놈처럼 뛰어다니는 나를 과수원지기가 보았다면, 그는 틀림없이 도둑이라고 경찰에 고발해서 조서를 꾸미게 하기에 딱 맞는 몰골이다. 칡넝쿨에 다리가 휘감기면서도, 조롱박벌의 먹을거리를 찾는데 혈안이 된 나에게 포도나무의 가지나 열매 따위가 눈에 들어오겠더냐! 무슨 수를 써서라도 민충이 한 마리가 꼭 필요하다. 지금 당장 말이다. 이렇게 서두르며 용을 쓰다가 한 번은 용케도 한 마리를 잡았다. 정말로 기쁘기 짝이 없었다. 나뭇가지와 잡초에 쓸린 쓰라림만 나를 기다렸다는 사실마저 잊은 채.

늦지는 않았어야 하는데. 아직도 그 조롱박벌이 사냥물을 옮기는 중이면 좋으련만! 아, 이 얼마나 반가운 일이냐! 벌은 아직도 굴과 제법 떨어진 곳에서 희생물을 끌고 간다. 나는 핀셋으로 민충이의 꼬리를 살짝 잡아당겼다. 벌은 무슨 일이 있어도 뺏기지 않겠다고 그의 더듬이를 악착스레 물고 있다. 좀더 세게 당겨서 벌을 물리치려 했으나 효과가 없다. 역시 문 것을 놓으려 하지 않는다. 연구용 도구 중 잘 드는 가위 하나가 있었는데, 이제는 그것을 이용할 참이다. 민충이의 더듬이를 싹둑 잘랐다. 더듬이는 벌이 잡고 끄는 밧줄이다. 계속 끌고 가던 벌에게 갑자기 짐의 무게가 없어진다. 나의 짓궂은 놀음 덕분에 실제의 짐은 더듬이만 남았으니 그야말로 가벼워졌다. 깜짝 놀라 그 자리에 선다. 무거운 배뚱뚱이의 진짜 희생물을 한 옆으로 치우고, 살아 있는 먹이로 재빨리 바꿔치기 했다. 벌은 아무것도 매달리지 않은 빈 밧줄을 던져 버리고 방향을 휙 바꾼다. 그리고 바꿔치기 한 먹이와 마주한다. 잘 살펴본다. 어쩐지 수상하다는 듯, 조심스럽게 빙빙 돌다가 우뚝 선다. 무슨 생각이 났는지, 다리에 침을 바르고 눈을 비비며 골똘히 생각하는 모습이다. 글쎄, 내가 꿈을 꾸나? 잠이 덜 깼나? 눈이 갑자기 안 보이나? 그런 건 아닌데, 저건 내 먹잇감이 아니잖아. 누구 때문에, 무엇 때문에 내가 속고 있을까? 어쨌거나 조롱박벌은 내가 준 먹을거리로 열나게 덤벼들지 않는다. 벌을 자극해 보자. 민충이를 손으로 잡아 더듬이를 그의 이빨 밑으로 가져간다. 그는 낯을 가리지 않는 대담한 성격의 소유자임을 잘 알고 있었다. 그래서 손으로 먹이를 집어 코앞에 갖다 대주면 거리낌 없이 채간다는 것도 잘 알고 있었다.

그런데 이게 웬일까? 벌은 내가 준 민충이를 보고 콧방귀를 뀐다. 그의 입이 닿을 만한 곳에 가져다 놓아도 덤벼들기는커녕 되레 뒷걸음질이다. 나는 민충이를 다시 땅바닥에 내려놓았다. 그러자 녀석은 정신이 나갔는지, 위험한 것도 모르고 암살자 쪽을 향해 쏜살같이 달려간다. 자, 이제는 됐나 보다. 하지만 그렇지 않았다. 역시 소용없었다. 벌은 그야말로 겁쟁이처럼 뒷걸음질을 치다가, 결국은 날아가 버리고 다시는 오지 않았다. 그렇게도 열정을 불살라가며 시도했던 실험이 정말 창피하게도, 이렇게 싱겁게 끝나 버렸다.

그 후 더 많은 굴을 찾아다니며 관찰한 후에야 비로소 실험이 실패한 원인과 조롱박벌이 그렇게 한결같이 거절한 이유를 이해하게 되었다. 저장된 먹잇감은 예외 없이 뱃속에 알덩이가 들어 있는, 그래서

즙액이 풍부하고 맛 좋은 암컷뿐이었다. 이런 것이래야 애벌레가 좋아하는 먹잇감이다. 그런데 내가 포도밭을 뛰어다니며 잡은 것은 수컷이었고, 그것을 조롱박벌에게 준 것이다. 먹을거리라는 중요한 문제에 관한 한 벌은 나보다 훨씬 통찰력이 뛰어났고, 그래서 그 대용품이 마음에 들지 않았던 것이다. "어라, 수컷이네. 내 새끼에게 훌륭한 성찬이라! 이런 놈을 가지라고?" 그렇다면 그들은 암수를 구별할 줄 안다는 말이로구나! 미식가인 그들의 육감이 부드러운 암컷과 거친 수컷의 고기는 알아보겠지만, 모양이나 빛깔이 똑같은 민충이를 즉석에서 암수로 구별하다니, 참으로 분별력이 대단한 녀석들이구나! 사실, 암컷은 배 끝에 기다란 산란관이 있는데, 모양은 마치 서양의 무사용 칼처럼 생겼다. 이런 산란관으로 땅을 파고 그 안에 알을 낳는다. 겉모습에서 암수 차이는 오직 이 한 가지뿐이다. 암수의 감별 능력을 가진 조롱박벌을 속일 수는 없다. 결국, 벌이 민충이를 잡았을 때는 분명히 산란관을 확인했는데, 내가 준 것은 그것이 없으니 어안이 벙벙해져 몇 번이고 눈을 비볐던 것이다. 이렇게 암수가 뒤바뀐 사태를 보고 조롱박벌은 무슨 생각을 했을까?

집안 점검을 끝낸 벌이 근처에 내려놓았던 희생물을 되찾으러 가는 장면을 보자. 그보다 먼저, 홍배조롱박벌의 먹을거리인 민충이를 귀뚜라미와 비교해 보자. 민충이는 아직도 여기저기에 운동할 힘이 남아 있는데, 규칙적이지 못한 것을 보면 침으로 가슴을 찔린 게 분명하다. 머리를 바로 세우지도 못하며, 모로 누웠거나 벌렁 뒤집혀 있다. 긴 더듬이를 바르르 떨기도 하고, 입을 여닫으며 입틀의 수염들을 움직이기도 한다. 보통 때처럼 깨물기도 하고, 몸통을 움직여 크게 요동질 치기도 한다. 산란관이 아래로 축 쳐졌거나, 다리가 무질서하게 느릿느릿 움직이기도 한다. 가운데 다리는 다른 다리보다 더 심하게 마비된 것 같다. 바늘로 살짝 찌르면 온몸을 부르르 떤다. 일어나서 걸어 보려 하지만 마음대로 되질 않는다. 걷지도 바로 서지도 못하지만 몸뚱이는 멀쩡하다. 따라서 국소 마비만 일어난 것이 분명하다. 다리의 마비, 그보다는 차라리 부분적 운동기관의 마비거나 아니면 조화가 깨진 것 같다. 이렇게 불완전한 민충이의 무기력 상태는 신경계통의 어떤 특수구조에 변화가 왔기 때문일 것 같다. 그러면 이 벌도 귀뚜라미 사냥꾼처럼 각각의 가슴신경절을 찔렀을까, 아니면 단 한 번만 찌르고도 이렇게 마비시켰을까? 하지만 나는 아는 게 없다.

민충이가 이렇게 몸서리치거나, 경련을 일으키거나, 무질서하게 움직여도 벌의 새끼를 해칠 만한 힘은 없다. 나는 몇몇 조롱박벌 굴에서 마비는 되었어도 아직은 초기라 요동질이 심한 민충이를 꺼낸 적이 있다. 새끼 벌은 알에서 불과 몇 시간 전에 깨어나 이제 겨우 한 살배기(1령)의 연약한 녀석인데도 안심하고 거대한 민충이를 이빨로 공격한다. 마치 난쟁이가 겁도 없이 거인을 갉아 먹는 격이다. 이렇게 놀라운 일이 진행되는 것은 어미가 알이 깨날 장소를 잘 선택했기 때문이다. 노랑조롱박벌은 알을 귀뚜라미의 앞과 가운데다리 사이의 약간 옆쪽 가슴에 붙여 놓았고, 흰줄조롱박벌도 바로 거기였다. 홍배조롱박벌도 그 근처인데, 굵은 뒷다리의 넓적다리 밑동으로 저들보다는 약간 뒤쪽이다. 이 현상은 세 종류 모두가 자신의 알을 안전하게 보존할 장소를 선택하는 데 놀랄 만한 육감을 가졌다는 증거이다.

굴속에 잡혀 있는 민충이를 관찰해 보자. 녀석은 뒤집힌 채 누워만 있을 뿐 절대로 일어나지 못하며, 맥없이 허공만 허우적거릴 뿐이다. 벽을 짚고 버텨보기에는 방이 너무 넓다. 발목마디도, 큰 턱도, 산란관이나 더듬이도 새끼에게는 닿지 않기 때문에 경련을 일으켜도 새끼는 안전하다. 민충이가 걷거나 일어나고 싶어도 불가능하니 새끼 벌은 필연적으로 안전할 수밖에 없다. 참으로 독특하고 훌륭한 조건을 갖춘 셈이다.

하지만 먹을거리가 아무리 많아도 마비 정도가 약하면 새끼들에게 위험이 커진다. 그래도 처음 먹기 시작할 때는 그의 손발이 닿지 않는 곳에 놓였으니 위험할 게 없다. 하지만 덜 마비된 옆쪽에 놓였다면 조심해야 할 것이다. 그가 발버둥 치다 새끼를 스치거나, 발톱으로 배에 구멍을 내지 않는다는 보장은 없다. 그래서인지는 몰라도, 노랑조롱박벌은 서너 마리의 귀뚜라미를 한 방에 빽빽하게 채워서 그들이 움직이지 못하게 해놓았다. 한편, 홍배조롱박벌은 한 방에 한 마리뿐인 민충이가 움직여도 상관없다. 그가 일어나거나 걷지만 못하면 된다. 확신할 수는 없으나, 홍배조롱박벌은 침을 비경제적으로 여러 번 쓰지는 않았을 것이다.

민충이가 절반만 마비되어도 벌의 새끼에게는 위험이 없다. 그 정도라도 몸 한 귀퉁이에 붙어서 공격해 오는 애벌레를 피할 수 없기 때문이다. 한편, 홍배조롱박벌은 다른 조롱박벌과 달리 먹을거리를 끌고 가야 하는데, 민충이가 일부러 발톱을 사용하지는 않아도 끌려가다 풀잎에 걸리면 딱 질색이다. 무거운 짐으로 허덕이는데, 무성한 풀을 끝까지 잡고 늘어지는 발톱을 떼어내려면 더욱 지칠 것이다. 이 정도는 고생도 아니다. 민충이는 아직 큰턱을 쓸 수 있으니 정상적으로 깨물 수 있다. 그런데 사냥꾼의 운반자세를 보면, 늘씬한 몸을 민충이의 무서운 집게와 마주했고, 거기서 멀지 않은 더듬이를 물었기 때문에 가슴이나 배가 그의 입 가까이에 위치하게 된다. 이런 배치여서 희생자에게 물리지 않으려고, 긴 다리로 몸을 높이 추켜세워 걷는다. 한눈을 팔거나, 헛발을 디디거나, 아주 사소한 실수라도 했다가는 복수할 기회만 노리는 두 개의 이빨을 만나게 될 것이다. 그러니 적어도 운반할 때만이라도 이 무서운 집게가 작동하지 못하게 해야 한다. 물론 발끝의 갈고리도 못 쓰게 하는 것이 좋겠다.

운반 중의 민충이가 큰턱이나 발톱을 못 쓰게 하려면 조롱박벌은 어떻게 해야 할까? 일반인은 물론 과학자라도, 이때는 갈피를 못 잡아 우왕좌왕하거나 포기할지도 모른다. 오직 한 가지 방법이 있다면, 그것은 조롱박벌에게 배우는 것뿐이다. 벌은 배운 적도, 남이 하는 것을 본 적도 없는데, 수술자로서의 직분을 완벽하게 알고 있다. 그는 오묘한 신경생리학적 비밀을 훤히 알 뿐만 아니라, 아는 대로 실행에 옮긴다. 벌은 민충이의 뇌 속에도 고등동물의 뇌와 비슷한 신경의 집합체가 있다는 것을 알고 있다. 어떤 신경이 입을 움직이게 하고, 신경의 어느 자리가 다른 의지를 지배하는지, 그곳의 명령이 없으면 모든 근육이 움직이지 못한다는 것까지 모두 다 알고 있다. 뇌에서 그 자리를 손상시키면 의식이 없어지고, 따라서 저항하지 못한다는 것도 안다. 벌이 수술한다는 것은 아주 쉬운 일이며, 우리도 이 벌 학교에서 배우면 그대로 해낼 수 있을 것이다. 벌은 타고난 지혜를 가져 지금은 독침으로 쏘는 것보다 강하게 옥죄는 것이 좋다고 생각한다. 이때도 독침을 사용하지는 않는다. 벌의 이런 결심 앞에 무조건 머리를 숙이자. 벌레의 지혜 앞에서 우리의 무지몽매함을 인정하는 것이 얼마나 현명한지, 이제 곧 알게 될 것이기 때문이다. 지금 그의 행태를 글로 옮기려 하나 이 수술거장의 재능 속에 숨겨진 탁월한 솜씨를 혹시 잘못 옮길까 걱정이다. 그래서 이 감동적인 장면을 구경할 때, 즉석에서 기록했던 노트를 그대로 옮기고자 한다.

잡힌 민충이가 여기저기 풀을 잡고 늘어지며 저항하면 조롱박벌이 치명타를 먹인다. 즉, 특수한 수술을 시행하는 것이다. 말을 타듯 민충이 위에 올라앉아 목덜미와 목관절을 크게 벌리고, 큰턱으로 목을 통해 두개골의 깊은 곳에 있는 신경절을 깨문다. 하지만 겉에는 흠집이 하나도 없다. 끌려가던 민충이는 조금 전까지만

해도 강하게 저항하며 도망가겠다고 발버둥 쳤으나, 수술이 끝나자 움직임은 물론 저항도 갑자기 사라진다.

이 사실이 모든 걸 설명해 준다. 벌은 이빨로 얇고 부드러운 민충이의 목덜미에 흠집 하나 내지 않고 두개골 속을 더

들어 뇌를 깨물었다. 피도 흐르지 않고 상처도 없다. 다만 밖에서 바싹 옥죄었을 뿐이다. 수술 결과를 확인하고자 완전히 수술된 민충이를 그냥 놓아두었다. 그리고 서둘러서 살아 있는 민충이에게 벌이 알려 준 대로 실험해 보았다. 이제 조롱박벌의 수술 결과와 내가 실험한 결과를 비교해 보자.

두 마리의 민충이 목신경절[1]을 핀셋으로 눌러 압박했더니 순식간에 앞의 희생자와 비슷한 상태가 되었다. 바늘로 약간 찔러 보면 발음기관에서 '찌직' 소리를 낸다. 약하기는 해도 질서를 잃은 다리들이 느릿느릿 움직인다. 이렇게 소리를 내거나 약한 운동으로 벌의 희생자와 내게 압박된 민충이 사이에 약간의 차이를 보였다. 이 차이는 아마도, 내게 수술당한 녀석들은 정상상태에서 수술받았고, 벌의 희생자는 그보다 먼저 가슴신경절에 상처를 입었기 때문일 것이다. 이렇게 중요한 조건을 짐작해 낸 것을 보면 나도 그렇게 모자라는 학생은 아닌가 보다. 보다시피 나의 생리학 선생인 조롱박벌의 가르침을 제법 잘 따랐으니까.

내 감정을 솔직히 털어놓자면, 나도 조롱박벌만큼 잘 해냈으니 기뻤고, 동물만큼 멋지게 해냈다고 자부도 했다.

잘 해냈다고? 이 무슨 헛소리! 좀 기다려 보시라. 나는 조롱박벌 학교를 더 오래 다녔어야만 했음을 곧 깨달았다. 두 마리의 내 민충이는 바로 죽었기 때문이다. 그들은 정말로 죽었고, 4~5일 후의 내 눈앞에는 썩은 시체만 남아 있었다. 그렇다면 벌이 뇌수술을 한 민충이의 상태는 어떤지, 새삼스레 말할 필요가 있을까?

[1] 곤충은 목신경절이 없다. 다만 목 부분의 식도 밑에 식도하신경절(食道下神經節)이 있으며, 이것이 가슴 이하의 전신을 통제한다.

그 민충이는 수술한 지 열흘이 지났어도 아주 싱싱한 먹을거리 상태였다. 뿐만 아니라 불과 수술 몇 시간 후, 마치 아무 일도 없었던 것처럼 다리, 더듬이, 산란관, 입술수염, 큰턱, 입 등이 무질서하게 움직였다. 한마디로 말해 뇌를 깨물기 전의 상태로 돌아갔다. 물론 운동이 나날이 약해지긴 했어도 그 후까지 죽 계속되었다. 벌은 저항을 받지 않고 집까지 끌고 가기에 충분한 시간만 일시적 마비상태로 만들었던 것이다. 그와 좋은 맞수라고 자부했던 나는, 사실상 손재주 없고 야만적인 도살자에 불과했다. 나는 내 재료들을 죽였을 뿐이다. 하지만 조롱박벌은 누구도 흉내낼 수 없는 교묘한 솜씨로 민충이의 뇌를 압박해서, 몇 시간 동안만 가사상태로 만들었다. 나는 그것도 모르면서 난폭하게 수술하여, 삶의 원초적 불씨인 오묘한 기관들을 핀셋으로 부숴 버렸다. 확신하건대, 이런 정도의 실패는 창피한 일이 아니라고 덮어 주더라도, 자신의 기량과 재주꾼인 조롱박벌의 기량을 견주어 보겠다는 사람은 아마도 거의 없을 것이다.

아하! 조롱박벌이 민충이 뇌를 손상시키는데 침을 쓰지 않은 이유를 이제야 설명할 수 있겠구나. 생명력의 중추기관인 뇌 속으로 독을 한 방울만 주입해도 그 뇌가 지배하는 신경계는 모두 파괴되고, 따라서 모든 육신은 곧 죽게 된다. 사냥꾼은 완전한 죽음을 원한 게 아니다. 자기 새끼에게 생명이 끊긴, 즉 썩어서 악취를 뿜는 시체 따위는 필요가 없다. 사냥꾼은 오로지 먹이를 운반하는 동안만의 단순한 마비, 그리고 새끼에게 얼마 동안 저항의 위험을 줄이는 일시적인 혼수상태 필요할 뿐이다. 벌은 실험생리학 연구실에서, 즉 뇌를 압박함으로써 이 정도의 혼수상태를 얻을 수 있다. 실험생리학자 플루렁(Flourens)처럼 뇌를 노출시켜 압박함으로써 지적 능력, 의지력, 감각운동을 모두 없앤 것이다. 압박을 풀어 주면 모든 것이 다시 살아난다. 따라서 민충이에게 남아 있던 생명의 여진도 교묘한 압박에 의해 마비되었다가, 압박이 사라지자 다시 살아난다. 두 개의 이빨로 압박을 받았으나 치명적인 출혈은 없었고, 두개골의 신경절은 활동력을 차차 회복하여 종래는 전신 마비에서 풀려난다. 이 점이 바로 알아두어야 할 사항이었다. 이 얼마나 엄청난 과학적 지식이더냐!

곤충의 연구에도 행운은 참으로 변덕스럽다. 그것을 쫓다 보면 알게 된다. 정말 그렇게도 만나기 힘들어서, 잊어버리자고 포기할 때쯤 다가와 문을 두드린다. 조롱박벌이 민충이 잡는 것을 보려고 얼마나 허탕을 쳐가며 이리저리 뛰어다녔는지, 전혀 소득 없는 일로 얼마나 고생을 했던지! 20년 전 일이었다. 홍배조롱박벌 원고는 벌써 인쇄소로 보내졌다. 그런데 그달 초(1878년 8월 8일) 아들 에밀(Émile)[2]이 내 실험실로 헐레벌떡 뛰어들며 외쳤다. "빨리요, 빨리 오세요. 조롱박벌이 먹이를 끌고 가요. 대문 앞뜰 플라타너스(Platanes: *Platanus orientalis*) 밑에서요." 저녁마다 가족들이 모이면 내 이야기를 듣기도 했고, 야외에서 함께 조사도 했던 아들이라 그 내용을 잘 알고 있었다. 그러니 아들의 눈은 틀림없다. 달려나갔다. 그리고 마비시킨 커다란 민충이의 더듬이를 물고 끙끙대며 끌고 가는 벌을 보았다. 아마도 근처의 닭장 쪽으로 가서, 높은 벽을

---

[2] 1863년 아비뇽 출생의 3남이나 첫째가 일찍 사망하여 실제로는 차남임.

힘들게 기어올라가 지붕의 기왓장 밑에 집을 지으려는 것 같다. 그곳은 몇 해 전에도 조롱박벌이 사냥물을 물고 올라가 엉성한 기왓장 밑에 집 짓는 것을 본 적이 있다. 지금 이 벌도 전에 말했던, 즉 힘들게 벽을 기어오르던 그 벌의 자손이 틀림없을 것이다.

이번에는 많은 구경꾼 앞에서 똑같은 실험이 훌륭하게 반복된다. 일하다 플라타너스 그늘에서 쉬던 농부들이 우르르 몰려와 조롱박벌 주위를 빙 둘러섰다. 많은 사람 앞에서도 전혀 한눈팔지 않고, 오직 제 일에만 몰두하는 꿋꿋하고 대담한 태도에 모두 찬사를 보냈다. 머리를 들어 입으로 민충이 더듬이를 물고, 커다란 짐짝 같은 희생물을 차분하게 끌고 가는, 그 당당한 발걸음에 구경꾼들은 모두 놀란다. 하지만 구경꾼 중 단 하나, 나만은 이 광경 앞에서 유감스러웠다. "아아 살아 있는 민충이가 있다면 얼마나 좋을까!" "예? 산 민충이요? 오늘 아침에 잡은 싱싱한 놈이 있어요." 에밀이 대답하더니, 계단을 네 개씩 급히 뛰어올라 자그마한 제 공부방으로 갔다. 나는 이렇게 소망이 이루어질 줄은 정말 꿈에서도 만나본 일이 없었다. 그 방에는 두꺼운 사전을 울타리처럼 둘러쌓아 작은 사육장을 만들고, 귀여운 등대풀꼬리박각시(Sphinx de l'euphorbe: *Hyles euphobiae*) 애벌레를 기르고 있었다. 그는 암컷 두 마리와 수컷 한 마리로, 민충이 세 마리를 가져왔다.

20년 전에는 실패로 끝났지만 이번에는 운이 좋아 민충이를 구했으니 더 이상 바랄 게 없다. 이런 행운을 얻은 것도 그럴 만한 내력이 있다. 남쪽에서 온 큰재개구마리(Pie-grièche Méridionale: *Lanius excubitor meridionalis*)❋ 한 마리가 현관 앞 높은 플라타너스에 둥지를 틀었다. 그런데 며칠 동안 폭풍 미스트랄(Mistral)[3]이 무섭게 불어 닥쳐 나뭇가지가 마치 활처럼 휘었다. 위아래의 모든 가지가 마구 흔들리는 바람에 둥지에 있던 네 마리의 새끼가 떨어졌다. 이들은 다음 날 발견됐는데 세 마리는 이미 죽었고, 한 마리만 아직 숨이 붙어 있었다. 살아남은 녀석을 에밀이 돌보았다. 에밀은 이 새의 먹이를 구하느라 매일 두세 차례씩 가까운 풀밭에 나가 메뚜기를 잡았다. 하지만 메뚜기는 너무 작아서 식욕이 왕성한 새끼 큰재개구마리의 먹이로는 부족했다. 새끼 새가 먹이를 더 달라고 아우성치자 다른 먹이를 구하게 되었다. 가끔 가시투성이의 뿔미나리(Eryngium) 잎에서 잡아온 민충이가 아주 훌륭한 먹잇감이었다. 그래서 에밀은 때까치의 식량 창고에 세 마리를 잡아다 놓았던 것이다. 떨어진 새끼 새를 불쌍하게 여겼던 것이 이렇게도 뜻밖의 성공의 기회를 가져다주었다.[4]

홍배조롱박벌의 활동 공간을 좀 넓혀 주려고 울타리처럼 둘러싼 구경꾼들을 조금씩 뒤로 물렸다. 그리고 벌이 사냥한 희생물을 핀셋으로 빼앗고, 대신 크기가 비슷하며 산란관도 달린 민충이로 바꿔치기 했다. 벌은 얼마간 발을 동동 구르며 몸부림쳤다. 사냥물을 빼앗겼을 때의 분노를 나타내는 유일한 몸짓이다. 하지만 곧 새 먹잇감으로 다가간다. 민충이는 살이 뒤룩뒤룩 쪄서 벌이 다가와도 잘 도망치지 못한다. 벌은 큰턱으로 말안장처럼 생긴 앞가슴을 물고, 모로 누워서 배를 구부린다. 그리고 배 끝을 민충이의 가슴 아래쪽으로 돌

[3] 프랑스 남부 지방 특유의 북풍 또는 북서풍. 건냉한 바람으로 론 계곡에서 바다 쪽으로 분다.
[4] 마치 흥부가 제비 다리를 치료해주고 덕을 보았다는 한국 사람들의 감성적인 이야기 같다.

렸다. 물론 그곳을 침으로 찔렀다. 하지만 관찰하기가 불편해서 정확히 몇 번을 찔렀는지 모르겠다. 민충이는 얌전한 희생자가 되었다. 반항 한 번 못해 보고 꼼짝없이 찔린다. 도살장에 끌려간 양처럼 바보 같다. 벌은 침착하게 일을 계속했다. 잘 겨냥해서 쏘려고 침을 천천히 움직인다. 여기까지는 잘 보였으나 민충이의 가슴과 배가 땅바닥에 붙어 있어서, 아래쪽은 어떻게 했는지 알 수가 없었다. 이때 좀더 잘 보겠다는 욕심으로 민충이를 들어올려서는 안 된다. 그랬다가는 살육자가 칼을 칼집에 집어넣고 자리를 떠 버릴 것이다. 다음의 행동은 잘 관찰할 수 있었다. 침으로 가슴을 쏜 다음 목을 꽉 누른다. 크게 벌린 입 아래의 목덜미가 드러난다. 여기는 다른 데보다 더 효과적인지 아주 조심해서 찌른다. 침 끝이 닿는 부분의 신경중추는 식도하신경절(食道下神經節)인 것 같다. 그런데 입, 큰턱, 작은턱, 입술수염, 더듬이 따위는 아직도 움직이는 것으로 보아 모든 일이 완전히 끝난 것 같지는 않다. 벌은 목을 통해 가슴신경절, 적어도 첫째 가슴신경절을 찔렀다. 두꺼운 피부의 가슴을 직접 찌르는 것이 아니라, 목관절의 얇은 피부를 통해서 찌르는 것이다.

  수술은 끝났다. 민충이는 몸부림 한 번 없다. 별로 아픈 기색도 없고, 그저 생명이 빠져나간 하나의 뭉치가 되고 말았다. 나는 수술당한 녀석을 치우고, 다른 암컷과 또 바꿔치기를 했다. 똑같은 방법의 살생이 다시 시작되었고, 결과도 같았다. 제일 처음은 진짜 먹이에게, 다음 두 번은 내가 바꿔치기 한 녀석들에게, 모두 세 번이나 연달아 훌륭한 솜씨의 외과수술을 반복했다. 그런데 아직 남아 있는 네 번째, 즉 수컷도 수술할까? 의심스럽다. 벌이 벌써 지쳐서가 아니라 먹이가 마음에 들지 않아서다. 나는 벌의 애벌레가 맛있게 먹을 먹잇감은 알을 밴 뚱뚱한 암컷 외에는 본 일이 없다. 세 번째 민충이 대신 내어준 수컷은 역시 거절했다. 다만 잃어버린 먹이를 이리저리 찾느라 바쁜 걸음으로 종종거린다. 수컷 민충이한테도 서너 번 다가가 그 주위를 맴도는 듯했으나 못마땅하다는 눈치이다. 곧 날아가고 말았다. 새끼벌레에게 필요한 것은 수컷이 아니다. 20년 간격으로 똑같은 실험이 반복된 셈이다.

벌에게 쏘인 세 마리의 암컷 중 두 마리는 내 눈앞에서 쏘였는데 그들의 다리는 완전히 마비되었다. 엎어 놓아도, 뒤집어 놓아도 또는 옆으로 뉘여도 언제나 놓인 그대로이다. 더듬이는 계속 떨고, 배가 몇 차례 고동치고, 입이 조금 움직여서 살아 있다는 증거를 보여 줄 뿐이다. 운동은 못해도 감각은 그대로이다. 어디든 얇은 피부를 살짝 찌르면 전신을 약간씩 떤다. 이렇게 마비된 신경계의 작용에 관해 생리학은 언젠가 좋은 연구 재료를 찾게 될 것이다. 벌의 조그만 침으로 어느 한 곳을 쏘이면 오직 그곳만 영향을 받는다. 무엇과도 비교할 수 없는 훌륭한 솜씨이다. 이 효과는 극히 작은 상처를 내는 것만으로도 충분한데, 사람들은 잔인하게 배를 가르고 해부를 해야만 하다니. 그들이 사람 대신 그 일을 해주면 얼마나 좋을까. 세 마리의 희생물이 서로 다른 관점에서 보여 준 결과부터 말하겠다.

다리의 마비는 오로지 다리운동 신경중추가 상해를 받았을 때 일어날 뿐, 다른 신경중추와는 관계가 없다. 따라서 민충이가 장애를 받고 죽는 것은 다리운동중추의 상처 때문이 아니라 쇠약해지기 때문인 것 같다. 이 점을 알아보기 위해 다음과 같이 실험해보았다.

들에서 막 잡아온 두 마리의 민충이 중 하나는 어두운 곳에, 다른 하나는 밝은 곳에 두었다. 물론 상처는 없는 것들이며 먹이를 주지는 않았다. 밝은 곳에 있던 녀석은 4일 만에, 어두운 곳의 녀석은 5일 만에 죽었다. 이렇게 하루의 차이가 난 이유는 쉽게 설명된다. 밝은 곳에 있었던 녀석은 자유를 찾으려고 훨씬 더 몸부림쳤다. 모든 운동은 에너지의 소비를 요구하므로 활동량이 많을수록 힘은 보다 빨리 소진된다. 두 마리를 똑같이 굶겼지만 밝은 곳에서는 운동량이 많아 그만큼 생명이 짧아졌고, 어두운 곳에서는 운동을 적게 한 만큼 생명이 길어진 셈이다. 이번에는 침에 쏘인 세 마리 중 한 마리를 어두운 곳에 두었다. 물론 마비되었으니 먹이를 줄 수 없다. 녀석은 완전한 절식과 어두움의 조건뿐만 아니라 벌에게 찔린 부상이란 부담까지 가중된 상태이다. 그런데도 17일 동안 계속해서 더듬이를 움직였다. 움직이는 동안은 생명의 시계가 멈추지 않았음을 의미한다. 18일째에, 드디어 더듬이도 운동을 멈췄고 죽었다. 중상을 입은 벌레가 상처를 입지 않은 동일 조건의 벌레보다 4배나 더 오래 산 것이다. 죽음의 원인으로 생각했던 것이 사실은 삶의 원인이었다.

언뜻 보기에는 정말로 비정상적인 결과를 보인 것 같지만, 실제로는 이상할 게 전혀 없는 아주 간단한 문제이다. 상처 없는 벌레는 버둥댈 것이며, 따라서 체력도 그만큼 소모된다. 그러나 마비되었을 때는 체내의 장기들이 생존하는 데 필수적인 미미한 운동만 진행될 뿐, 체력의 소모는 없다. 에너지는 운동량에 비례해서 소모되기 때문이다. 결국, 독침으로 상처를 받았을 때는 장기가 쉬므로 에너지가 남은 상태로 유지된 것이다. 활동하던 벌레는 나흘 동안 소모된 에너지를 보충하지 못했다. 게다가 저축했던 영양분은 모두 써 버렸으니 결국 죽게 된다. 같은 원리로 운동하지 않는 벌레는 영양분을 덜 쓰며 18일 동안을 살아남은 것이다. '살아 있다는 것은 끊임없는 파괴다'라고, 생리학은 말한다. 그리고 조롱박벌의 먹이, 즉 민충이가 이보다 더 훌륭한 증명은 없다고 가르쳐 주었다.

또 한 가지 주의할 점이 있다. 벌의 애벌레는 신선한 고기가 필요하다. 먹을거리를 신선한 고기 상태로 굴속에 쌓아 둔다면 4~5일 안에 썩은 시체가 되어 버릴 것이다. 그렇게 되면 알에서 까나온 애벌레의 먹이는 썩은 시체뿐이다. 그러나 독침에 쏘인 희생자는 애벌레가 완전히 자라기에 충분한 2~3주일 동안 살아 있다. 독침에 의한 마비는 이처럼 이중의 효력, 즉 희생물이 움직이지 못해서 연약한 새끼의 생명에 위험 요소를 없애 주는 효력, 그리고 고기가 오래 보존되어 새끼에게 적당한 먹을거리가 되는 효력을 모두 갖춘 셈이다. 아무리 인간의 과학이 알려 준 추리라도 이보다 훌륭한 논리는 없다.

벌에게 쏘인 나머지 두 마리는 어두운 곳에서 먹이를 공급했다. 더듬이가 움직이는 것 외에는 시체나 다름없이 꼼짝 않는 그들에게 먹이를 먹인다는 것이 처음에는 어림없는 일이라 생각했었다.

하지만 입은 자유로이 움직였기에, 혹시나 하는 희망으로 시험해 보았는데 뜻밖에도 성공했다. 물론 양상추 잎이나 이 곤충이 늘 먹던 푸른 잎은 어림도 없다. 말하자면 이 벌레는 젖병이나 탕약으로 돌보아야 할 연약한 환자이다. 나는 설탕물을 먹였다.

　벌레를 반듯이 눕히고 지푸라기에 설탕물을 한 방울 찍어서 입에 떨어뜨린다. 곧 큰턱과 작은턱이 움직인다. 분명히 만족한 듯, 그 한 방울을 받아먹었다. 오랫동안의 단식 끝이라 더욱 그랬을 것이다. 거절할 때까지 계속 주었다. 식사는 매일 한 번, 때로는 두 번. 하지만 이런 병실에서 시간에 얽매일 수 없는 몸이기에 수유 시간을 제대로 지키지는 못했다.

　민충이에게 이렇게 변변치 못한 먹이를 보충하여 21일간이나 살렸다. 아무 조치도 없이 않고 내버려 두어서 굶어죽은 벌레와 보충먹이 덕분에 3일을 더 산 벌레를 비교한다면 별 것 아니다. 하지만 실험 중 부주의로 이 벌레를 실험대에서 두 번이나 세게 마룻바닥으로 떨어뜨렸다. 그때 받은 충격이 그의 최후를 재촉했을 것 같다. 사고를 당하지 않은 녀석은 40일간이나 튼튼하게 살았다는 점을 기억해야겠다. 그뿐만이 아니다. 내가 먹인 설탕물은 어디까지나 자연식품인 푸른 잎을 대신할 수는 없다. 그러니 늘 먹던 음식을 먹였다면 그도 좀더 오래 살았을 것이다. 어쨌거나 내가 알고 싶었던 것은 이 실험으로 증명되었다. 땅굴을 파는 벌의 침에 쏘인 희생자는 그 상처 때문이 아니라 굶주림으로 죽는 것이다.

12 무식한 본능

조롱박벌(Sphex)은 무의식의 영감(靈感), 즉 본능과 탁월한 재능에 의해 조금의 오류도 허용됨이 없이 정확하게 유도된 행동들을 보여 주었다. 하지만 이번에는 늘 해오던 일이라도 그 조건에서 조금만 벗어나면 얼마나 치졸한 능력을 보이는지, 또한 지능은 얼마나 편협하며 얼마나 비합리적인 판단으로 행동하는지를 보여 준다. 본능은 능력 면에서 참으로 이상한 양면성을 내포하고 있다. 즉, 지적 능력은 그야말로 계산할 수 없을 만큼 무한한 반면, 그만큼의 무지와도 연결되어 있다. 지적 능력은 극히 까다롭고 매우 어려운 문제가 가로막아도 못 해내는 일이 없다. 벌은 정육각형의 작은 방들을 건설할 때, 최소한과 최대한이란 어려운 문제를 완전한 정확성으로 훌륭하게 해결해 낸다. 이 문제를 사람이 해결하려면 고등수학 수준의 지식이 필요하다. 애벌레 시대에 생고기를 먹고 자라는 벌들은 먹잇감을 마취시키는 법에 관한 한, 해부학과 생리학의 전문가라도 대결해 보기 힘들 정도의 뛰어난 방법을 사용한다. 본능이란 그 동물에게 주어진 대대손손의 길에서 벗어나지 않는다면, 어떤 행동을 수행하든 전혀 어려움이 없음을 의미한다. 명석한 두뇌로 우리를 흥분시켰고, 감정까지 매료시켰던 본능의 곤충, 그런 곤충이 어떤 사건, 그것도 지극히 사소한 사건에 직면하면, 다시 말해서 그들의 관례 밖의 사건을 만나면 터무니없이 어리석은 행동을 한다. 그래서 우리는 또 한 번 깜짝 놀란다. 역시 조롱박벌이 그 실례를 보여 줄 것이다.

민충이를 끌고 가는 조롱박벌의 모습을 추적해 보자. 혹시 행운이 우리에게 미소를 던져 준다면 그럴듯한 구경거리가 될 것이다. 지금 그 광경을 대충 적어 보련다. 벌은 굴을 파놓은 땅속이나 바위 밑으로 들어갔다. 한편, 황라사마귀(Mante religieuse: *Mantis religiosa*)란 놈은 곤충을 포악스럽게 잡아먹는 습성이 있다. 그런데 사냥 나온 녀석이 마치 신에게 기도를 드리는 듯한 자세로 자

황라사마귀 사마귀를 한자로 '死魔鬼'라고 쓴다. 죽은 마귀가 결코 예쁜 이름은 아닌데, 유럽과 중동 지방에서는 '기도하는 소녀' 또는 '예언자' 라는 뜻으로 해석하니 우리 문화와 차이가 대단히 크다. 산간 풀밭에서 서식하는 황라사마귀는 개체수가 적다. 몸크기가 사마귀보다 작으며 앞발 중간마디에 노란 점무늬가 있다.

신의 포악성을 숨기고, 조롱박벌이 지나가는 길목의 풀잎에서 진을 치고 기다린다. 하지만 조롱박벌은 그런 식으로 숨어서 기다리는 노상강도가 얼마나 위험한 짓을 저지를지 이미 알고 있다. 그래서 운반하던 사냥물을 팽개쳐 두고 용감하게 사마귀를 공격한다. 강하게 밀치던가, 쫓아 버리던가, 하여튼 최소한의 자존심이라도 끌어낼 작정이다. 하지만 이 강도는 아직 움직이지 않는다. 살육도구, 즉 두 개의 앞다리에 숨겨진 무서운 톱날을 잠가둔 채 기다리고만 있다. 조롱박벌이 대담하게 그 옆을 스치듯 지나간다. 물론 절대로 방심하지 않는 자세로, 강도가 머리를 돌리는 방향으로 눈을 맞춰 가며 위협한다. 그래서 그가 꼼짝하지 못하게 묶어 놓는 것이다. 이 정도의 용기라면 합당한 보상이 따르게 마련이고, 결국은 잡아온 민충이를 식량창고에 무사히 넣게 된다.

황라사마귀에 대하여 한마디 덧붙여 보자. 프로방스 지방 사람들은 그를 루 쁘레고 디에우(lou Prégo Diéou)라고 부르는데, 이 말은 하느님께 기도드리는 벌레라는 뜻이다. 갓 돋아난 새싹처럼 엷은 초록색에, 넓고 길며, 팽팽한 모시처럼 훤히 들여다보일 듯이 반투명한 날개, 하늘을 향한 머리, 앞다리를 끌어당겨 팔짱을 낀 모습이 가히 황홀경에 빠진 수녀의 자태라고나 할까. 하지만 그는 살생을 즐기는 사나운 곤충이다. 그가 특별히 좋아하는 사냥터가

황라사마귀 2/3

벌의 땅굴 공사장은 아니지만, 이곳에도 제법 자주 얼굴을 내민다. 굴 가까운 곳의 아무 풀잎이나 줄기에 숨어서, 그 앞을 지나는 곤충이 더 접근했다가 잡히게 되는 행운을 기다린다. 그날도 운 나쁜 사냥꾼과 그의 사냥물을 한꺼번에 덮쳐, 이중의 노획물을 얻으려고 거기에 온 것이다. 인내심이 강해서 오랫동안도 아주 잘 기다린다. 벌들은 조심스럽게 수비태세를 취하지만, 경솔한 녀석이 잡힐 때도 있다. 사마귀는 경련이 일듯 날개를 펄럭펄럭, 날렵하게 펼치며 가까이 다가온 녀석을 위협한다. 상대는 겁을 먹고 잠깐 멈칫한다. 그러자 송곳 같은 이빨들이 톱날처럼 죽 늘어선 앞다리를 용수철이 튀듯 날렵하게 펼쳤다가 재빨리 다시 접는다. 상대는 벌써 이중톱날 사이에 끼었다. 늑대의 함정 같은 톱날이 사냥물을 물고 있는 벌을 덮친 것이다. 사마귀는 흉악한 톱날을 조금도 늦추지 않고, 사냥벌과 사냥물을 한꺼번에 야금야금 뜯어먹는다. 이렇게 황홀한 순간을 보내고, 다시 명상에 잠겨 기도하는 신비의 동물, 저 프로방스의 사마귀, 루 쁘레고 디에우여.

기억나는 황라사마귀 장면을 하나만 더 이야기해 보자. 진노래기벌(Ph. apivores: *Ph. apivorus* → *triangulum*)의 작업장에서 일어난 사건이다. 이 벌도 땅에 둥지를 틀고, 양봉꿀벌(A. mellifera)을 잡아다 새끼를 기르는 사냥벌이다. 행운을 만난 진노래기벌이 꿀을 잔뜩 먹어 배가 불룩한 꿀벌을 잡았다. 굴로 들어가기 직전이나 운반 도중에 꿀벌의 모이주머니를 눌러 단물을 토해내게 한다. 사경을 헤매며 축 늘어진 꿀벌의 혀를 핥아먹는다. 또 배를 눌러서 토한 꿀을 맛있게 먹는다. 죽어 가는 자를 모독하는 진노래기벌의 짓거리가 정말로 얄밉다. 벌레의 세계에도 선과 악이 있다면 이 노래기벌을 범죄자로 기소할 판이다. 이런 공포의 향연을 한창 즐기던 진노래기벌이 그 꿀벌과 함께 사마귀에게 잡힌 것을 보았다. 악한이 또 다른 악한에게 당한 것이다. 사마귀는 진노래기벌을 이중톱날로 꽉 잡고 몸통을 게걸스럽게 뜯어먹는다. 노래기벌은 죽음의 문턱에서 최후의 고통을 겪으면서도, 맛있는 음식을 단념할 수 없었던지 여전히 꿀을 핥는다. 이런 끔찍한 이야기는 빨리빨리 막을 내려야겠다.

홍배조롱박벌 이야기로 돌아가자. 우선 이들의 땅굴 특징을 알아 두는 것이 다음 이야기에 도움이 될 것이다. 둥지는 자연의 은신처로 먼지나 가는 모래가 바닥에 쌓인 구석에 짓는다. 통로는 아주 짧아 손가락 한두 마디 정도의 길이로, 단 한 개뿐인 달걀 모양의 널찍한 방과 똑바로 연결된다. 다시 말해서 시간과 공을 많이 들여 열심히 노력해서 지은 고급주택이 아니라, 서둘러서 대충 파낸 허술한 동굴인 셈이다. 이미 말했듯이, 먼저 사냥해서 근처에 잠시 내려놓는다. 둥지는 단순한 구멍 하나, 즉 방을 한 개밖에 만들 여유밖에 없다. 하지만 사냥에 운이 좋은 날은 두 번째 먹이를 만날지도 모르는 일이 아니더냐! 어쨌든 둥지는 무거운 먹잇감을 사냥한 곳과 가까워야 한다. 미리 마련해 놓은 둥지가 두 번째 민충이를 운반하기에 너무 멀다면, 또는 다음 날 사냥해야 한다면 쓸모가 없기 때문이다. 따라서 사냥했을 때마다 여기저기에 방이 하나뿐인 굴을 새로 파는 것이다.

둥지 이야기는 그만하고, 새로운 사태가 벌어지면 이 벌이 어떻게 행동하는지 연구해 보자.

실험 I 홍배조롱박벌이 굴과 몇 인치 떨어진 곳까지 민충이를 끌고 왔다. 이때 희생물의 더듬이를 가위로 싹둑 자른다. 끌고 가던 사냥물이 갑자기 가벼워졌으니 벌은 놀랄 수밖에 없다. 곧 돌아선다. 그리고 즉시 잘려나간 더듬이의 밑동을 잡는다. 그 길이가 아주 짧아져 겨우 1mm밖에 안 되어도 충분하니, 짧다는 말은 할 필요가 없다. 남은 동아줄 끄트머리를 물고 다시 운반을 시작한다. 이번에는 민충이가 상처를 입지 않을 정도로 더 바짝 자른다. 남은 가닥이 두피(頭皮)를 겨우 벗어날 만큼 바짝 자른 것이다. 동아줄의 손잡이가 없어지자 바로 옆에 있는 긴 수염 하나를 잡고 다시 끈다.[1] 동아줄이 바뀌어도 상관없는 것 같다. 나는 그를 전송하듯 따라갔다. 민충이가 굴까지 운반되었고, 그의 머리가 굴 입구를 향해 놓인다. 안으로 들이기 전에 방의 내부를 검사하러 들어간다. 노랑조롱박벌과 똑같은 행동이다. 이 순간을 놓치지 않고 수염마저 깨끗이 잘라냈다. 그리고 굴에서 한 걸음쯤 떨어진 곳에 옮겨 놓았다. 다시 나온 조롱박벌은 옮겨 놓은 곳으로 쏜살같이 달려간다. 민충이의 머리, 머리 밑, 옆쪽을 자세히 살핀다. 하지만 어디에도 잡을 만한 것이 없다. 잠시 실망한 것 같다. 그래도 큰턱을 크게 벌려 머리를 물어보려 한다. 하지만 턱을 아무리 크게 벌려도 엄청난 두께를 물기에는 입이 너무 작다. 이빨은 둥글고 매끄러운 머리에서 미끄럼만 칠 뿐이다. 몇 번이고 반복해 보지만 소득이 없다. 이윽고 소용없는

---

[1] 수염은 작은턱과 아랫입술에 각 한 쌍씩으로 총 4개이다.

짓임을 깨닫는다. 조금 옆으로 비껴 선다. 아무래도 의지가 꺾여 다시 물어보기를 포기한 것 같다. 뒷발로 날개를 닦아내고, 앞발로 눈을 비빈다. 이런 몸단장이 어쩌면 일을 단념했다는 표시인지도 모르겠다.

민충이를 끌기 위해 잡을 수 있는 곳은 결코 더듬이나 수염뿐만은 아니다. 다리가 여섯 개나 있고 산란관도 있다. 이것들 모두가 끈처럼 물고 끌 만한 기관이다. 우선 더듬이를 잡는 것이 먹이를 머리부터 끌어서 창고에 넣을 때 가장 좋은 방향이라는 점은 인정할 수 있다. 하지만 다리, 특히 앞다리 하나를 물고 끌어도 역시 쉽게 들어갈 것이다. 구멍의 입구는 넓고 복도는 아주 짧다. 때로는 복도가 없는 방도 있다. 조롱박벌이 작은 입으로 거대한 먹이를 물 수 없다는 것을 깨닫고는 여섯 개의 다리 중 하나, 또는 산란관이라도 물어볼 만하다. 하지만 그렇게 하지 않는 이유가 도대체 무엇일까? 전혀 그렇게 할 생각이 나지 않아서일까? 만일 생각이 안 나서 그랬다면 한 번 일러 줘야겠다.

민충이의 앞다리와 산란관을 끌어다 벌의 턱 밑에 대주어 본다. 그래보았자 모두 거절이다. 아무것도 물려 하지 않았고, 거듭된 유혹도 소용없었다. 참으로 희한한 사냥꾼이다. 더듬이를 잡을 수 없다면 다리라도 잡을 줄은 모르고 불편하다는 고민뿐이다. 혹시 내가 옆에서 너무 오래 참견해 대고, 게다가 이상한 일이 자꾸만 벌어지니, 무엇인가 제 뜻에 어긋났다고 생각하는 모양이구나! 그렇다면 민충이를 굴과 마주해 놓고, 벌을 그냥 내버려 두어 보자. 벌이 혼자서 조용히 마음을 가다듬은 다음, 이 난관을 극복할 방법을 찾아내겠지. 그래서 다른 일을 하다 두 시간 후에 다시 와봤다. 하지만 벌은 보이지 않았다. 굴은 여전히 열려 있고, 민충이도 내가 놓아둔 그대로이다.

결론 벌은 아무 노력도 하지 않았다. 둥지도, 사냥물도 버리고 떠나 버렸다. 민충이의 다리만 잡았어도 그런대로 쓸 만했을 텐데. 그를 가사상태로 만들기 위해 뇌를 압박했던 조금 전의 지혜, 그래서 우리를 놀라게 했던 그 지혜, 그렇게도 유능한 생리학자 플루렁 같은 사냥꾼이었다. 그렇지만 늘 해오던 대로가 아니면 아무리 단순한 일이라도, 조롱박벌은 도저히 믿기지 않을 만큼 어리석은 짓을 한다. 민충이의 가슴신경절을 찌르는 독물주사와 잠시 동안 뇌를 압박하여 가사상태로 만든 큰턱, 이런 도구들을 가려서 쓸 줄 알고, 모든 신경활동을 중지시킬 줄 알만큼 현명했다. 그런데도 다리 하나를 잡거나 잡아볼 생각조차 못한다. 더듬이 대신 다리를 잡는다는 것이 그에게는 그렇게도 기대 밖의 어려운 일이었는지 짐작조차 못하겠다. 그에게는 오직 더듬이, 그것이 아니면 머리에 붙어 있는 또 다른 밧줄, 즉 수염만 필요하다. 이 두 종류의 밧줄이 없다면, 이 종족은 이렇게 하찮은 문제조차 해결치 못하고 멸망하는 신세가 되어 버린다.

실험 Ⅱ 조롱박벌이 지금 한창 입구를 막는 중이다. 먹이는 이미 저장되었고 알도 낳았다. 그는 등을 뒤로 돌리고 입구 앞의 흙먼지를 앞발로 긁어모아 구멍에 퍼 붙는데, 마치 가는 물줄기가 용솟음치듯 배 밑으로 흘러내린다. 가끔 이빨로 모래알을 골라 흙먼지 사이사이에 끼워 넣는데, 이것은 골재 구실을 한다. 먼지와 모래가 한 덩이가 되도록 이마로 꾹꾹 누르고, 큰턱으로 두드려 단단하게 한다. 이런 미장일 덕분에 입구가 막히고, 굴은 곧 보이지 않게 된다. 미장일이 한창일 때 내가 끼어들어 벌을 물러나게 한다. 작은 칼로 먼지와 흙을 파내 방과 통로를 노출시켰다. 민충이는 머리를 안쪽으로, 산란관은 입구 쪽으로 향해 있었다. 집이 허물어지지 않게 조심하며 핀셋으로 민충이를 꺼냈다. 항상 그랬듯이 알은 희생물 가슴 위의 제자리, 즉 뒷다리의 넓적다리마디 기부 근처에 놓여 있다. 이 상태는 벌이 다시 돌아올 필요가 없다는, 즉 굴에서의 마지막 손질을 끝냈다는 증거이다.

 꺼낸 민충이를 상자에 옮겼다. 집 털이 하는 동안 옆에서 지켜보던 조롱박벌에게 둥지를 인계했다. 문이 활짝 열린 것을 본 그는 집안으로 들어간다. 잠시 후 나와서 나 때문에 중단되었던 일을 계속한다. 등을 돌려 먼지를 긁고, 모래알을 날라 방의 입구를 조심스럽게 막는다. 무엇인가 대단한 일이라도 하는 것처럼, 정성을 들이며 모래알을 계속 밀어 넣는다. 마지막으로 입구의 마감공사까지 끝낸다. 그리고 기분이 매우 좋은 듯, 자기 몸을 빗질하고 마무리 된 입구를 힐끗 쳐다본 후 곧 날아갔다.

 벌은 집안으로 들어갔었고, 거기서 한동안 머물렀었다. 그러니 굴속에는 아무것도 없음을 알았을 것이다. 집이 털린 후 다시 검사하고도 마치 아무 일 없다는 듯 다시 굴을 막는다. 새 먹을거리를 잡아다 이 집을 다시 이용하려나? 만일 그렇다면, 집을 비운 사이 다른 녀석의 침입을 방지하려고 메우기 공사를 했음이 분명하다. 완성된 집을 가로채려는 도둑에 대비한 조심성이다. 내부가 무너지는 것에 대비한 준비성의 지혜일 수도 있다. 실제로, 어떤 약탈벌(Hyménoptères deprédateurs)은 미장 작업을 잠시 중단할 때 임시로 입구를 막아, 다른 녀석의 출입을 막는다. 예를 들어, 가파른 곳에 둥지를 짓는 나나니는 사냥 나갈 때, 또는 해가 저물어 작업을 중단할 때, 작고 매끈한 돌로 출입구를 막는 것을 보았다. 작은 돌은 밀면 열리니 정말 간단한 문 단속법이다. 돌아온 벌이 조금만 수고해서 돌을 젖히면 문은 활짝 열린다.

그런데 이 조롱박벌의 공사를 보니 통로 전체에 먼지와 모래알을 교대로 섞어서 튼튼하게 막는 방법이다. 이것은 완제품이지 일시적 날림공사가 아니다. 건축가가 충분한 준비 후 일한 것으로 보아, 이 집을 다시 쓰려고 돌아오지는 않을 것이다. 새 민충이는 다른 곳에서 잡힐 테고, 그것을 넣을 창고는 그곳에서 팔 것이다. 하지만 이 의견 역시 추측에 불과하다. 어떤 이론도 실험으로 확인하는 것보다 더 확실한 답이 나올 수는 없다. 나는 벌이 그렇게 착실하게 막아 놓은 굴로 다시 돌아와 다음 산란에 이용하는지 확인하고자 일주일을 기다렸다. 물론 빈 둥지를 막아 놓은 상태로 기다렸다. 결과는 추론 대로였다. 굴은 내가 모든 내용물을 빼낸 그대로였다. 문단속은 잘 되어 있었지만 먹이도, 알도, 애벌레도 없었다. 이 사실은 벌이 다시 돌아오지 않았다는 확실한 증거이다.

집이 털린 조롱박벌은 그 바쁜 시기에 빈집으로 다시 들어가 살살이 검사하고도, 조금 전까지 방안에 가득했던 먹이가 없어진 것조차 눈치 채지 못한 체한다. 그는 먹이와 알이 없어진 것을 정말로 몰랐을까? 민충이를 마비시키는 일에는 기막힌 지혜를 가진 그가, 방안이 빈 것도 모를 만큼 미련한 정신의 소유자란 말일까? 그 정도로 바보라고 생각되지는 않는다. 그는 분명히 빈 것을 알았다. 그렇다면 왜 다시 이용할 뜻도 없는 빈집을 다시 막았을까? 마감공사야 말로 정말 쓸데없는, 그야말로 헛공사이다. 하지만 우리가 그런 걱정을 할 필요는 없다. 벌은 애벌레의 미래에 닥칠지도 모를 위험을 생각해서 일을 끝까지 열심히 해낸 것뿐이다. 곤충의 온갖 본능은 서로가 숙명적으로 연결되어 있다. 어떤 행동이 일어났으면 그 행동을 보완하고, 보완된 행동은 다시 또 하나의 연속된 행동이 일어날 수밖에 없다. 이 두 행동은 서로 밀접하게 연관되어 있어서, 앞의 일이 실행됐으면 뒷일은 반드시 따라와야 한다. 우연한 사정으로 제2의 행위가 자신에게 부적당하거나 이익에 반하는 경우라도, 그 행위는 반드시 수행되어야 한다. 도대체 벌은 어떤 생각을 가졌기에, 그렇게 무용지물이 된 굴을 또다시 막을까? 지금 그곳엔 먹이도, 알도 없으니 돌아와 볼 필요조차 없는데도 말이다. 이제는 전혀 쓸모가 없지 않은가? 이렇게 비합리적인 행동은 바로 전에 행한 행동의 숙명적인 보완으로 보지 않고는 설명할 길이 없다. 조롱박벌의 일반적인 행동 순서를 보면, 먹을거리를 사냥하고, 그 희생물 위에 알을 낳고, 굴속 깊이 보관한다.

이제 사냥은 끝났다. 비록 내가 그 방에서 민충이를 들어냈어도 벌로서는 상관없는 일이다. 그는 이미 사냥을 끝냈고, 거기에 알도 낳았으니 이번에는 출입문을 닫을 차례이다. 벌레는 이런 식으로 일한다. 다른 생각은 할 것도 없다. 지금 하는 일이 쓸데없는 짓인지 의심할 필요도 없다.

실험 Ⅲ 모든 지능은 발생된 사건이 정상 조건에서였는지, 예외적 조건에서였는지에 따라 그것을 완전히 판단하는데 옳게도, 그르게도 작용한다. 이 점이 바로 곤충이 보여 주는 대립명제(對立命題)이다. 또 다른 조롱박벌 실험들이 이 명제를 우리에게 확인시켜 줄 것이다.

횐줄조롱박벌(*Prionyx kirbii*)은 중간 크기의 메뚜기를 사냥한다. 둥지 근처에 흩어져 사는 각종 메뚜기는 모두 이 벌의 먹을거리이며, 이런 메뚜기는 어디에나 흔하므로 사냥하러 멀리까지 갈 필요가 없다. 벌은 수직으로 땅굴을 파놓고 그 주변을 돌기만 해도, 햇볕 아래서 푸른 잎을 갉아먹는 여러 마리의 메뚜기를 잡을 수 있다. 그들에게 달려들어 용수철 같은 뒷다리를 꽉 누르고 침으로 찌른다. 이런 일쯤이야 눈 깜짝할 사이에 해치운다. 희생당한 메뚜기는 날개를 푸들푸들 떨며 다리를 몇 번 굽혔다 폈다 한 후 조용해진다. 그들의 날개는 부채 모양인데 종에 따라 주홍색이나 청록색을 띤다. 이제는 희생물을 굴로 옮길 차례이다. 횐줄조롱박벌은 무거운 짐을 홍배조롱박벌처럼 걸어서 가져간다. 즉, 메뚜기의 더듬이를 큰턱으로 물고, 몸통은 다리 사이로 끌고 간다. 도중에 무성한 풀 따위에 걸리면, 희생물을 절대로 놓지 않은 채 풀 위를 깡충깡충 뛰던가, 이리저리 팔딱팔딱 날면서 빼낸다. 그럭저럭 겨우 몇 걸음밖에 안 되는 집 앞까지 오면, 역시 홍배조롱박벌의 방식을 따른다. 그렇지만 모든 과정을 꼬박꼬박 순서대로 하지는 않고, 어떤 일을 빼먹을 때도 있다. 즉, 집안에는 별 위험이 없다. 그런데도 희생물을 도중에 잠시 내려놓고, 허둥지둥 입구를 향해 날아간다. 굴속에 머리를 몇 번씩 디밀어 보기도 하고, 안으로 잠깐 들어가 볼 때도 있다. 다시 메뚜기로 와서 조금 더 가까이 옮겨다 놓고, 또다시 굴을 검사하러 출장을 떠나신다. 언제나 이렇게 몇 번씩, 숨을 헐떡이며 분주하게 왕래한다.

　이렇게 잦은 검사를 하다가 불상사가 생겨 난처해질 때도 있다. 무심코 비탈진 곳에 내려놓았던 사냥물이 언덕 밑으로 굴러 떨어지는 경우이다. 물론 벌이 되돌아 나왔을 때는 이미 없어졌다. 잃어버린 것을 찾아 나서지만 가끔은 헛수고뿐 못 찾기도 한다. 찾으면 그것을 짊어지고 다시 힘든 비탈길을 올라가야 한다. 한 번 이런 일을 당했으면 다시는 똑같은 비탈에 내려놓지 않을 법도 한데, 또 그 자리에 놓는다. 굴속을 여러 번 검사하는데, 맨 처음의 검사행위는 그런대로 이해하겠다. 무거운 먹이를 끌어들이기 전에 집안이 완전히 비었

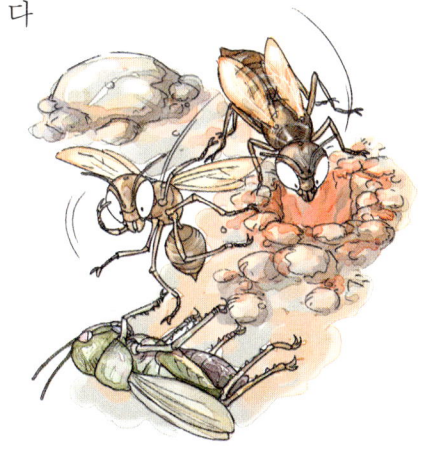

는지, 무슨 방해물은 없는지 조사할 필요는 있다. 하지만 이 조사 후에도, 그 다음에도 짧은 간격으로 계속 검사하는 것이 무슨 도움이 될까? 조롱박벌은 늘 마음이 들떠 있다. 금방 끝낸 검사를 잊어버리고 곧 다시 굴로 들어가 또 검사한다. 또 금방 잊어버리고 여러 차례 굴을 오간다. 이제는 기억을 되살리는 능력이 너무 약하다고 말할 수밖에 없겠다. 아마도 당시의 집안에 대한 인상을 머리에 새기려 했으나 벌써 지워져 버렸나 보다. 도무지 이해할 수 없는 이 점에 대하여 나 역시 더 이야기하려는 고집을 버려야겠다.

메뚜기를 굴 입구 옆에 옮겨 놓았고, 더듬이는 구멍에 드리워졌다. 이제 흰줄조롱박벌은 노랑조롱박벌을 충실하게 흉내낸다. 확실치는 않으나 홍배조롱박벌과 같은 환경에 있었다면 여기서도 마찬가지의 흉내를 냈을 것이다. 벌 혼자서 굴로 들어가 방안을 살핀 후 다시 나와 메뚜기의 더듬이를 물고 끌어들인다. 이 사냥꾼이 집안을 검사하는 동안 메뚜기를 조금 멀리 옮겼다. 그랬더니 귀뚜라미 사냥꾼인 노랑조롱박벌이 보여 준 것과 똑같은 행동을 한다. 이 두 종의 조롱박벌은 먹이를 집안에 넣기 전에 반드시 혼자서 집으로 들어간다. 이제 노랑조롱박벌에서 실험했던 짓궂은 장난을 기억해 볼 때이다. 당시는 귀뚜라미를 조금 끌어냈지만 그 장난에 속지 않았음을 기억하자. 당시의 벌은 우수한 두뇌 소유자의 혈통이었다. 장기(將棋) 두기에 몇 번 실패하자, 내 계략을 간파하고 멋지게 의표를 찔렀던 녀석이다. 하지만 이렇게 진보의 가능성을 보여 주는 개혁파의 수는 매우 적다. 거의 대다수를 차지하는 대중은 옛날부터 오랜 관습을 완고하게 지키는 보수파들이다. 메뚜기 사냥꾼도 사냥터에 따라 머리가 좋고 나쁨을 보여 줄지 모르겠다.

그러나 좀더 주목해야 할 일이 있고, 나는 어떻게 해서든 이 마지막 단계까지 보고 싶었다. 흰줄조롱박벌이 잡아온 메뚜기를 굴에서 멀리 떼어 놓기를 여러 번 반복했다. 이번에는 보이지 않는 장소로 메뚜기를 옮겼다. 밖으로 나온 벌은 한동안 찾다가 사냥물이 없어졌다고 단념했는지 집으로 다시 들어간다. 조금 후 다시 나온다. 다시 사냥을 하려나? 천만에! 느닷없이 마감공사를 시작한다. 굴을 임시로 막으려나? 하지만 지금의 행동은 작고 납작한 돌로 잠시 문단속을 하는 게 아니다. 마지막 공사이다. 흙부스러기와 작은 돌이 굴 안에 꽉 차도록 정성 들여 막는다. 흰줄조롱박벌도 둥지 하나에 방을 하나만 만들고, 먹이도 하나만 넣는다. 메뚜기 한 마리가 잡혀 와서 창고에 못 들어간 것은 나의 책임이었지 그의 잘못은 아니다. 사냥꾼은 다만 융통성 없는 규칙에 따라 행동했을 뿐이다. 융통성 없는 그 규칙에 따라, 빈집을 잠그고 마무리 작업까지 끝낸 것이다. 이 행동이나 홍배조롱박벌이 허물어진 둥지에서 쓸모없는 작업에 전력을 기울인 것이나 똑같다.

실험 Ⅳ 노랑조롱박벌은 공동 통로의 구석에 몇 개의 방을 만들고, 방마다 귀뚜라미를 몇 마리씩 넣는다. 이 벌도 작업 도중 방해를 받으면 이치에 맞지 않는 짓을 하는지 밝히려 했으나, 그것은 거의 불가능했다. 그런데 방에 따라서는 비었거나 먹이가 덜 채워졌는데도 닫힌 경우들이 있다. 그래도 바로 옆방에서 또다시 일해야 하므로, 그 둥지의 조롱박벌은 여전히 그 굴로 돌아올 것이다. 하지만 이 조롱박벌 역시 앞의 두 종과 똑같은 잘못을 저지를 수 있는 이유를 나는 알고 있다. 즉, 작업이 끝난 방은 보통 귀뚜라미가 네 마리씩 들어 있다. 하지만 세 마리나 두 마리만 들어 있는 방도 드물지 않다. 네 마리가 가장 많고 일반적이라는 이야기이며, 이 숫자는 이제 막 먹기 시작한 어린 애벌레를 파내서 길러 보고 알아낸 숫자이다. 방 하나에 두세 마리의 먹을거리만 들어 있는 애벌레에게도, 네 마리가 모두 채워졌던 애벌레에게도 귀뚜라미를 한 마리씩 더 주어 보면, 어느 애벌레든 네 마리까지는 잘 먹는다. 하지만 더는 모두가 거부한다. 즉, 다섯 번째는 입도 대보지 않는다. 애벌레 한 마리가 완전히 성장하는데 귀뚜라미 네 마리가 필요하다면, 어째서 세 마리나 두 마리만 배당된 방이 있을까? 왜 먹는 양의 비례에 두 배라는 엄청난 차이가 났을까? 애벌레의 식욕이나 먹잇감의 크기 차이 때문에 그런 것은 아니다. 먹을거리 간의 부피는 분명히 같다. 결국, 이렇게 먹이 수에 차이가 난 원인은 작업 도중 먹을거리가 없어졌다는 것뿐이다. 비탈에 둥지를 튼 조롱박벌의 굴 밑 풀밭에는 실제로 희생된 귀뚜라미들이 적지 않게 떨어져 있다. 이 귀뚜라미들이 어떻게 해서 사냥꾼의 손아귀를 벗어났는지는 알 수 없다. 아무튼 이렇게 잃어버린 것들은 개미나 파리의 밥이 될 뿐이다. 벌은 이런 것들이 눈에 띄어도 주우려 하지 않는다. 그랬다가는 원수를 집안으로 끌어들이는 격이 될 것이다.

　이런 사실들로 미루어 볼 때, 이렇게 풀이된다. 즉, 노랑조롱박벌의 머릿속에는 사냥해야 할 먹을거리 수가 정확히 계산되어 있다. 하지만 최종 목적지까지 가져간 수를 계산할 머리는 없다. 계산의 길잡이는 오직 일정한 횟수만큼의 먹이 찾기 행동의 실행이며, 이 행위는 저항할 수 없는 어떤 습성 때문인 것 같다. 그는 일정한 횟수의 사냥만 끝내면, 그리고 그때마다 열심히 운반하면, 그것으로 자기의 임무는 끝나는 것이다. 그 다음 막기 공사를 하는데, 방안의 먹을거리 수가 맞든 안 맞든 상관없다. 자연은 벌에게 한정된 능력밖에 부여하지 않았다. 다시 말해 자연은 보통의 환경 속에서 그의 애벌레를 위한 최소한의 능력만 부여한 것이다. 그렇게 맹목적이며, 경험에 의해 보완할 수 없는 무능력이라도, 그 종족을 유지하기에는 충분하다. 그래서 이 동물은 더 높은 지능의 세계로 갈 줄을 모른다.

　결국, 처음에 말했던 대로 결론을 지어야겠다. 본능은 어떤 일을 위해 마련된 궤도에서는 그 안의 모든 것을 매우 잘 안다. 따라서 궤도 밖으로 벗어나는 일이 전혀 없고, 모든 일을 아주 잘 수행한다. 하지만 어쩌다가 이 궤도를 벗어나면 아는 것이 전혀 없다. 어느 행위를 일으킨 조건이 정상적이든, 우연적이든 동물은 하늘로부터 지혜의 극치인 영감, 반면에 놀라울 만큼 비합리적으로 앞뒤가 꽉 막힌 무식의 극치, 즉 지혜와 무지를 한꺼번에 물려받았다.

13 방뚜우산에 오르다

홀로 우뚝 솟은 높은 봉우리, 어느 방향이든 대기의 힘을 자유롭게 받아들이는 봉우리. 한쪽 끝자락은 알프스산맥의 경계를 이루고, 다른 쪽은 저 멀리 국경선 피레네산맥을 바라보는 프랑스의 최고봉, 이것이 프로방스 지방의 민둥산 방뚜우산(Mt. Ventoux)이다. 이 산은 고도별 기온 차에 따른 식물분포대가 아주 뚜렷해서, 이 분야의 연구에도 알맞다. 아래는 추위에 약한 올리브나무, 무성하게 자라 거의 수목처럼 보이는 관목들, 그리고 지중해 연안의 햇빛을 듬뿍 받아 향기를 내뿜는 백리향이 차지했다. 꼭대기는 연중 절반쯤 흰눈으로 덮였는데, 땅에는 북극에서 옮겨다 심은 듯한 한대성 식물들로 덮였다. 산을 수직으로 오르노라면, 남쪽에서 북쪽으로 위도를 따라 긴 여행을 해야만 볼 수 있는 다양한 식물이 한나절 동안 계속 시야를 따라온다. 출발할 때는 우거진 수풀이 융단처럼 땅을 덮었고, 향기로운 백리향도 발에 밟힌다. 다시 몇 시간이면, 잎들이 마주난 북극자주범의귀(Saxifragee à feuilles opposées: *Saxifraga oppositifolia*)가 음침한 깔개처럼 산자락을 덮었는데, 7월에 스피츠베르겐(Spitzberg: 북극 근처 러시아) 해안을 조사하는 식물학자에게 가장 먼저 눈에 띄는 풀이기도 하다. 아래쪽 산자락에서는 열대 지방의 하늘을 친구 삼은 듯한 진홍색 석류꽃(Grenadier: *Punica granatum*)°을 만난다. 정상에서는 그린란드(Groenland)나 노르 곶(Cap du Nord: 스칸디나비아반도 북단)의 황량한 얼음 벌판에서처럼, 가늘고 보송보송한 털로 덮인 줄기를 자갈 밑에 숨긴 채, 넓고 노란 꽃잎을 열고 있는 고산양귀비(Pavot velu: *Papaver nudicanule*)를 채집하리라.

 이렇게도 대조를 이루는 풍경은 언제나 신선한 맛을 풍긴다. 그래서 나는 벌써 스물다섯 번이나 올랐건만 아직도 싫증나지 않는다. 1865년 8월에는 스물세 번째 등정이었다. 일행 여덟 명 중 세 명은 식물연구를 위해, 다섯 명은 등산과 파노라마를 관망하려는 유혹에 사로잡혀 올라갔다. 식물학과 거리가 먼 다섯 명은 이번

석류나무 유럽 남부 지중해 소아시아 지방에서 티베트와 중국을 걸쳐 우리나라 남부 지방까지 도입되었다. 꽃은 붉은 색의 양성화인데 5, 6월에 피며, 가을에는 지름 60~90mm의 둥글고 황갈색인 열매를 맺는다.

원정이 어찌나 고됐던지, 두 번 다시 오를 생각이 없어졌다. 그들은 너무 피곤해서 아침 해돋이를 구경하려던 기다림조차 이겨내지 못했다.

한마디로 말해서, 방뚜우산은 도로공사 때 깔리고 바위를 쪼아낸 자갈밭이나 다름없다. 균형 잡힌 산기슭이 2km나 높게 우뚝 솟은 산, 그리고 흰 석회석 위에 검은 숲이 흩어져 있는 산을 연상하면 된다. 작은 돌과 커다란 바위 덩이가 쌓아 올려진 이 산은, 처음 들어서는 어귀부터 오르막길로 이어지는데, 발을 좀 편히 디딜 만한 곳 하나 없이, 느닷없는 바위가 불쑥 나타난다. 산길 어귀부터 잔 돌멩이 길로 시작되고, 가장 좋다는 길도 새로 깐 자갈길보다 더 엉망이다. 이처럼 어디든 험한 길이 1,912m 높이의 산마루까지 계속된다. 싱싱한 풀, 즐겁게 속삭이는 시냇물, 이끼 낀 바위, 몇 백 년 묵은 고목들의 널찍한 나무그늘, 그 밖의 다른 산이 주는 즐거움을 여기에선 눈을 씻고 찾아도 보이지 않는다. 그 대신 있다는 것은 어디를 가도 끝없이 쌓인, 그리고 벗겨지기 쉬운 비늘 모양의 석회암뿐이다. 걸을 때마다 발밑에서 달그락거리는 금속성 소리만 들린다. 바위가 허물어지고 자갈들이 폭포처럼 흘러내리기도 한다. 흘러내리는 울림이 마치 여울에서 좔좔 쏟아지는 물소리 같다.

우리는 지금 산 밑의 발치인 베드왕(Bédoin)에 와 있다. 길 안내인과 흥정도 끝냈고, 출발 시간도 정해졌다. 분분한 의견들이 오간 끝에 식량도 다 장만하였다. 자, 어떻게든 미리 한숨 자 두어야 한다. 내일은 산봉우리에서 밤을 새워야 하니까. 하지만 오늘은

대둔산 방뚜우산과 유사한 암석과 바위 형태를 갖추고 있다.

잠들기가 정말로 힘들었다. 밤새도록 한 번도 깊은 잠을 이루지 못해 몹시 피곤했다. 혹시 식물을 연구하고자 이 산을 오르겠다는 사람이 있으면, 일요일 저녁에는 가지 말라고 권해야겠다. 그곳, 음식점 겸 여관의 시끄러운 발자국 소리, 수다쟁이들의 끝없는 왁자지껄한 소리, 당구장의 당구알 부딪히는 소리, 근처 댄스홀의 혼잡스런 소리, 유리그릇 부딪히는 소리, 술에 취해 질러 대는 고성방가, 야밤의 흥취에 빠진 길손의 노랫소리. 노동을 끝내고 또는 즐거운 주말을 맞아 들뜬 마음을 도저히 물리칠 수 없는 이런 난잡한 일들이, 이곳이라 해서 피할 수 있겠더냐! 일요일이 아니면 좀 쉴 만한 곳이 아닐까? 그렇게도 생각해 보지만 장담은 못하겠다. 어쨌든 나로서는 잠시도 눈을 붙일 수가 없었다. 그뿐만이 아니었다. 녹슬어 엉겨붙은 꼬치구이용 회전쇠꼬챙이가 우리의 음식을 만드느라, 밤새 내 침대 밑에서 구슬픈 소리를 냈다. 이 악마 같은 기계와 내 방 사이에 가로막힌 것은 얇은 마루청 한 장뿐이었다.

이윽고 날이 밝았다. 당나귀가 창 밑에서 울어 댄다. 자, 떠날 시간이다. 기상, 기상, 한 잠도 못 잤건만. 안내인은 식량과 짐을 당나귀에 싣고 이랴! 이랴! 하며 소리친다. 우리는 걷기 시작한다. 아침 네 시. 대상 같은 행렬의 선두는 트리불레(Triboulet=물체 중심의 심봉)이다. 그는 안내인들의 두목이며, 노새(Mulet: 말과 당나귀의 잡종동물이므로 학명을 가질 수 없다)와 당나귀를 몰고 떠난다. 새벽의 찬 공기 속에서도 식물학자들은 길가의 식물을 조사하고, 다른 친구들은 잡담을 한다. 나는 기압계를 목에 걸고, 손에는 연필과 메모장을 든 채, 조사하는 것을 도와주기도 했다.

식물지대의 고도를 측정할 기압계는 머지않아 럼주를 마실 때 표주박으로 쓰일 게 틀림없다. 관심거리 식물이 나타나자, "빨리 기압계 좀!" 그러면 모두 이 표주박 주변으로 몰려든다. 물리학 도구 따위는 뒷전이다. 상쾌한 아침, 게다가 길을 걷기 위해서는 럼주가 든 기압계가 갈채를 받는다. 강장제 럼주의 눈금은 수은주의 눈금보다 훨씬 빨리 내려간다. 나는 앞일을 염려했다. 그래서 토리첼리(Toricelli)형 기압계는 자주 꺼내지 않기로 했다.

기온이 낮아지면 올리브나무와 털가시나무부터 자취를 감춘다. 다음 포도와 편도나무(Amandier: *Prunus amygdalus*→ *dulcis*), 좀더 오르면 뽕나무(Mûrier: *Morus*)와 호두나무(Noyer: *Juglans regia*), 다음은 흰떡갈나무(Chêne blanc: *Quercus pedunculata*→ *pubescens*)가 보이지 않고, 대신 회양목(Buis: *Buxus sempervirens*)이 많아진다. 이제 식물이 아주

단조로운 지대로 들어섰다. 경작지가 끝나고 무성한 유럽너도밤나무(Hêtres: *Fagus sylvatica*) 경계선 안으로 들어선 것이다. 이곳을 점령한 식물은 산박하(Sarriette des montagne: *Satureia montana*)이다. 잎이 얇고 냄새가 코를 콕 찔러 이 지방 사람들이 흔히 뻬브레 다제(Pébré d'asé)라 부르며, 매운 후추 맛으로 유명하다. 이번 원정에서 매 끼니의 도시락인 광주리 안의 치즈에도 이 향료가 강하게 뿌려졌다. 물씬 풍기는 냄새 덕분에 벌써부터 모든 사람의

산박하 전국에 걸쳐 산기슭 그늘진 곳에서 서식하는 다년초이다. 6월에서 8월 사이에 보랏빛 꽃이 핀다. 간혹 흰색 꽃이 피는 산박하가 발견되기도 한다.

머릿속에는 치즈를 먹고 싶은 생각으로 군침만 흘린다. 모두가 노새 등에 실린 도시락 바구니로 굶주린 눈초리를 보내고 있다. 더군다나 이른 아침부터 힘든 운동을 하고 있으니 식욕이 왕성할 수밖에 없다. 차라리 배가 고프다기보다 등에 달라붙을 정도로 속이 텅 비었다. 호라티우스(Horace)[1]가 *latrantem stomachu*(위가 으르렁댄다)라고 읊었던, 바로 그런 상태이다. 나는 일행들에게 다음 휴게소까지 가는 동안 배고픔을 달래 주는 방법을 가르쳐 주었다. 작은

---

[1] Quintus Horatius Flaccus, 기원전 65~기원전 8년, 로마의 서정시인

돌 틈에 보이는 화살촉처럼 생긴 작은 잎새, 즉 수영의 일종(*Rumex scutatus*)을 가리켰다. 그리고 '말을 꺼낸 사람부터 먼저 해라' 라는 속담처럼 내가 먼저 수영 잎을 따서 입에 넣고 우물거렸다. 처음에는 모두 거들떠보지도 않고 피식피식 웃었다. 하지만 그들도 곧 앞 다투어 이 귀중한 수영 잎을 뜯기 시작한다.

시큼한 잎새를 씹으며 유럽너도밤나무 지대에 도착했다. 초입에는 키 작은 관목들이 넓은 땅위를 기어가듯 드문드문 나타나다가 곧 빽빽이 들어찬 숲으로 변하고, 마침내 굵은 줄기의 울창하고 컴컴한 숲에 다다른다. 나뭇가지들은 겨울눈의 무게로 휘었다. 게다가 일 년 내내 불어닥치는 돌풍, 즉 미스트랄의 거센 입김에 얻어맞아 거의 모두가 꺾이거나 뒤틀린 채 바닥에 쓰러졌다. 멀리서 방뚜우산을 바라보면 이 삼림지대가 마치 산 중턱의 검은 띠처럼 보이는데, 여기를 넘으려면 한 시간도 넘게 걸린다. 이제 다시 유럽너도밤나무의 키가 작아지고 밀도도 성글어진다. 그 위의 경계선에 도착한 것이다. 여기서 모두 '휴우' 하며 숨을 몰아쉬고 '이제 수영은 물러가라' 하며 소리친다. 우리는 아침 식사를 하기로 정한 곳에 도착한 것이다.

등산객이 잘 이용하는 그라브(Grave) 약수터에 이르자 땅에서 가는 물줄기가 솟아올랐고, 우리는 긴 유럽너도밤나무 물통에다 물을 받았다. 여기의 양치기들도 양에게 이 물을 먹인다. 물의 온도는 7°C, 한증막 같은 더위를 무릅쓰고 올라온 우리에게 이보다 더 시원할 수는 없다. 아름다운 알프스 식물의 융단 위에, 특히 백리향 잎새를 닮아 가늘고 긴 화포(花苞)가 은빛 비늘처럼 반짝이는 일종의 꽃다지(Paronyches à feuilles de serpolet: *Paronychia serpyllifolia*) 위에, 식탁 대신 돗자리가 펼쳐졌다. 광주리에서 음식을 꺼내고, 깊숙이 꽂아 둔 포도주도 꺼낸다. 마늘로 양념한 양의 넓적다리 고기와 막대빵이 배를 빵빵하게 채워 줄 것이다. 일단 허기를 채우고 나면 어금니를 즐겁게 해줄 부드러운 닭고기도 있다. 그 옆 주빈석에는 뻬브레 다제로 양념한 치즈도 있다. 옆에는 장밋빛 살코기에 대리석 주사위 모양의 돼지비계와 후추 알맹이를 통째로 박아 넣은 아를르(Arles) 지방의 소시지가 있다. 구석에는 기름에 절여 맛을 내는 바람에 녹색이 검은색으로 변했고 아직도 소금물이 뚝뚝 떨어지는 올리브가, 또 흰색과 주황색이 감도는 카바이용(Cavaillon)² 지방산 멜론이 구미를 당긴다. 작은 항아리에는 다리 힘

2 프랑스 남동부 Vaucluse현의 자치 지방, 아비뇽 동남쪽 약 20km 지점, 듀랑스 강가의 작은 도시

백리향 제주도 해안가 바위틈에서부터 산지에 이르기까지 넓게 서식하는 다년초이다. 꽃은 자홍색을 띠며 6, 7월에 가지 끝에 무리 지어 핀다.

을 올려줄 진국의 멸치젓이 들어 있다. 끝으로 얼음같이 찬물의 구유 통에 백포도주를 채운다. 빠짐없이 다 준비되었나? 제일 중요한 디저트, 양파를 잊으면 안 되지요. 양파는 생체로 소금을 찍어 먹는다. 파리의 두 식물학자가 먼저 과분한 준비를 했다며 찬사를 보냈다. 이제 준비가 끝났다. 모두 식탁으로 오시오!

평생에 기념이 될 만큼의 풍성한 호메로스(Homeros)[3]식 식사가 그렇게 시작되었다. 처음에는 입으로 가져가기가 무섭다. 넓적다리고기, 빵 따위가 금방 동이 난다. 서로 아무 말도 없이 먹다가 갑자기 모두들 불안한 눈초리로 음식을 바라본다. '이러다가 오늘 저녁과 내일 먹을 것이 남아나겠나?' 그사이 허기는 사라졌다. 처음에는 말없이 밀어 넣기만 하더니 이제는 서로 이야기를 시작한다. 내일은 걱정할 필요가 없었다. 이 거구들이 게걸스레 먹을 것을 미리 알고, 음식을 넉넉히 장만해 준 요리사에게 찬사를 아끼지 않는다. 이제부터는 식도락가가 되어 맛을 감상할 차례이다. 한 사람은 나이프 끝에 올리브를 한 개씩 꽂아 들어올리며 칭찬한다. 두 번째 사람은 멸치젓 항아리에서 누런 황토색 작은 생선을 꺼내 빵 위에 올려놓고, 세 번째 사람은 소시지 이야기로 열을 올린다. 손바닥만한 뻬브레 다제 양념 치즈에 이르자 이구동성으로 침이 마르게 칭찬한다. 잠시 후, 파이프나 여송연 담배에 불을 붙여 물고, 일제히 풀밭에 누워 배를 햇볕에 드러낸다.

한 시간쯤 지났다. 기상! 시간이 없으니 빨리 걸어서 올라야 한다. 안내인은 혼자 서둘러서 짐 실은 나귀가 넘어갈 수 있는 숲 저쪽의 가장자리를 따라

---

[3] 기원전 800~기원전 750년경, 고대 그리스의 시인

서쪽으로 길을 잡는다. 그는 유럽너도밤나무 지대의 위쪽 경계선인 1,550m 높이에, 자스(Jas) 또는 바띠망(Bâtiment)이라고 하는 곳에서 우리를 기다리기로 했다. 자스는 돌로 지은 오두막인데, 밤에 등산객과 나귀들이 묵을 수 있는 널찍한 공간이다. 우리는 등산을 계속한다. 산봉우리를 타고 가다 정상에 오른다. 해가 지면 정상에서 내려와 일찍부터 안내인이 기다리는 자스로 간다. 이 일정표는 우리 모두가 합의해서 짠 그날의 산행 계획이었다.

정상에 도착했다. 남쪽은 완만한 비탈이 아주 멀리까지 내려다보이며, 방금 우리가 올라온 길이다. 북쪽은 공포감이 왈칵 솟을 만큼 웅장한 경치이다. 깎아지른 절벽으로, 무서운 층계처럼 보이는 비탈의 높이가 1,500m나 되는 낭떠러지이다. 돌을 던지면 한없이 굴러서, 멀리 저 아래쪽에 한 줄기의 리본처럼 보이는 툴루랑(Tourlourenc) 강의 깊은 계곡까지 끊임없이 떨어진다. 한 친구가 바위덩이 하나를 흔들어 계곡으로 밀었다. 그것이 굴러 내리는 동안, 나는 옛날부터 친숙했던 쇠털나나니(Ammophile hérissée: *Ammophila* → *Podalonia hirsuta*)를 넓적한 바위 밑의 은신처에서 발견했다. 들에서는 길옆 여기저기의 언덕에서 혼자 사는 종인데, 이 방뚜우산의 정상 근처에서 하나의 바위 밑에 수백 마

땅빈대 우리나라 전역의 길가나 밭 따위에서 공터가 있는 곳에 서식하는 일년초이다. 8월부터 9월에 걸쳐 엷은 적자색 꽃이 잎 옆과 가지 끝에 핀다.

리가 무리를 짓고 있었다.

왜 이렇게 많은 개체가 집단으로 모여 있는지, 이유를 조사하려 했으나 때마침 아침부터 걱정하던 남풍이 별안간 비를 머금은 구름을 밀어붙인다. 생각할 여유조차 없는 깜짝할 사이, 완전히 구름에 둘러싸였다. 우리는 이제 한 발짝을 움직일 자신마저 없어졌다. 설상가상으로 불행이 겹쳤다. 일행 중 내 친구인 들라쿠르(Th. Delacour) 씨가 희귀 고산식물의 하나인 대극(Euphorbe saxatile: *Euphorbia saxatilia*)을 찾으러 나간 상태이다. 우리는 일제히 입에 손나팔을 하고, 숨을 크게 들이마신 후 큰소리로 불렀다. 하지만 대답이 없다. 목소리는 소용돌이치는 구름 속으로 스며들 뿐이다. 그가 듣지 못한다면 찾아 나설 수밖에 없다. 그런데 이 근처의 지리를 아는 사람은 나 혼자뿐이다. 그러니 내가 앞장섰고, 모두는 흩어지지 않도록 손을 서로 꼭 잡았다. 몇 분 동안 술래잡기하듯 찾아보았으나 헛수고였다. 들라쿠르 씨는 틀림없이 방뚜우산에 익숙해졌을 것이다. 구름이 몰려옴을 눈치 챈 그는, 암흑처럼 어두운 안개가 엄습하기 전에 급히 자스로 피했을 게 틀림없다. 우리는 될수록 빨리 그쪽으로 걸음을 옮겼다. 벌써 빗물은 옷 안으로 스며들어 양달령[4] 바지가 다리에 찰싹 달라붙는다.

그런데 큰일 났다. 사람을 찾느라고 우왕좌왕하다 마치 눈을 가리고 빙빙 돈 사람처럼 되어 버렸다. 방향을 분간할 수 없게 된 것이다. 나는 어느 쪽이 남쪽 경사면인지 알 수가 없어서 이 사람 저 사람에게 물었으나 각자가 서로 다른 소리를 한다. 결국 누구도 남북을 자신 있게 가리키지 못한다. 주위는 온통 회색 안개뿐, 아무 것도 분간할 수가 없다. 발밑이 바로 낭떠러지라는 것밖에는 아무 것도 모른다. 어디가 길인지, 어느 쪽으로 내려가야 하는지, 어찌해야 좋을까? 북쪽은 좀 전에 내려다본 그 오싹한 벼랑이다. 불행하게도 그리 내려갔다가는 아무도 살아서 돌아가지 못한다. 어떻게 해야 좋을지 나는 잠시 고민에 빠졌다.

다들 비가 그칠 때까지 여기서 기다리자고 했다. 하지만 누군가가 그건 좋은 생각이 아니라고 했다. 내 생각도 그렇다. 비가 언제 그칠지 모르는데, 우리는 벌써 흠뻑 젖었다. 이대로 밤의 찬바람을 맞았다가는 모두 얼어죽는다. 베르나르 벨로(Bernard Verlot)[5] 씨는 내가 존경하는 친구로, 나와 함께 방뚜우산을 등반하려고 파리식물원에서 일부러 왔다. 그는 조금도 당

[4] 청바지처럼 두껍고 질긴 서양 직물의 일종
[5] 1836~1897년, 식물채집 안내인, 파리자연사박물관 식물교육소장

황하지 않고 침착했다. 이 난관을 헤쳐나가는데 나의 지혜를 믿었기 때문이다. 나는 다른 사람들에게 겁을 주지 않으려고 슬그머니 그를 옆으로 끌어당겼다. 그리고 심상찮음을 털어놓았고, 둘이서 의논했다. 나침반이 없으니 그것을 대신할 만한 것을 잘 생각해 보고 방향을 짐작하는 수밖에 없다. 나는 그에게 말했다. "구름이 처음 밀려올 때 틀림없이 남쪽에서였지요?" "예, 그렇습니다. 말씀처럼 남쪽이었습니다." "그럼, 바람이 별로 부는 것 같지는 않아도 비가 약간 남쪽에서 북쪽으로 기울어 내리겠지요?" "예, 내가 보기에는 그렇습니다." "그러니까 비 내리는 방향이 우리를 안내하지 않겠습니까? 비가 오는 방향으로 내려갑시다." "나도 그렇게 생각하고 있었소. 하지만 이상합니다. 바람이 어느 쪽에서 분다고 확실히 말하기에는 너무 약해요. 그리고 산꼭대기가 구름으로 둘러싸였을 때는, 바람이 빙빙 돌면서 부는 경우가 아주 흔하지요. 처음의 방향이 바뀌었을 수도 있고, 지금도 공기가 북쪽에서 흘러오는 게 아니라고 할 수도 없지요." "그렇군요. 그렇다면? 참 곤란하군요." "또 한 가지 생각이 떠오르네요. 만일 바람 방향이 바뀌지 않았다면 우리는 왼쪽이 더 젖었을 것이오. 이리 오는 동안 우리는 방향을 바꾸지 않았으니, 왼쪽이 더 많이 비를 맞았을 겁니다. 만일 바람 방향이 바뀌었으면 옷이 대체로 골고루 젖었겠지요. 한번 만져 봅시다. 어떻습니까?" "좋습니다." "만일 내 생각이 틀렸으면 어쩌지요?" "아닙니다. 그런 일은 없을 겁니다."

일행에게 우리 두 사람의 의견을 대강 들려주었다. 각자 자기 옷을 만져 본다. 겉은 이미 소용없고 내의를 만져 봐야 한다. 모두 한목소리로 오른쪽보다 왼쪽이 더 젖었다는 말을 듣자 나는 마음이 가벼워졌다. 바람은 돌지 않았다. 그럼, 비가 내리는 방향으로 갑시다. 모두가 손에 손을 잡고 사슬처럼 늘어섰다. 내가 선두에서 방향을 잡기로 하고, 맨 뒤에서 낙오자를 막는 것은 벨로 씨가 맡았다. 나는 출발 전에 일행에게 다시 한 번 외쳤다. "자, 어디 한 번 해봅시다. 어디 모험을 해보시겠습니까?" "그럽시다. 우린 따라가겠소." 그리고 우리는 소름끼치는 미지의 안개와 비의 세계 속으로 무턱대고 머리를 디밀었다.

겨우 스무 발자국 정도, 그것도 가파른 길이라 마음껏 발을 내딛지도 못한 스무 발짝을 옮기자 두려움이 싹 사라졌다. 발밑은 깊은 절벽의 허공이 아니라 그렇게도 찾고 싶었던 땅이었다. 마치 시냇물 흐르듯 굴러 내리는 돌멩이가 덮인 땅이다. 달그락거리는 돌과 단단한 흙덩이 소리가 마치 천상에서 들려오는 음악소리 같다. 우

쐐기풀 산이나 들의 약간 습하고 그늘진 곳에서 자라는 다년생 초본식물이다. 키는 1m 정도이며, 줄기와 잎에 바늘 모양 가시털이 분포한다. 이 털에 피부가 스치면 마치 쐐기에게 쏘인 것처럼 심한 통증을 오랫동안 느낀다. 꽃은 7, 8월에 잎의 기부에서 피며, 색깔은 연한 녹색이다.

리는 곧 유럽너도밤나무지대의 위쪽 경계선에 도착했다. 여기는 위보다 안개가 더 자욱했다. 발을 내딛는데 허리를 굽혀야만 했다. 이렇게 두꺼운 안개 속, 이렇게 빽빽한 숲 속에서 어떻게 자스를 찾아가나? 사람들이 지나다니는 풀밭에서 보이는 두 종류의 풀, 즉 명아주(Chénopode Bon-Henr: *Chenopodium alvum*)와 뾰족한 가시로 찌르는 쐐기풀 종류(Ortie dioïque: *Urtica dioica*)가 나에게 길잡이 역할을 해준다. 나는 걸어가며 팔을 휘둘러 주위를 알아본다. 따끔하고 찔릴 때마다 그것은 쐐기풀이다. 또한 그것은 나의 도로 측량용 푯대이다. 행렬 끝의 벨로 씨 역시 팔을 휘두르다 찔리면 그것을 표적 삼았다. 다른 사람들은 이런 행동이 별로 미덥지 않은 모양이다. 필사적으로 하산하다 도리가 없으면 베드왕으로 되돌아가자고 했다. 식물에 대해 훤히 꿰뚫고 있는 벨로 씨는 자신의 육감을 믿으며 걸었다. 나는 그와 함께 주장했다. 의지를 잃은 사람들에게 안심을 시켜가며, 눈에 보이지는 않아도 풀만 조사하면서 가도 오두막을 충분히 찾아낼 수 있다고 설득했다. 모두 우리 두 사람의 이론을 인정했고, 결국은 쐐기풀을 따라서 얼마 후 오두막이 있는 자스에 도착했다.

들라쿠르 씨는 물론 안내인과 짐꾼들은 비가 오기 훨씬 전에 모두 오두막에서 무사히 피난하고 있었다. 훨훨 타오르는 모닥불에 옷을 말리고, 마른 것으로 바꿔 입자 모두들 기분이 상쾌해졌다. 골짜기의 눈 한 덩이를 부대에 담아 난로 옆에 걸어 놓았다. 녹은 물은 병에 담았고, 저녁 식사 때 식수를 제공할 샘터인 셈이다. 잠자리의 깔개는 유럽너도밤나무 잎으로 마련했다. 옛날에 누가 깔았던 것인지 모르는 깔개가 지금은 썩어서 흙이 되어 버렸구나! 잠 못 드는 사람을 위해 불을 끄지 말도록 당부했다. 불을 지피는 데 부족한 것은 없다. 하지만 연기가 빠져나갈 곳은 천장 한구석이 무너질 때 생긴 구멍밖에 없다. 그러니 방안은 청어 훈제공장처럼 연기로 가득 찬다. 공기를 마시려면 코를 땅에 붙여야만 했다. 콜록거리고, 투덜대 가며 잠을 청해 봐도, 결국은 소용없다. 하지만 새벽 두 시면 모두 두 다리로 일어설 것이 틀림없다. 산꼭대기에 올라 그날의 일출을 구경하기 위해서다. 비는 그쳤다. 쾌청한 날씨를 약속하듯 하늘은 구름 한 점 없다.

　지친 몇 사람은 고도가 높아질수록 공기가 희박해지자 구토를 했다. 기압계는 약 140mm로 내려갔다. 공기가 보통 때보다 1/5이나 적으니 산소도 그만큼 모자라는 셈이다. 건강할 때라면 이 정도의 산소량 변화는 별문제가 아닐 것이다. 하지만 피로와 불면이 겹친 우리는 컨디션이 더욱 나빠져서, 다리가 무겁고 숨이 찬다. 스무 발짝마다 쉬어가며 느릿느릿 오르다 마침내 정상에 다다랐다. 시골의 허술한 성당 상트 크로와(Ste. Croix)로 뛰어들어 숨을 가다듬고, 얼어붙은 손을 비벼가며 에이는 듯한 아침 추위를 이겨보려 했다. 곧 해가 떴다. 방뚜우산의 삼각형 그림자가 지평선 끝까지 드리워졌다. 주변은 광선이 굴절하여 보랏빛으로 물들었다. 남쪽과 서쪽은 안개 낀 벌판이 쭉 펼쳐졌다. 해가 좀더 떠오르자 거기에서 은빛 줄기의 론 강이 드러난다. 북쪽과 동쪽은 커다란 구름층이 우리의 발밑으로 바다처럼 펼쳐졌고, 거기에 조금 낮은 산봉우리들이 화산암의 섬들처럼 검게 솟아 있다. 알프스 산에서

아폴로붉은점모시나비 2/3

는 빙산 같은 몇 개의 봉우리가 반짝반짝 빛을 뿜어낸다.

하지만 식물들이 우리를 부른다. 이제 마법 같은 장관에서 식물로 눈길을 돌려야 한다. 등산 시기로 8월은 좀 늦었다. 한창 꽃 피는 계절이 지났다. 정말 풍성한 식물채집을 원하는가? 그러면 7월 초순, 더욱이 여기처럼 높은 곳은 양 떼가 오르기 전에 와야 한다. 지금은 양들이 뜯어먹다 남긴 몇 가지만 채집되어, 그야말로 초라한 수확일 수밖에 없다. 양의 이빨이 닿기 전의 7월이면, 산꼭대기라도 그야말로 꽃밭이다. 돌투성이 벌판이 각가지 꽃으로 황홀하게 장식된다. 엷은 장밋빛 봉오리 속에 흰 꽃을 피워낸 봄맞이(Androsace villeuse: *Androsace villosa*)가 아침이슬을 흠뻑 머금고 청초한 자태를 뽐내던 것이 눈에 선하다. 크고 짙푸른 꽃잎을 석회

붉은점모시나비 아주 우아한 나비로서 기린초에 알을 낳는다. 주로 인가 주변에서 서식하는 나비이지만 서식지 파괴로 개체수가 현저하게 줄어들었다.

석 위에 펼쳐 놓은 쓰니산오랑캐꽃(Viollette du mont Cenis: *Viola censia*), 꽃향기는 좋아도 뿌리는 똥냄새를 피는 쥐오줌풀(Valeriane Saliunque: *Valeriana saliunca*), 초록색 담요 위에 뿌려진 파란 꽃의 글로블라리아(Globulaire cordifoliée: *Globularia cordifolia*, 질경이과), 짙푸른 하늘보다 더 짙다고 자랑하는 알프스지치(Myosotis alpestre: *Myosotis alpina*→ *alpestris*), 줄기는 가늘어도 흰 꽃을 잔뜩 머리에 이고 자갈밭 안으로 구부러져 파고든 칸돌말냉이(Iberis de Candolle: *Iberis cadolleana*)가 여기저기 흩어져 있다. 두 종이 함께 모여 사는 범의귀 속의 북극자주범의귀와 바위취(S. muscoïde: *Saxifraga muscoides*)가 검은 깔판처럼 보이는데, 하나는 장밋빛 꽃을, 다른 하나는 약간 노란 꽃을 자갈밭 여기저기에 흩뿌린다. 햇볕이 좀더 따사로워지면, 검은 테두리의 흰 날개에 네 개의 분홍색 무늬를 지닌 나비가 이 꽃 저 꽃으로 너울너울 날아다닌다. 호랑나비과의 아폴로붉은점모시나비(*Parnassius apollo*)로서, 만년설에 가까운 알프스에서 조용한 곳을 찾는 우아한 손님으로, 그의 애벌레는 범의귀 잎을 먹는다. 방뚜우산 꼭대기에서 박물학자를 기다리며, 아름답고 즐거움에 찼던 환상들의 회상은 이 정도에서 그치기로 하자. 이제, 비구름이 우리를 둘러싸고 몰아쳤던 어제의 그 바위추녀 밑에서 움추리고 있던 쇠털나나니 이야기로 돌아가 보자.

14 동물의 이주

해발 1,800m의 방뚜우산 꼭대기에서 곤충학 연구에 큰 행운을 만났던 이야기를 앞에서 했는데, 이런 행운을 자주 만나 일관된 연구가 이루어진다면 참으로 쓸 만한 결과를 얻게 될 것이다. 하지만 불행하게도, 나는 하나의 예밖에 관찰하지 못했고, 그나마도 이런 행운이 또 올 것이라는 기대도 할 수 없다. 그래서 그 관찰로 이럴 것이라는 억측만 제공할 뿐, 억측이 확실히 그렇다라고 바꾸는 것은 미래 학자의 몫이다.

수백 마리의 쇠털나나니(*P. hirsuta*)가 넓고 평평한 바위 밑에 한 덩이가 되어 굼실거리고 있었다. 마치 벌통의 꿀벌들 같았다. 돌을 들추어내도 거친 털로 덮인 이 꼬맹이들은 우글거리기만 할 뿐, 한 마리도 도망가지 않는다. 손으로 집어내도 마찬가지다. 마치 공동의 이익을 위해 단단히 결속한 모습이다. 모두 한꺼번에 떠나지 않는 한, 한 마리도 움직이지 않는다. 나는 이렇게 희한한 모습으로 뭉쳐 있는 원인을 알고 싶었다. 그래서 차양처럼 덮고 있는 돌과 흙을 조심스럽게 검사해 보았고, 근처도 살폈으나 아무것도 알아내지 못했다. 더 이상 알아볼 만한 것도 없기에, 수를 세려 했는데 그 순간 먹구름이 나타나 그마저 중단되었다. 그 다음은 안개 속에서 갖은 고생을 했을 뿐이다. 비가 시작되자 거기를 떠나기 전에

쇠털나나니

나나니는 처음처럼 돌로 덮어 놓았다. 불쌍한 벌들을 내 호기심이 혼란시키고, 게다가 비까지 맞힐 수는 없다는 이 마음을 독자들은 이해할 것이다.

쇠털나나니가 희귀하지는 않다. 오솔길의 갓길이나 비탈진 모래땅에서 구멍을 파거나, 무거운 송충이를 나르는 한두 마리를 본 적이 있다. 그들은 항상 혼자였으며, 근본적으로 홍배조롱박벌처럼 혼자 산다. 따라서 산 정상의 바위 밑에 그렇게 큰 무리가 형성된 광경을 보고 놀라지 않을 수가 없었다. 늘 보아오던 단독이 아니라, 아주 많은 벌이 커다란 사회를 이룬 모습이다. 그러니 내 관심을 끌 수밖에 없었고, 무리를 지은 원인도 알아봐야겠다.

땅굴을 파는 벌 중 쇠털나나니는 습성이 아주 드물고 유별나서 봄에 둥지를 튼다. 날씨가 좋으면 3월 말, 늦어도 4월 초부터 둥지를 짓고, 식량으로 귀뚜라미를 사냥해서 저장한다. 이 무렵은 귀뚜라미가 성충 모습을 거의 갖추긴 했어도 아직은 새끼로서, 제집 문지방에서 허물벗기의 고통으로 발버둥치는 시기이다. 마치 시인 같은 수선화가 첫 꽃을 피우는 계절이기도 하고, 멧새(Proyer: *Emberiza calandra*)가 풀밭의 포플러 위에서 단조로운 노래를 조잘거

릴 때이기도 하다. 하지만 다른 사냥벌(Hyménoptères déprédateurs→ 나나니)는 먹잇감도 다르고, 사냥도 9, 10월의 가을에 한다. 결국 쇠털나나니는 다른 것들보다 여섯 달이나 먼저 땅속에 둥지를 짓는데, 우선 이 문제부터 알아봐야겠다.

이렇게 4월 초에 활동하는 쇠털나나니는 과연 금년 봄에 태어났는지, 아니면 벌써 지난해에 나온 것인지, 즉 석 달 만에 애벌레가 다 자라 탈바꿈을 모두 끝낸 것인지 알아낼 필요가 있다. 사냥벌(Hyménoptères giboyeurs)의 일반적인 기준은 성충이 되는 시기나 굴을 떠나는 시기, 새끼를 위한 굴착 시기가 모두 같다. 그리고 이들이 애벌레 때 살던 지하를 떠나는 시기는 대개 6, 7월이며, 사냥 솜씨와 미장일 솜씨를 보여 주는 시기는 8, 9, 10월이다.

쇠털나나니도 이 기준이 적용될까? 이 종도 변태 시기와 노동계절이 같을까? 만일 그렇다면 3월 말부터 굴을 파는 종류는 겨울에, 아무리 늦어도 2월에 탈바꿈을 끝내고 고치에서 탈출해야 한다. 날씨가 혹독한 계절임을 고려한다면, 이런 결론을 내릴 수가 없기에 그 사실여부가 참으로 의심된다. 우아하게 탈바꿈을 끝낸 곤충이 고치의 가죽을 뚫고 나오려는데, 그때 혹심한 미스트랄이 보름 동안이나 계속 불어 대서 땅은 꽁꽁 얼어붙고, 얼음장 같은 냉기로 눈을 흩날린다면, 이 곤충의 탄생은 불가능해질 것이다. 어린것이 집을 떠나려면 아무래도 땅이 여름 햇볕으로 달구어져 따뜻해야 한다.

쇠털나나니가 그의 고향인 땅속에서 태어나는 정확한 시기, 그리고 밖으로 나오는 시기를 안다면 더없이 좋으련만, 유감스럽게도 알 수가 없다. 내 노트를 들쳐봐도 소용없다. 그날그날 중요한 것을 기록했다고는 하나, 앞을 내다보지는 못하는 그 메모장, 그래서 운에 맡겨진 채 기록된 불완전한 이 노트는 정작 중요한 문제에 대해서는 설명이 없다. 기록을 보면, 꼬마나나니(Ammophile des sables: *Ammophila sabulosa*)는 6월 5일 부화, 은줄나나니(A. argentée: *A. argentata*)는 같은 달 20일 부화라고 적혔을 뿐이다. 쇠털나나니가 고치에서 나오는 시기에 대한 기록은 전혀 없으니 이 문제는 미결상태로 남겨 둘 수밖에 없다. 다른 두 종의 기록을 참고하여, 일단 쇠털나나니도 우화시기가 같다고 가정해 두자.

그렇다면 3월 말부터 4월 사이에 땅굴공사를 하는 나나니는 도대체 어디서 왔을까? 좀 무리해서 결론을 내려보자면 이렇다. 이런 종류의 벌은 금년에 태어난 게 아니라 작년에 태어났다. 이들도 6, 7월에 성충이 되어 굴에서 나왔고, 겨울을 보낸 뒤 봄이 오면 집을 짓는 것이다. 한마디로 말해 성충으로 월동한 것이다. 이 가설을 조사 결과가 뒷받침해 주었다.

꿀을 수집하는 벌들은 대개 햇볕이 잘 들고 경사가 급한 모래땅에 굴을 판다. 그런 곳은 해마다 여러 세대에 걸쳐 굴을 뚫어서 그 안은 마치 미로 같고, 겉모습은 커다란 해면 같다. 이런 해면덩이를 샅샅이 살펴보면, 서너 마리의 쇠털나나니가 숨어 있는 것이 보인다. 햇볕이 잘 들어 따뜻한 지층의 은신처에 숨어 있는 녀석도 곧잘 발견된다. 만물이 죽거나 잠드는 한겨울의 추위를 그런 곳에서 꼼짝 않고 숨어서, 화창한 날씨가 오기를 기다리는 것이다. 드디어 멧새와 귀뚜라미가 함께 첫 노래를 부르기 시작하면,

풀밭 위를 나르는 이 예쁜 벌들을 다시 만날 수 있고, 그러면 나 역시 조그만 기쁨을 마음껏 누리게 된다. 날씨가 풀리고 햇볕이 비치기 시작하면 추위를 타는 벌들이 숨었던 곳에서 나온다. 하지만 아직은 꼼짝 않고 따사로운 햇볕을 즐길 뿐이다. 다른 녀석들도 용기를 내서 주뼛주뼛 밖으로 나온다. 해면덩이 위에서 날개를 손질하거나 주춤거리기도, 빙빙 돌아보기도 한다. 꼬마 회색장지뱀(Lézard gris: *Podarcis*)도 제 고향인 낡은 담벼락이 햇볕으로 따뜻하게 녹기를 기다린다.

하지만 겨울이 닥쳐오면, 굴이나 은신처가 아무리 따듯해도 노래기벌, 진노래기벌, 코벌, 조롱박벌 따위는 물론 다른 종류라도 사냥벌은 눈에 띄지 않는다. 이들은 모두 가을의 중노동 뒤 죽어 버린다. 그들의 핏줄은 겨울 동안 추운 방구석에서 애벌레로 태어나 떨고 있다. 그런데 쇠털나나니는 아주 희귀하게도 더운 여름철에 알을 까고, 태어난 성충은 어딘가의 따뜻한 은신처에서 겨울을 보낸다. 그리고 봄이 되자 그렇게 빨리 모습을 나타내는 것이다.

이 정도의 자료를 근거로 방뚜우산 정상에서 본 쇠털나나니 무리에 대해 설명해야겠다. 대체 그렇게 많은 벌이 그 바위 밑에 한 덩이로 모여서 무엇을 하려는 걸까? 겨울 석 달 동안 그 돌 뚜껑 밑에서 얼어붙었다가 일하기 좋은 계절이 오기를 기다리나? 아무리 이런저런 궁리를 해봐도 그럴 것 같지는 않다. 아주 뜨거운 8월은 벌레들이 겨울잠에 들어가는 시기가 아닐 것이다. 이때는 꽃을 핥아도 단물이 나오지 않는 계절이라고 주장할 수도 없다. 9월에 들어서면 소낙비가 좍 쏟아진다. 그렇게도 찜질방 같던 무더위에 한풀 꺾였던 식물들이 다시 기운을 차리고, 마치 봄인 양 가지각색 꽃으로 벌판을 덮는다. 벌들도 기뻐서 어쩔 줄 모르는 이 계절에 쇠털나나니만 혼수상태에 빠진다는 것은 말이 안 된다.

방뚜우산 꼭대기는 가끔씩 유럽너도밤나무나 전나무(Sapins: *Abies*)도 송두리째 뽑힐 정도의 삭풍이 불어닥친다. 여섯 달 동안 눈을 휘날리며 북풍이 불어 대고, 봉우리들은 일 년의 태반이 차가운 안개로 둘러싸인다. 태양을 그리워하는 곤충이 그런 곳을 겨울 은신처로 잡았다고 생각할 수는 있는가? 그것은 마치 북방의 빙하 지대에서 겨울나기를 하려는 것이나 다름없다. 따라서 그들은 험악한 계절을 피하려고 그곳을 찾지는 않았을 것이다. 그렇다면 정상에서 본 그 벌 떼는 그곳을 지나는 중이었다. 우리는 비가 올 징조를 감지할 수 없지만, 곤충의 육감은 일기 변화에 민감하다. 여행을 시작한 떼거리가 강우의 징조를 감지하고, 그 바위 밑으로 잠시 피신해서 비가 멎기를 기다렸던 것이다. 도대체 어디서 왔으며, 어디로 가는 중일까?

올리브나무가 무성한 온대 지방의 이곳으로 8월부터, 본격적으로는 9월에 작은 종류의 철새 떼가 내려온다. 이 새들은 여기보다 선선하지만 한때는 나무가 무성하고 날씨도 따뜻해서 새끼를 깠던 여러 나라에서, 여러 날 동안, 여러 잠자리를 거친 뒤 여기까지 내려왔다. 이들은 종류도 다양한데, 각각의 무리는 어김없이 같은 날짜에 차례차례 날아온다. 그들만 알고 있는 달력에 맞추어서 오며, 잠시 우리 들판을 잠자리로 정하고 머문다. 들판에는 그들의 유일한 먹을거리인 곤충이 많기 때문이다. 가래로 들춰낸 여기저기의 밭고랑에서 흙더미를 파헤치며 벌레를 찾아다닌다. 이런 성찬 때문에 그들의 엉덩이는 어느새 지방이 쌓여 살이 오른다. 엉덩이는 앞날의 고단한 역경에 대비해서 영양분을 저축해 두는 식량 창고인 셈이다. 이렇게 양분을 보충한 뒤 곤충이 더 풍부한 열대 지방을 향해 다시 남쪽으로 여행을 계속한다. 스페인, 이탈리아, 지중해의 여러 섬, 그리고 아프리카로 간다. 이 계절은 인간들에게도 즐거운 사냥의 계절이며, 검정다리 새(Pieds-noirs: 종 규명불가)의 맛 좋은 꼬치구이 계절이기도 하다.

이 지방에서 끄레우(Créou)라고 부르는 발가락 짧은 쇠종다리가 제일 먼저 날아온다. 8월로 들어서면, 이 쇠종다리(Calandrelle: *Calandrell cinerea*)는 강아지풀(Setara: *Setara italica*)이 쑥대밭처럼 만든 잔돌 밭에서 작은 씨앗을 찾으며, 조금만 놀라도 프로방스 이름에 잘 어울리는 날카로운 소리로 울며 날아간다. 곧 이어 등검정딱새(Tarier: *Saxicola rubetra*→ *Oenanthe deserti*) 무리가 나타난다. 이 새는 무성한 클로버 때문에 버려진 밭에서, 바구미, 메뚜기, 개미 따위의 곤충을 조용히 찾아다닌다. 그와 함께 꼬치구이로 유명한 검정다리 새 무리가 잇달아 나타난다. 9월이면, 연작류 중 가장 유명한, 그리고 엉덩이가 북방딱새(Motteux vulgaire=Cul-blanc: *Saxicola* → *Oenanthe oenanthe*)가 기막힌 맛 때문에 환영받는다. 로마의 미식가 마르티알리(Martial)[1]의 풍자시를 통해 길이 세상에 이름을 남긴 솔새(Becfigue: *Sylvia borin*, 휘파람새과)라도, 엄청나게 먹어 무섭게 살찐 이 딱새의 향기로운 맛에는 당하지 못할 것이다. 이 새는 곤충사냥이 전문으로, 어

---
1 M. V. Martialis, 40~104년경

혹바구미 성충 상태로 땅속에서 월동을 한 개체들이 4월 말경에 발견된다. 성충은 칡잎과 어린순을 갉아먹다 위험을 느끼면 땅에 떨어져 죽은 모습으로 다리를 오므리고 있다.

버들잎벌레 버드나무에서 5월부터 6월에 출현한다. 어린 유충들은 버드나무잎을 먹으며 자란다. 잎 뒷면에 여러 마리가 줄지어서 거꾸로 매달려 탈바꿈을 하고 날개돋이를 한다.

벼메뚜기 늦은 가을철에 짝짓기를 한 개체들은 3일 안에 논둑에다 알을 낳는다.

달팽이 4월 말부터 한두 마리씩 보이기 시작하여 배추, 상추, 풀잎을 먹고 생활한다. 8월이 되면 자취를 감춘다.

14. 동물의 이주

쥐며느리 밤에 활동하고 낮에는 돌이나 마루 밑의 어두운 곳에서 여러 마리씩 모여서 생활한다.

큰집게벌레의 집게 강변이나 해변의 모래 속에 사는 육식성 곤충이다.

느 곤충이든 다 먹어치운다. 그의 위장 속 내용물을 조사해 기록해 놓은 것이 있는데, 그 목록에는 갈아엎은 밭에서 볼 수 있는 것은 모두 다 올라 있다. 애벌레, 모든 종의 바구미(Charançon: Curculionoidea), 메뚜기(Criquet: Caelifera), 거저리(Opâtres: *Opatrum*), 남생이잎벌레(Cassides: *Cassida*), 잎벌레(Chrysoméles: Chrysomelidae), 귀뚜라미, 집게벌레(Forficules: *Forficula*), 개미(Fourmi: Formicidae) 따위의 곤충은 물론 거미(Araignées: Arachnida), 쥐며느리(Cloportes: Oniscidae), 노래기(Iules: Diplopoda) 등의 온갖 절지동물, 심지어는 달팽이(Héliecss: *Helix*)에 이르기까지 무수히 많다. 이런 영양가 높은 먹이 외에도 틈틈이 포도, 나무딸기(Ronce: *Rubus*=산딸기), 유럽말채나무(Cornouiller sanguin: *Cornus sanguinea*)처럼 과육과 수분이 많은 과일도 먹는다. 이것이 이 딱새의 식당 차림표이다. 흰 날개를 펼치고 여기저기의 흙덩이로 뛰어 다니는 모습이 마치 도망치는 나비 같지만, 그래도 벌레들을 열심히 찾는다. 이 작은 새가 이토록 놀랄 만큼 뚱뚱해지는 이유는 조물주만이 알 것이다.

몸을 살찌우는 기술이 그보다 뛰어난 새는 한 종류밖에 없다. 역시 곤충 포식가로서 같은 계절에 날아와 덤불에 사는 밭종다리류(Pipit: *Anthus*)이다. 누군가가 별로 예쁘지 않은 이름을 지어 주었는데, 이 지방 양치기들은 모두 망설임 없이 뚱보새(Grasset: *Anthus trivialis*=밭종다리류)라고 부른다. 그 이름만으로도 이 새의 가장 뚜렷한 특징을 잘 나타내 주며, 다른 새들은 이렇게 뚱뚱해질 수가 없다. 어느 시기가 되면, 그는 날개, 목, 머리 밑까지 지방층이 쌓여 마치 버터 덩어리 같아 보인다. 바구미를 너무 많이 잡아먹어 절반쯤 질식할 것처럼 뚱뚱해졌으니, 뽕나무 사이를 종종걸음으로 달리다가 잠시 서서 숨을 돌리곤 하는 모습이 불쌍해 보일 정도이다.

10월이면 날씬한 알락할미새(Lavandiére grise: *Motacilla alba*)가 절반은 회색, 절반은 흰색에, 가슴은 검은 벨벳으로 단장하고 나타난다. 이 멋쟁이는 꼬리를 흔들며 농부의 가래 옆을 종종걸음으로 따라다니다가 밭이랑 사이의 벌레를 잡아먹는다. 같은 계절에 작은 무리의 종다리(Alouette: *Alauda arvensis*)가 나타나는데, 이들은 그 무리의 선발대로서 정찰하러 온 것이다. 곧 셀 수 없을 정도의 대부대가 뒤따라와, 항상 그들이 먹던 강아지풀과 아직 낟알이 많이 남아 있는 밀밭을 완전히 독차지한다. 그때쯤이면, 들판은 풀잎 끝에서 한 방울씩 떨어지는 이슬이 햇빛을 받아 번개처럼 반짝 빛나곤 한다. 사냥꾼의 손아귀에서 벗어난 올빼미(Chouette: *Strix aluco*)가 깡충깡충 뛰듯이 날다가 넘어진다. 다시 급하게 깡충 뛰어 얼빠진 눈을 빙글빙글 굴리며 일어선다. 그러자 이 우스꽝스러운 새와 반짝이는 총에 호기심이 가득 찬 종다리가 쏜살같이 내려온다. 그것들을 구경하려고 가까이 온 것이다. 열다섯 발자국 정도의 눈앞에서 다리를 축 늘어뜨리고, 날개를 벌린 채 맥을 놓고 있다. 바로 지금이다. 겨냥해서 쏴라! 흥미진진하고, 스릴 있게 사냥하라고 부축이고 싶다.

종다리 무리에 섞여 밭종다리(Farlouse: *Anthus pratensis*)가 따라올 때도 많다. 흔히 시시(Sisi)라고 부르는데, 그의 울음소리를 흉내낸 것이다. 녀석보다 올빼미 곁을 열심히 따라다니는 새는 없다. 녀석은 기분 나는 대로 그의 주변을 계속 맴돈다. 이곳으로 오는 철새 이야기는 이 정도로 해두자. 그들은 대부분 먹을거리인 곤충이 풍부해서 잠시 머무를 뿐이다. 그동안 살찌고 건강해져 남쪽으로의 여행을 계속한다. 수가 많지는 않으나 어떤 철새는 한겨울에도 이 들판에서 계속 머문다. 눈이 거의 안 오고, 아직도 밭에는 떨어진 낟알이 남았기 때문이다. 예를 들면 밀밭이나 개간지에 사는 종다리가 그렇고, 개자리(Luzernes: *Medicago*) 밭과 목장을 좋아하는 밭종다리도 그렇다.

종다리는 프랑스의 어디에서나 많이 볼 수 있는데, 보클뤼즈(Vaucluse)의 들판에는 둥지를 틀지 않는다. 대신 이곳은 머리에 깃털로 뿔 장식을 하고, 지방의 도로공사 인부들과 친한 뿔종다리(Alouette Huppée, Cochevis: *Galerida cristata*)가 있다. 하지만 그들의 둥지 장소를 보려고 먼 북쪽 지방까지 갈 필요는 없다. 바로 이웃인 드롬(Drôme) 지방만 가도 둥지는 얼마든지 있다. 결국, 가을과 겨울에 우리 들판에서 살려고 찾아오는 종다리 대부분은 드롬보다 먼 곳에서 내려온 것도 아니다. 그들은 단지 눈이 오지 않고, 낟알이 많이 떨어진 들판을 찾아 잠깐 이웃 지방으로 이동한 것뿐이다.

방뚜우산 정상에서 우연히 만난 쇠털나나니 무리도 이와 비슷한 이유로 장거리 이동 중인 것 같다. 이 벌은 둥지를 틀 봄이 오기 전에 은신처에서 성충 상태로 겨울나기를 한다고 했는데, 이들 역시 종다리처럼 이슬이 내리는 계절을 조심할 것이다. 먹지 않고도 꽃피는 계절까지 견딜 수 있으니 먹이 걱정은 않겠지만 추위는 몹시 탄다. 적어도 생명을 빼앗길 정도의 추위에는 잘 대처해야 한다. 그래서 철새처럼 눈이 많은 지방인지, 땅이 깊이 어는 지방인지를 탐지하여 이동하는 것이다. 이런 이주(移住)활동을 하려고 무리를 조직하고, 산 넘고 골짜기를 건너 햇볕이 따듯한 남향의 낡은 담벼락이나 모래 둑에 기거할 곳을 정한다. 그리고 추위가 물러가면 무리 전체 또는 일부가 출발했던 본래의 지방으로 돌아온다. 그래서 방뚜우산의 나나니 무리도 이렇게 설명해 본다. 그들은 이주하던 집단이었다. 추운 드롬 지방에서 따듯하고 올리브가 무성한 곳으로 내려가려고 툴루랑의 깊은 계곡을 건넜는데, 산꼭대기에서 비를 만나 그치길 기다리는 중이었다. 결국 쇠털나나니는 겨울 추위를 피하려고 이주하는 것 같다. 철새들이 여행을 시작할 무렵, 이 벌은 추운 지방에서 가까운 곳의 좀더 따듯한 지방으로 이주한다. 적당한 기후를 찾아 골짜기 몇 개와 산을 넘은 것이다.

칠성무당벌레

제철 아닌 곤충이 모여 있는 두 개의 다른 자

료도 수집했다. 10월, 방뚜우산 정상의 성당이 칠성무당벌레 (Coccinelle á sept points: *Coccinella septempunctata*)로 뒤덮인 것을 보았다. 이들은 벽이나 지붕은 말할 것도 없고, 돌이란 돌에는 모두 붙어서 서로 몸을 비벼 대고 있었다. 허술한 이 건물을 몇 걸음 밖에서 올려다 보면 마치 산호 알맹이로 지은 집 같다. 거기에 그렇게 많이 모인 무당벌레를 세어 볼 생각은 없다. 진딧물을 잡아먹는 곤충이 2km 높이의 방뚜우산까지 오게 된 이유가 먹이를 찾아온 것은 분명 아니다. 식물이 거의 없고, 따라서 진딧물도 없는 그런 곳까지 모험비행을 했을 리가 없다.

또 한 번은 6월이었다. 방뚜우산 근처로 해발 734m의 생따망 (Saint-Amans) 고원지대에서였다. 수는 많지 않은 집단이었다. 이곳의 정상에 우뚝 솟은 절벽 가장자리에 돌 받침대가 있고 그 위

칠성무당벌레 붉은색 딱지날개에 7개의 검은 점이 있어서 붙여진 이름이다. 진딧물을 잡아먹는 습성 등이 무당벌레와 비슷하다.

무당벌레 집단 월동을 하는 우리나라 곤충 중 대표적인 종이다. 가을을 맞은 무당벌레는 마치 약속이나 한 듯 일정한 장소에 모여서 함께 겨울나기를 한다.

에 십자가가 있다. 그 받침대 표면과 절벽의 바위 위에 칠성무당벌레가 방뚜우산에서처럼 떼를 이루고 있었다. 벌레들은 대부분 움직이지 않았다. 단지 햇볕이 쪼이는 곳에 자리를 잡으려고  다가오는 녀석이 있을 뿐이다. 가끔 잠시 날아올라 빙빙 돌다가 되돌아와 거기서 쉬고 있는 벌레와 자리바꿈을 할 뿐이었다.

거기도 방뚜우산처럼 진딧물이 없고, 달리 무당벌레를 유인할 만한 것도 없다. 그런데 어째서 그들이 거기서 무리를 짓고 있는지, 그 이유를 알려 줄 만한 것 역시 없다. 어째서 이렇게 높은 곳의 석조물에 회합 장소가 마련되었는지, 그 비밀에 대해서도 할 말이 없다. 곤충에서도 이주행동의 예를 보여 주는 것일까? 제비가 출발 전에 모였듯이 무당벌레도 출발 전에 집합한 것일까? 거기가 진딧물이 많은 곳을 찾아가기 전에 모이는 집합 장소일까? 그럴지도 모른다. 그렇더라도 칠성무당벌레가 여행을 즐긴다는 소문을 들어본 적이 없으니 아주 유별난 문제이다. 그들이 장미줄기를 덮고 있는 녹색 진딧물이나 잠두콩을 빨아먹는 검정 진딧물을 잡아먹는 모습을 보면, 마치 늙어서 적극성이 없는 동물처럼 보인다. 그렇게 소극적이며 날개도 작은데, 혈기가 넘치는 칼새 (Martinet: Apodidae, 칼새과) 밖에 안 보이는 방뚜우산 정상까지 올라가 회합을 갖는다. 왜 그렇게 높은 곳에서 모임을 가질까? 또 어째서 돌이나 석조물을 좋아할까?

15 나나니

아주 호리호리하고 날씬한 몸매에, 가슴을 갑자기 잡아당겨 마치 끈처럼 가늘게 늘어난 허리 끝에 타원형 배가 붙어 있고, 검정색 외투를 붉은 천으로 질끈 동여맨 듯한, 이런 형상이 땅굴을 파는 나나니(Ammophiles: *Ammophila*) 벌의 용모이다. 용모는 이렇게 조롱박벌과 비슷해 보이나 습성은 전혀 다르다. 조롱박벌은 메뚜기, 민충이, 귀뚜라미 따위의 메뚜기목 곤충 사냥꾼인데, 나나니는 나비나 나방의 애벌레인 자벌레, 배추벌레, 송충이 따위를 사냥한다. 사냥 상대가 다르니 살생 기술 역시 본능적으로 분명히 다른 수단을 가졌을 게 틀림없다.

모래밭에 산다는 뜻으로 붙여진 암모필르(Ammo-phile)란 이름이 귀에 거슬리는 사람이라면 그는 융통성이 없고 편견이 지나쳐서 그렇다. 사실, 진정한 모래밭 친구는 먼지투성이의 마른 모래든, 물에 흥건히 젖은 모래든, 거기서 파리를 사냥하는 코벌(Bembex: *Bembix*)이다. 그런데 지금 우리가 이야기하려는 송충이 사냥꾼은 푸슬푸슬해서 유동적인 모래는 결코 좋아하지 않는다. 수직으로 파들어 간 방안에 먹이를 저장하고 알을 까야 하는데, 이런 모래는 쉽게 허물어져서 멀찌감치 피해야 한다. 그때까지 출입구가 막히지 않으려면 아무래도 약간 굳은 지반이라야 한다. 그래서 시멘트처럼 약간의 진흙과 석회가 섞인 모래땅으로 파기 쉬운 곳이 필요하며, 풀이 안 자라는 좁은 길모퉁이로서 경사지고 햇볕이 잘 드는 곳을 좋아한다. 4월 초가 되면 이런 곳에 쇠털나나니(*Podalonia hirsuta*)가 나타나고, 9, 10월에는 꼬마나나니(*A. sabulosa*)♂, 은줄나나니(A. argentée: *A. argentata* → *Podalonia tydei*), 털보나나니(A. soyeuse: *A. holosericea*)[1] 등이 활동하는데, 이상 네 종의 나나니가 내게 제공해 준 자료를 여기에 간단히 소개하련다.

네 종 모두 땅에 수직 굴을 파서 구멍이 마치 우물 같다. 지름은 거위 깃털의 펜보다 넓지 않은데, 5cm가량의 밑에는 넓게 파서 방을 만든다. 방은 꼭 한 개씩으로, 크게 힘들이거나 시간이 많이 걸리지는 않는 초라한 집이다. 이런 곳의 애벌레는 조롱박벌처럼 네 겹짜리 고치 속에서 겨울 추위를 버틴다. 어미는 급할 것도 없고, 즐거움도, 미련도 없이 혼자서 묵묵히 굴을 판다. 언제나 앞 발목마디는 갈퀴 노릇을 하고, 이빨은 구멍을 뚫는다. 하지만 모래알을 빼내기가 힘들 때는 얼마나 열심인지, 우물 속에서 날개와 몸 전체를 부르르 떨며, 날카롭게 삐걱대는 소리가 들려온다. 잠시 후

[1] 현대 학자들은 털보나나니가 아니라 *A. heydeni*를 연구했을 것으로 본다.

털보나나니

이것은 출구를 막을 때 써야지...

이빨로 빼낸 모래를 물고 나타나는데, 길에 방해가 되지 않게 수십 센티미터쯤 되는 곳으로 날아가 떨어뜨린다. 하지만 주목거리가 있다. 모래알을 모두 버리는 것이 아니라 크기와 모양에 따라 별도로 관리한다. 어떤 것은 입에 물고 걸어가 출입구 주변에 늘어놓는다. 분명히 따로 쓰려고 골라 놓은 재료이다. 실제로 굴을 막을 때 크기가 잘 맞는 모래알을 준비한 것이다.

밖에서 일할 때는 걷는 것도 아주 신중하고, 일하는 태도도 매우 착실하다. 다리를 높이 쳐들고, 기다란 자루 끝의 배를 팽팽하게 편다. 마치 기하학적으로 보일 만큼, 하나의 선을 자신의 중심축으로 하여 한 바퀴 획 돌고 나서, 어색한 몸짓으로 다시 방향을 바꾸거나 돌아서거나 한다. 파내서 가로 거치는 흙을 멀리 버릴 때는 질금질금 날면서 조용히 운반한다. 굴에서 나올 때는 대개 뒷걸음질로 나온다. 나오는 시간을 절약하려고 엉덩이부터 밖으로 내미는 것이다. 행동이 이렇게 어색한데, 자동적인 몸짓은 꼬마나나니와 털보나나니처럼 가늘고 긴 자루 끝에 배가 불룩하게 연결된 녀석들이 더 잘 한다. 실 끝의 타원형 공처럼 부푼 배를 갑자기 움직였다가는 그 가는 허리가 꺾여 버릴지도 모른다. 하지만 아주 기술적으로 움직인다. 그래서 외출할 때도 걸음걸이는 기하학적으로 정확한 방식이 된다. 흙을 나를 때도 방향을 자주 바꾸지 않으려고 뒷걸음질을 친다. 반대로 허리가 비교적 짧은 쇠털나나니는 굴을 팔 때도 몸짓이 재빠르고, 그래서 그들이 땅 파는 모습을 본 사람은 칭찬을 아끼지 않는다. 배가 방해되지 않으니 자유롭게 일할 수 있는 것이다.

나나니가 드디어 굴을 팠다. 그런데 날이 저물어 해가 지면 옆에 늘어놓았던 돌무더기(모래알)에서 적당한 것을 고른다. 거기에 적당한 것이 없으면 근처에서 마음에 드는 돌을 찾아오는데, 굴보다 지름이 조금 넓고 평평한 돌을 물어다 입구를 막아 임시 문단속을 한다. 다음 날, 그곳이 햇빛으로 가득 차고 점점 따듯해지면, 어제 넓적한 돌문으로 막아 놓았던 굴을 다시 찾아낸다. 그 옆에 똑같이 생긴 돌이 있어도, 이 벌은 자신만이 아는 편평한 돌을 찾아내 열어젖힐 것이다. 둥지가 완성된 사냥꾼은 마비된 먹이, 즉 마취시킨 송충이를 입에 물고 두 다리 사이로 질질 끌며 돌아올

노란점나나니 진흙을 물어와 집을 짓는데 프랑스의 청보석나나니보다 멋지게 짓는다. 집안에는 새끼의 먹이로 자벌레를 잡아다 저장한다. 사진처럼 꽃에서 꿀을 빨기도 한다.

것이다. 그것을 깊은 굴 안에 넣고 알을 낳은 다음, 문 옆에 쌓였던 흙을 수직 구멍 안으로 쓸어 넣어 굴을 막아 버릴 것이다.

꼬마나나니와 은줄나나니도 날이 저물면 굴을 막고, 식량 저장은 내일로 미루는 것을 여러 번 보았다. 벌이 문을 닫으면 나 역시 관찰을 내일로 미룰 수밖에 없다. 하지만 닫아 놓은 구멍을 다시 찾으려면 거기에 푯말을 세워 두고 메모를 해두어야만 했다. 다음 날, 내가 만일 아침 일찍 가지 않았다면, 그래서 해가 활짝 떴는데도 그가 작업하도록 내버려 두었다면, 나는 언제나 먹이가 이미 차 버린 창고밖에 볼 수가 없다.

벌의 정확한 기억력에 놀라지 않을 수가 없다. 시간이 늦어 남은 일을 다음 날로 미루면, 파던 굴에서 저녁을 보내거나 밤을 지샐 수가 없다. 돌로 입구를 막고 떠난다. 거기는 그가 평생 살던 곳이 아니므로, 그 주변이 익숙지도, 다른 곳보다 잘 아는 곳도 아니다. 나나니도 홍배조롱박벌과 비슷한 습성을 가져, 여기저기 가는 곳마다 알을 하나씩 낳기 때문이다. 지금도 특별한 이유 없이 이곳으로 온 것이며, 여기가 마음에 들어 둥지를 마련하고자 굴을 팠던 것이다. 그리고 어디론가 떠났다. 어디로 갔는지 누가 알까? 아마도 가까운 꽃에서 그날의 마지막 햇살을 받으며 꿀을 핥고 있겠지. 마치 일에 지친 광부가 저녁때가 되면 어두운 갱도 안에서 원기를 회복하겠다고 술병을 찾듯이, 이 벌도 날개를 달래가며 어딘가 술도가를 찾아다니겠지. 저녁, 밤 그리고 아침이 지나면 다시 굴로 돌아와 일을 계속해야 한다. 오전에는 여기저기서 사냥을 해야 하고, 저녁에는 이 꽃 저 꽃의 술청을 찾다가 다시 와야 한다. 말벌이나 꿀벌이 제 집이나 벌통으로 찾아오는 것은 놀랄 게 못 된다. 그들의 집은 각자의 영구주택이며, 오랫동안 왕래해서 오가는 길을 잘 안다. 하지만 나나니는 집을 한동안 비웠다가 다시 찾아가는데, 지리가 익어  서 찾는 것은 아니다. 아마도 어제 팠던 곳은 처음 온 장소이며 방향도 전혀 모를 텐데, 오늘은 무거운 짐까지 짊어지고 그리 찾아가야 한다. 하지만 굉장한 지형학적 기억력으로 그곳을 찾아낸다. 너무도 정확함에 나는 오직 감탄만 할 따름이다. 마치 옛날부터 근처의 길들을 쭉 왕래라도 한 것처럼 곧장 제집으로 찾아 들어간다. 그래도 때로는 한동안 헤매며 찾아다니는 경우도 있었다.

다시 찾기가 어려울 때는 탐색을 서두르려고 간수하기 불편한 사냥물을 백리향이나 풀 위처럼 높은 곳에 놓아둔다. 되찾기 쉽게 하려는 것이다. 불편한 것을 처분해 홀가분해진 나나니는 다시 힘을 내 굴을 찾아다닌다. 그가 찾아다닌 길을 따라 연필로 그려 보았다. 그림을 보니 곡선, 급격히 구부러진 선, 나뭇가지처럼 삐죽삐죽하거나 사방으로 뻗치거나, 매듭 같거나, 구불구불한 선 또는 반복해서 교차하거나 엉클어진 선들이 그려졌다. 진짜 미로처럼 복잡하게 얽힌 모양으로 보아, 이 벌이 얼마나 길을 잃고 헤맸는지 충분히 알 수 있었다.

굴을 찾은 후 돌문을 열어젖힌다. 이제는 잡아놓았던 송충이를

나나니의 먹이 저장 과정

나나니가 집 지을 터를 찾아다닌다. 모래가 섞여 있는 사양토를 선택하여 수직으로 파 들어간다.

땅굴을 파기 시작한다.

사냥한 것을 굴로 가져간다.

먹잇감을 저장한 다음 감쪽같이 덮어 놓는다.

꽃에서 잠깐 쉬었다가 다시 사냥할 것이다.

찾으러 가야 하는데, 이때도 언제나 망설임 없이 곧바로 찾아내는 것은 아니다. 역시 왔다 갔다 수 없이 반복한다. 비록 잘 보이는 곳에 놓아두었어도 되찾기가 힘들다는 것을 알고 있나 보다. 굴 찾기가 너무 오래 걸리면, 갑자기 수색을 중단하고 사냥물 놓아둔 곳으로 돌아간다. 가서 어루만져 보기도 하고, 조금 깨물어 보기도 하며, 그것이 확실히 자기 소유물인지 확인한다. 그리고 다시 굴을 찾으러 황급히 떠난다. 그 후에도 필요하면 또다시 사냥물을 확인하러 온다. 그것을 놓아둔 곳으로 되풀이해서 돌아오는 것은 그 장소에 대한 기억을 확실히 해두기 위함인 것 같다.

일이 아주 어렵게 꼬였을 때는 여러 번 헛걸음질을 친다. 하지만 대개는 떠돌이 생활을 하다가 우연히 갔던 어제의 그 낯선 장소로, 그리고 거기에 파놓았던 굴의 입구로 쉽게 찾아간다. 그때의 길잡이는 물론 장소에 대한 기억력이다. 그 놀라운 기억력에 대한 자랑은 다음으로 미루자. 나는 내 기억으로 작은 돌 밑에 숨겨진 그 굴의 입구를 찾지 못한다. 메모, 간단한 약도, 푯대용 장대 등 결국 자질구레한 측지법(測地法)이 모두 필요했다.

꼬마나나니와 은줄나나니의 임시 문단속을 다른 두 종은 모르는 것 같다. 그들의 굴은 덮인 경우를 본 적이 없다. 쇠털나나니가 문단속을 안 하는 데는 이유가 있는 것 같다. 그는 먹을거리를 사냥한 곳 근처에 굴을 파고, 그것을 저장하는데 별로 오래 걸리지 않으니 임시 덮개가 필요 없다. 내 추측에, 털보나나니는 또 다른 이유로 문단속을 하는 행위가 없는 것 같다. 다른 종들은 굴마다 송충이를 한 마리씩만 넣는데, 이들은 아주 작은 벌레를 최고 다

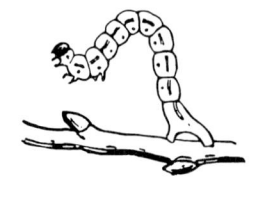
자벌레

섯 마리까지 넣기 때문이다. 사람도 출입이 잦은 문은 매번 여닫지 않는다. 이런 문처럼, 단시간에 다섯 번이나 들락거려야 하는 털보나나니는 임시 문단속 따위의 경계심을 무시해 버린 것 같다.

이상의 네 종은 모두 먹잇감이 나방 애벌레였다. 하지만 털보나나니는 가늘고 긴 몸을 둥글게 접었다 폈다 하며 이동하는 벌레를 좋아한다. 이 벌레는 몸을 번갈아 가며 자로 재듯 접었다 폈다 하는 걸음걸이 때문에 '자벌레'라고 한다. 이 나나니는 빛깔이 다른 여러 종류의 자벌레를 한 구멍에 모아놓는데, 종을 가리지는 않고 자벌레면 모두 사냥한다는 증거이다. 사실상, 이 사냥꾼은 몸이 무척 작고 약해서 자벌레도 몸집이 특별히 작아야 한다. 하지만 그의 새끼는 자벌레가 다섯 마리나 밥상에 올라도 모두 먹어 치우니 그렇게 사냥할 수밖에 없다. 한편, 자벌레가 없으면 다른 애벌레라도 만족하는데 몸집은 역시 작아야 한다. 마취주사로 둥글게 고리 모양이 된 다섯 마리의 자벌레가 방안에 가득 쌓여 있다. 장차 최상의 먹을거리이며, 제일 끝에 놓여 있는 자벌레에게 알을 낳아 붙여 놓는다.

나머지 세 종은 새끼 한 마리에게 송충이를 한 마리만 주는데, 사냥감은 수보다는 양을 중요시한 것이다. 고른 먹을거리는 뒤룩뒤룩 살이 쪄서 뚱뚱하고, 새끼의 입맛도 충분히 만족시킨다. 한 예로, 꼬마나나니가 큰턱으로 물고 가는 송충이를 빼앗은 적이 있는데, 그것의 몸무게가 그의 15배 나 되었다. 정말로 엄청난 무게이 다. 사냥꾼은 이렇게 무거운 송충이 의 목덜미를 물고, 수많은 고난을

밤나방 애벌레 3/4

무릅쓰며 힘겹게 땅 위로 끌고 간다. 다른 사냥꾼들의 먹잇감도 무게를 재어 보았는데, 어느 종도 이렇게 균형이 안 맞게 무거운 경우는 없었다. 먹을거리들의 색깔은 굴에 저장된 것이든, 벌의 다리 사이에 잡혀 있는 것이든 모두 다양했는데, 이는 세 종의 약탈자 모두가 특별한 종류만 선호하는 것은 아님을 말해 준다. 그저 적당히 비슷한 크기로, 야행성나방(Papillions nocturnes, 흔히 밤나방과를 지칭) 무리에 속하면 무슨 종이든 만나는 녀석부터 사냥함을 증명하는 셈이다. 가장 많이 눈에 띄는 사냥감은 회색으로, 얕은 땅속에서 식물뿌리를 해치는 애벌레이다.

나나니 이야기 중, 나의 가장 큰 관심사는 이들의 사냥 방법과 새끼의 안전을 위해 희생물의 저항을 없애는 방법이다. 그동안 보아온 희생자는 비단벌레, 바구미, 메뚜기, 민충이 등으로, 나나니의 사냥물과는 크게 달랐다. 송충이나 자벌레는 처음부터 끝까지 일련의 비슷한 체절로 구성되었고, 앞쪽 세 마디에 있는 다리는 장차 나비의 다리가 된다. 뒤쪽 마디에는 막이나 가짜 다리처럼 생긴 배다리(복지, 腹肢)가 있는데, 이런 배다리는 나비목 곤충의 애벌레만 가진 특징이다. 각 마디에는 신경핵 또는 신경절이 있으며, 그것들은 감각과 운동을 지배하는 중심체이다. 신경 지배계는 각각 떨어진 12개의 독립중추로 구성되었고, 턱 밑에서 또 하나의

신경환(神經環→食道下神經節)이 거의 뇌에 해당할 만큼 큰 역할을 한다.

지금까지는 집중된 신경계를 가져서 침으로 한 번만 찌르면 전신마비가 일어나는 곤충들, 즉 바구미와 비단벌레를 보아왔다. 또 조롱박벌의 귀뚜라미는 약간 다른 경우로, 이들의 운동을 마비시키려면 세 개로 나뉜 가슴신경절을 차례차례 찔러야 했다. 하지만 송충이는 신경계의 집중점이 한 개도, 세 개도 아니다. 무려 12개나 되는데 각 신경절은 각각의 체절 간격으로 떨어져 있고, 염주처럼 배의 정중선을 따라 한 줄로 나란히 배열되었다. 이렇게 여러 개인 신경핵이 각각 독립성을 가져 각각의 해당 몸마디만 통제할 뿐, 바로 옆 마디에 이상이 생겨도 아주 느리게 영향을 받을 뿐이다. 이렇게 동일기관이 반복적으로 분산된 것이 하등동물의 일반적인 규칙이다. 체절 하나의 감각과 운동이 사라져도, 상처가 없는 체절은 기능에 큰 영향이 없다. 이런 사실이 내 호기심을 크게 자극해서, 살육자 나나니가 희생물을 어떻게 처리하는지 알아보도록 만든다.

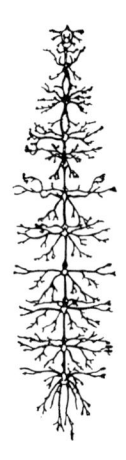

송충이의 신경계

하지만 흥밋거리의 문제일지는 몰라도 관찰하기는 그야말로 어렵기 짝이 없다. 넓은 장소에 멀리 퍼져서 혼자 사는 습성 때문에 그들을 만나기란 거의 기적에 가깝다. 게다가 미리 실험 계획을 세워놓고 만나겠다는 것은 홍배조롱박벌 경우보다 더 어렵다. 그래도 보고 싶으면 오랫동안 기회를 노리며 기다려야 하는데, 물론 강철같은 인내력이 필요하다. 기다리다 벌이 나타나면 즉시 관찰할 수 있게 준비도 되어 있어야 한다. 나는 몇 년 전부터 그런 절호의 기회를 노려왔다. 그러다가 어느 날 갑자기, 눈앞에 똑똑히, 그리고 관찰하기 쉽게 속속들이 나타났다. 마치 오래 기다리다 지친 나에게 보상이라도 해주겠다는 듯이 나타났다.

처음 관찰 때, 송충이 살해 현장을 두 번이나 목격했지만 수술이 너무 빨라서 겨우 제5나 6체절에 한 번만 침으로 찔리는 것을 보았을 뿐이다. 찔린 결과를 확인해 보고 싶어서 둥지로 끌려가는 송충이를 빼앗았다. 어느 체절인지 조사해서 증명해 볼 생각이었다. 도움이 필요한 것은 확대경 따위가 아니었다. 희생자의 상처가 그런 것으로 보일 리가 없다. 아무튼 계속 조사해 보자. 송충이는 아주 얌전하다. 벌레의 각 마디를 가느다란 침으로 건드려서 고통에 어떤 반응을 나타내는지 그 감수성을 측정했다. 제5나 6체절을 찌르면 머리끝에서 발끝까지 전혀 움직이지 않는다. 이 두 마디는 그렇게도 무감각한데, 이의 앞뒤는 조금만 찔러도 몸을 뒤틀며 날뛴다. 여기서 멀수록 더욱 심한데, 특히 뒤쪽 끝으로 갈수록 조금만 스쳐도 마구 몸부림친다. 따라서 벌은 침을 제5와 6체절에 한 번만 찔렀음이 분명하다.

살육자가 찌르는 목표는 이 두 마디 중 하나가 분명한데, 그 중 어느 마디일까? 체제에는 차이가 없으나 위치가 문제이다. 털보나나니의 자벌레에 관해서는 잠시 미루기로 하고, 다른 나나니의 희생물에서 몇 가지 체제를 발견했다. 즉, 머리를 제1체절로 본다면 3쌍의 진짜 다리는 제2, 3, 4체절에, 막상인 4쌍의 배다리는 제7,

8, 9, 10체절에 있고, 마지막 마디, 즉 제13체절에 또 1쌍의 막상 배다리가 있다. 즉, 다리는 모두 8쌍인데, 앞쪽의 7쌍은 각각 3쌍과 4쌍의 두 집단으로 분명히 나뉘었다. 그런데 두 집단의 중간은 다리가 없는 두 마디로써 앞뒤의 양 집단을 분리시켰다. 그곳이 바로 제5, 6체절이다.

그렇다면 벌은 송충이의 운동 능력을 모두 없애려고 운동 기관이 각각 다른 8마디를 차례대로 한 마디씩 침을 놓을까? 자벌레는 작고 힘도 약한데 그렇게 지나친 경계가 필요할까? 결코 그렇지 않다. 단 한 방이면 충분하다. 독 한 방울로 하나의 중심부 즉, 각 다리 체절로 마비가 빨리 퍼져나갈 장소를 찾으면 된다. 한 번만 주사하기 위해 선택한 마디는 두말할 것도 없이 걸음을 지배하는 두 집단의 체절 중 하나, 즉 제5 또는 6체절이다. 이렇게 추리해서 알아낸 장소가 결국은 본능에 따라 택한 곳과 일치했다.

한마디 더 하자면, 나나니는 항상 감각이 없어진 마디에 산란한다. 여기만 먹이가 꿈틀거릴 위험이 없는 곳이며, 어린 애벌레는 여기부터 겁 없이 먹는다. 바늘로 찔러도 별일 없는 곳이라면 새끼에게도 안전한 장소이다. 그래서 새끼가 파먹고 힘이 점점 생겨나도 희생자는 꼼짝 못하고 가만히 있을 수밖에 없다.

관찰 사례가 많아지자 또 다른 의문이 생겼다. 나의 결론에 대한 문제가 아니라 그것의 일반적인 적용 범위에 대한 것이다. 연약한 자벌레나 중간 크기의 송충이는 침으로 적합한 위치에 한 번만 찔러도 저항 능력이 없어짐은 사실이다. 이 진실은 직접 관찰했거나 바늘로 찌른 감수성의 조사로 증명되었다. 그런데 꼬마나나니, 특히 쇠털나나니는 자신보다 15배나 되는 무게의 거대한 먹을거리를 잡기도 한다. 이런 거구도 연약한 자벌레식으로 다룰까? 이런 괴물을 굴복시켜 꼼짝 못하게 할 때도 침 한 방이면 될까? 저 무서운 회색 송충이가 힘센 엉덩이로 집안의 담벼락을 한 번만 내리쳐도 알이나 새끼 따위는 치명상을 입지 않을까? 이제 막 깨어난 연약한 애벌레와 몸뚱이를 용처럼 멋대로 구불거리며 사리를 틀었다 풀었다 하는 동물이, 굴속의 좁은 방안에서 머리를 맞대고 있는 풍경은 생각만 해도 소름이 끼친다.

송충이를 감성적인 면에서 조사해 보니 의문이 더욱 커진다. 홀쭉한 몸매의 털보나나니 희생물은 침에 찔린 마디가 아닌 다른 마디를 찌르면 정신없이 날뛴다. 하지만 꼬마나나니와 특히 쇠털나나니의 사냥감인 뚱뚱한 몸매의 송충이는 몸 가운데의 앞뒤 어디를 찔러도 꼼짝하지 않는다. 몸을 비틀거나 사리지도 않는다. 침 대신 펜촉으로 찔러 보면 감각이 조금 남아 있는 듯 피부를 약간 떨 뿐이다. 어미 벌은 이 괴물 같은 먹이를 먹어야 하는 새끼의 안전을 위해 그의 감각 능력과 운동을 완전히 없애 버렸다. 벌은 괴물을 굴 안으로 들여놓기 전에 죽이지는 않고, 움직이지 못하게만 만들어 놓은 것이다.

나나니가 건장한 송충이를 한창 수술 중인 자리에 입회할 기회가 있었다. 몸에

밴 본능, 즉 그 지혜가 지금보다 더 감동적 장면을 보여 준 적은 없었다. 얼마 뒤 죽음이 앗아간 내 친구[2]와 함께 진왕소똥구리가 자신의 고된 시련을 알고 있는지 시험해 보고자 레 장글레(Les Angles) 언덕으로 함정을 파러갔다 돌아오는 길이었다. 백리향 그루터기에서 아주 분주해 보이는 쇠털나나니가 눈에 띄었다. 둘은 즉시 바삐 작업 중인 그의 옆에 배를 깔고 엎드렸다. 벌과 우리 두 사람은 이미 오랜 친구 사이라, 그렇게 옆에 바짝 붙어 있어도 그는 우리가 해치지 않는다는 것을 잘 알고 있다. 가끔 내 옷소매로 올라와 태연하게 앉았다가 백리향 그루터기로 돌아간다. 뻔뻔할 정도의 이 친구가 무슨 말을 하고 싶어하는지 나도 잘 안다. 아주 중요한 일에 열중하고 있는 벌을 잠깐 기다려 보자. 그러면 무슨 일인지 보여 주겠지.

나나니는 백리향 밑동의 흙을 긁어내고 가는 풀뿌리도 잘라낸다. 소복하게 쌓인 작은 흙더미 밑으로 머리를 드민다. 그러더니 백리향 둘레를 급하게 빙빙 돌다가 여기저기 뛰어다닌다. 다음은 관목 밑의 갈 만한 곳은 모두 조사한다. 지금 그는 굴을 파는 게 아니었다. 땅속에 은신처를 마련하고 숨어 있는 어떤 먹잇감을 사냥하는 중이었다. 그 행동은 마치 개가 굴에서 토끼를 내쫓으려는 장면을 연상케 했다. 땅속의 커다란 회색 송충이는 지금 밖에서 무슨 일이 벌어졌는지 궁금하기도 하고, 나나니가 바로 옆에서 괴롭히기도 하는 바람에 은신처 밖으로 나와본다. 나오자마자 모든 것이 끝장이다. 사냥꾼이 곧 그의 목덜미를 덥석 문다. 물린 송충이는 원통하다며 요동질 쳐보지만 벌은 놓지 않는다. 오히려 그

괴물의 등위에 올라타더니, 허리를 굽혀 모든 몸마디를 처음부터 끝까지 차례대로 찌른다. 마치 환자의 몸속을 잘 아는 외과의사처럼 서두르지도 않는다. 그래도 안 찌른 마디는 하나도 없다. 다리가 있든 없든 머리 쪽부터 엉덩이까지 모두 차례차례 찌른다.

자, 이상이 천천히, 또 차근차근 관찰한 내용이다. 벌은 인간의 과학이 질투할 만큼 정확하게 일을 처리했다. 그는 항상 사람들이 거의 모르는 것을 알고 있다. 송충이의 복잡한 신경계를 훤히 꿰뚫고 있어서, 마디마다 반복되는 신경절을 매번 독침으로 마비시킨다. 나는 이렇게 외쳤다. "그는 모든 것을 훤히 알고 있어, 그리고 잘 이해하고 있어." 또 이렇게 외쳐야만 했다. "그는 자신이 아는 대로, 또한 이해한대로 행동한다니까." 그의 행동은 모두 영감에 따라 실행한다. 동물은 자신의 행동을 전혀 이해하지 못한다. 다만 그렇게 할 수밖에 없는 본능을 따를 뿐이다. 그렇게 고상한 영감은 도대체 어디서 왔을까? 격세유전설(隔世遺傳說), 자연선택설(自然選擇說), 생존경쟁설(生存競爭說)을 이해한다면 그것을 합리적으로 설명할 수 있을까? 그 영감은 세계를 지배한다. 이 현상이야말로 나와 내 친구[3]에게 말로는 표현할 수 없는 감동적이고 명백한 사실이다. 또한 그 영감의 법칙에 따라 인도된 무의식적 행동이야말로 가장 웅변적인 표현의 하나이다. 번갯불 같은 진리가 심정을 송두리째 흔들어 놓는 바람에, 우리 두 사람은 무어라 말할 수 없는 감격으로 눈시울이 젖어옴을 느꼈다.

2, 3 여기서의 친구란 1877년에 사망한 파브르의 차남 쥘(Jules André)을 말하는 것 같다.

16 코벌

아비뇽에서 그리 멀지 않은 곳에 또 하나의 내 관찰 장소가 있는데, 거기는 론 강이 아비뇽 근처에서 오른쪽으로 갈라진 듀랑스(Durance) 강의 하구와 마주한 곳의 이사르츠 숲(Issarts)이다. 거기의 이야기를 해보려는데, 숲이라는 말에 오해가 없기 바란다. 숲이라면 대개 나뭇잎 사이로 햇살이 희미하게 비쳐들어 땅바닥은 축축한 이끼가 좍 깔려 음습하고, 위는 높은 나뭇가지가 울창하게 덮인 곳으로 생각할 것이다. 그렇지만 이사르츠 숲은 불볕더위의 벌판뿐이다. 푸르스름한 올리브나무 위에서 매미가 울어 대거나 녹음과 시원한 바람으로 한적한 휴식처 따위는 찾아보기 힘들다.

이 숲에는 사람 키만 한 털가시나무가 여기저기 흩어져 있는데, 나무 밑이라도 뜨거운 햇볕의 열기가 수그러들지 않는다. 나는 7, 8월의 무더운 대낮에 관찰하기 좋은 자리를 찾다가 커다란 양산을 이용하기로 했고, 그 그늘을 피난처 삼아 한나절을 보냈다. 양산은 얼마 뒤 연구에 뜻밖의 큰 도움을 주었는데, 그 이야기는 다음

번에 하자. 먼길이 급해서 총총걸음으로 뛸 때는 양산을 챙기는 것조차 귀찮아 그냥 갈 때도 있었다. 그럴 땐 모래언덕의 뒤편에 길게 누워서 강한 햇살을 피한다. 그래도 너무 더워 머리에서 뜨거운 피가 끓어오르면 최후의 수단이다. 즉, 머리만 토끼 굴속으로 피난시키는 것으로, 이것이 거기서의 피서법이었다.

나무가 없는 곳은 대개 맨땅으로 푸슬푸슬한 모래가 덮여 있다. 바람에 흩날리는 모래의 이동을 털가시나무 밑동과 뿌리가 막아주어 작은 모래언덕(사구, 砂丘)들이 만들어졌다. 경사는 급하지 않으며 푸슬푸슬한 모래땅이라, 조금만 움푹한 곳이 생겨도 곧 흘러내려 표면이 평평하게 메워진다. 가령 손가락을 꼽았다가 빼내면 그 가장자리가 곧 무너져내려 구멍은 메워지고, 손가락은 흔적도 없는 본래의 상태로 돌아간다. 그러나 어느 정도의 깊이에서는 지난번 비가 언제 왔는가에 따라 그 정도 깊이의 모래에 습기가 남아 있다. 습한 층은 어느 정도 파 들어가도 벽이나 천장이 쉽게 무너지지 않는다. 거기는 코벌이 원하는 조건, 즉 쨍쨍 내리쬐는 햇볕, 새파란 하늘, 벌의 발자국이 표면에 닿기만 해도 그 모양대로 그림이 그려지는 사구, 풍부한 애벌레의 먹을거리, 행인이 없으니 발에 밟히지 않는 안전함 등의 모든 조건이 다 갖추어진 곳이다. 부지런한 코벌의 습성을 살펴보자.

만일 나와 함께 거기서 양산 밑에 자리 잡고 싶거나, 토끼굴 이용광경을 보고 싶은 사람이 있다면 7월 말쯤 초청하겠다. 그곳은 코주부코벌(Bembex rostré: *Bembix rostrata*)이 갑자기 붕 하고 날아드는 곳이다. 어디서 왔는지 모른다. 미리 조사하지는 못했어도 그곳

코주부코벌

과 똑같은 모래밭에서 온 것은 분명하다. 그는 앞다리 발목마디에 여러 개의 가시 같은 털을 장착했는데, 마치 빗자루의 솔이나 써레의 날 같다. 이 빗자루로 땅속의 자기 집을 청소한다. 뒤쪽 네 다리로 몸을 지탱하는데, 한 쌍의 뒷다리는 약간 벌린 자세이다. 그리고 앞다리는 번갈아 가며 모래를 세게 긁거나 쓸어낸다. 얼마나 정확하고 빠른 솜씬지 발목마디에 용수철을 달아서 풍차를 돌려도 그만은 못할 것 같다. 모래는 배 밑을 지나 뒤쪽으로 보내진다. 활처럼 굽은 뒷다리를 넘어 끊어짐이 없는 물줄기처럼 뿜어내는데, 그 줄기가 20cm쯤 멀리 날아간다. 5~10분 동안 몸의 각 연장들이 어찌나 빠른 속도로 움직이던지, 모래 줄기가 끊이지 않고 계속 이어진다. 그렇게 빨리 퍼내면서도 한편으로는 느긋하다. 쉴 새 없이 앞으로 또는 뒷걸음질을 하는데, 그 이동이 마치 자유롭고 아름다운 율동처럼 보인다. 이곳 외에는 어디서도 이렇게 빠르게 작업하는 모습이 보이지 않는다.

파인 모래가 그대로 있을 수는 없다. 벌이 파 들어감에 따라 그 자리가 흘러내려 구멍을 메운다. 파낸 흙에는 작은 나뭇가지, 썩은 잎줄기, 굵은 모래알 따위가 섞여 있다. 코벌은 그런 것들을 끌어내서 멀리 물어다 버리는데, 뒷걸음질로 갔다가 다시 돌아와서 또 쓸어낸다. 깊게 파지도 않았는데 더 팔 생각은 하지 않는다. 이렇게 표면 근처만 파내는 목적이 무엇일까? 잠깐 엿본 것으로는 대답할 수가 없다. 그와 정답게 지내며, 또한 여기저기 흩어진 내 관찰 기록들을 정리해 보면, 지금 코벌이 작업한 동기를 그럭저럭 밝혀낼 수 있을 것 같다.

둥지는 틀림없이 몇 센티미터밖에 안 되는 땅 밑에 있다. 차가운 모래 속에 파놓은 작은 방안에는 산란된 알이, 어쩌면 매일매일 공급해 주는 파리를 먹고 자라는 아기 코벌이 들어 있을 것이다. 어미 새가 높은 바위 위의 둥지로 새끼의 먹이를 물고 날아들듯, 어미 벌도 자기 새끼에게 그날그날 먹일 먹이를 가지고 둥지로 돌아와야 한다. 새는 아무도 접근할 수 없는 바위틈으로 돌아갈 때 수집한 먹이가 좀 무겁고 번거로울 뿐이다. 하지만 코벌의 경우는 다르다. 매 끼니마다 광부처럼 몸소 힘들여 땅을 파야 하는데, 그나마도 모래가 허물어져서 통과할 때마다 번번이 막히는 길을 새로 파내야 한다. 이 둥지에서 담벼락이 튼튼한 곳은 겨우 한 개뿐인 넓은 방이다. 방안에서는 새끼벌레가 보름 동안 맛있게 먹으며 자라난다. 어미 벌이 방으로 들어가거나 나갈 때 드나드는 좁은 문은 매번 무너진다. 이렇게 드나들 때마다 무너지는 모래 속이라 그때마다 새로 길을 열어야 한다.

둥지 속에서는 벌이 활동하는데 지장이 없고, 몸을 숨기기에도 안전하다. 밖으로 나갈 때는 모래가 좀 굳었어도 별로 힘들지 않다. 급하게 서두를 것은 없으니 그저 이빨과 발목마디를 좀 움직이면 열린

다. 하지만 밖에서 돌아올 때는 거추장스러운 먹을거리를 짊어지고 있으니 문제가 다르다. 다리로 바짝 끌어안은 먹을거리는 몸통에 찰싹 달라붙은 짐이 되어, 광부는 연장을 마음대로 휘두를 수가 없다. 사태는 훨씬 더 심각하다. 뻔뻔스러운 기생충이 문밖에서 기다리는 것이다. 즉, 문밖을 배회하거나 근처에 숨어 있던 진짜 노상강도가 힘들게 돌아오는 어미 벌의 길목을 노리고 있다. 벌이 굴로 들어가려는 순간을 확인하자, 곧 서둘러서 그의 사냥물에다 자기의 알을 낳는다. 그렇게 되는 날이면 젖먹이 벌, 즉 코벌의 아들은 게걸스러운 식객에게 먹이를 빼앗기고 종래는 굶어죽는다.

코벌은 이 위험을 분명히 알고 있는 것 같다. 그래서 돌아올 때 사고 없이 빨리 들어가려고 대비를 해놓은 것 같다. 출입구를 막은 모래를 머리로 한 번 밀고는 앞다리로 재빨리 쓸어내면 곧 열리게 해놓은 것이다. 이런 목적으로 둥지 주변의 물건들을 조심해서 골라낸다. 햇살이 적당하고 특별히 아기를 돌볼 일도 없어서 어미가 한가할 때는 문 앞을 세게 갈퀴질한다. 돌아오는 길에 방해가 될 만한 나무토막, 굵은 모래, 나뭇잎 따위를 미리 치워 버리는 것이다. 지금 열심히 고르기 작업 중인 코벌이 보인다. 편하게 돌아오려고 출입구를 파헤쳐 모래를 주의해서 고르고, 방해거리는 모두 치운다. 모성애로서의 만족감과 행복감에 젖어 즐겁고 활기차게 일하며, 소중한 알이 든 지붕을 바라보는 어미 벌의 모습이 눈에 선하다.

코벌은 집밖의 살림에만 많은 신경을 쓸 뿐, 모래 속 둥지는 둘러보지 않는다. 그 안은 이미 모두 정돈되어서 별로 할 일이 없어서이다. 지금은 벌이 더 보여 줄 게 없으니 기다릴 필요가 없다. 그렇다면 둥지 속으로 직접 파 들어가 조사해 보자. 코벌이 열심히 일하던 곳의 모래언덕을 작은 칼로 잘라낸다. 곧 현관이 보인다. 긴 터널의 한쪽 끝은 막혔으나, 여기는 널려 있는 것의 모습이 다른 점으로 보아 분명히 출입구이다. 통로는 지름이 손가락 굵기, 길이는 20~30cm, 시원한 모래 속을 파 들어가 한 개의 독방으로 통하는데, 흙의 기복과 성질에 따라 통로가 곧거나 구부러지기도, 짧거나 길기도 한다. 벽이 무너질 때를 대비하거나 울퉁불퉁한 곳을 매끈하게 하려고 시멘트 작업을 하지는 않았다. 애벌레를 기르는 동안 천장만 튼튼하면 그만이다. 설사 흙이 좀 무너져도 애벌레는 금고처럼 단단한 상자 속에 틀어박혀 있으면 그만이다. 방 공사는 아주 촌스럽고 모든 것이 허술한 임시 건물이다. 특별히 정해진 모양도 없고, 천장은 낮으며 호두알이 두세 개쯤 들어갈 만한 넓이이다.

　애벌레의 거실에는 먹이가 하나밖에 없는데, 그나마도 아주 작아서 아귀처럼 먹어 대는 새끼에게는 형편없이 부족한 식량이다. 그 식량은 금록색으로 썩은 고기만 먹는 금파리(*Lucilia caesar*)☞이다. 제공된 파리 식량은 전혀 움직이지 않는다. 완전히 죽었을까? 마비만 되었을까? 이 문제도 다음에 이야기하자. 금파리의 옆구리에는 흰색에 약간 구부러진 원통 모양의 코벌 알이 붙어 있다. 길이는 2mm가량이다. 어미 벌의 행동에서 짐작했듯이, 집안에서 급히 할 일이란 실제로 없다. 알

금파리

금파리의 한 종류 썩은 동식물에 모여드는 위생곤충의 하나이며, 겉모습은 비슷해도 종은 대단히 많다. 우리나라에서 금파리 속(*Lucilia*)만 6종이 보고되었고, 집파리과 중에서도 이들과 비슷한 종이 아주 많다.

은 이미 낳았고, 24시간 뒤 부화할 어린 새끼에게 필요한 최초의 먹이도 벌써 준비되었다. 이제 주변을 살펴 또 굴을 파고, 각 방마다 알을 하나씩 낳는 일만 계속할 뿐, 당분간 산란된 굴속은 들어가지 않아도 된다.

비록 코주부코벌만 첫 번째 먹이를 단 한 마리, 그것도 아주 작은 것으로 제공하는 것은 아니다. 다른 종의 코벌 역시 모두 같은 특징을 가졌다. 어느 종이든 방안을 조사해 보면, 모두 파리 한 마리의 옆구리에 알 한 개를 붙여 놓았다. 최초의 먹이는 그것 하나뿐인데 어미 벌이 연약한 새끼를 위해 작고 부드러운 것을 준비해 놓은 것이다. 어쩌면 신선함이 먹이선정 기준에 또 하나의 동기일지도 모르겠으나, 이 문제도 조금 뒤에 조사해 보자. 최초의 식단은 항상 이렇게 부피가 작지만, 근처에 먹을거리 대상이 많고 적음에 따라 달라지기도 한다. 경우에 따라 금파리, 침파리(Stomoxys→ *Stomoxys calcitrans*)°, 작은 꽃등에(Éristale: *Eristalis*)[1], 또는 몸이 검은색 우단으로 덮인 ?빌로오도재니등에(Bombylien habill: *?Bombylius major*)° 따위가 먹잇감으로 이용된다. 무엇보다도 가장 흔한 먹을거리는 배가 날씬한 파리 종류

[1] *Eristalis* 속은 대개 중형 꽃등에여서 혹시 꼬마꽃등에(*Sphaerophoria*)의 착오가 아닌지 의심된다.

(Phérophorie)[2]이다.

왕성한 식욕을 타고난 애벌레에게 제공된 식사치고는 너무 빈약하지만, 이들은 예외 없이 작은 파리 한 마리를 알과 함께 방안에 넣었다. 이 사실은 코벌의 가장 뚜렷한 습성이기에 우리의 주목을 끌었다. 산 먹을거리로 애벌레를 키우는 벌들은 그가 완전히 자랄 때까지 필요한 양을 방안에 넣고, 그 중 하나에다 산란 후 방문을 닫고 다시는 돌아오지 않는다. 새끼는 부화 즉시 먹어 댈 식사가 눈앞에 산더미처럼 쌓였으니 혼자서 자라게 된다. 하지만 코벌은 이런 규정에서 예외를 만들었다. 방안에는 크기가 작은 한 마리, 언제나 틀림없이 한 마리뿐인 최초 먹이에 산란한 어미는 출입구를 막고 떠난다. 하지만 그 전에 문밖의 흙을 정돈한다. 자기만 알 뿐 남은 모르게 입구를 감추는 것이다.

2~3일 후에 알을 까고 나온 새끼 벌은 식탁에 마련된 성찬을 즐긴다. 어미 벌은 아직

2 Phérophorie는 학계에 등록된 적이 없어서 어떤 종류의 파리인지 알 수가 없다.

시골꽃등에 우리나라에서는 상당히 드문 종인데, 나무껍질의 수액에서 발견되며, 아마도 그 속의 미생물을 먹는 것 같다는 기록이 있다.

근처의 파니코뿔미나리(Panicaut: *Eryngium paniculatum*) 꽃꿀을 핥든지 집밖에서 망을 본다. 그러고는 출입구의 모래를 체로 거르다가 어디론가 날아간다. 다른 곳에다 또 굴을 파고 같은 방법으로 준비하려나 보다. 하지만 아무리 오랫동안  집을 비워도 먹이를 조금만 준 새끼를 잊어버리는 일은 결코 없다. 어미로서의 본능은 새끼가 어느 날 언제쯤 준비된 먹이를 다 먹어서 새 먹이가 필요한지를 알려 준다. 그래서 그때쯤 둥지로 돌아온다. 놀랄 만한 기억력으로 감추어 놓았던 출입문을 찾는다. 지금은 부피가 더 큰 먹이를 안고 지하실로 들어간다. 그것을 들여놓고 나온 후 세 번째 먹이를 줄 때까지 기다린다. 새끼가 왕성한 식욕으로 아귀처럼 먹어 대니 세 번째도 곧 가져오며, 또 계속해서 새 먹이를 가져온다.

애벌레가 자라는 약 2주일 동안, 무럭무럭 자랄수록 먹이는 연달아 더 빨리 실려온다. 2주 말경에는 걸신들린 애벌레가 먹다 남은 다리나 각질 부스러기 속에서 무거운 배를 질질 끌고 있다. 어미는 이런 자식의 배를 곯지 않게 하려고 정신없이 고단한 일을 계속해야 한다. 막 잡아온 먹이를 쉴 새 없이 끌고 들어간다. 다시 사냥하러 부지런히 나간다. 간단히 말해서, 코벌은 먹이를 미리 저장하지 않는다. 마치 새가 둥지 안의 어린 새에게 그날그날의 먹이를 새로 잡아다 주며 기르는 방식이다. 가족을 날고기로 키우는 벌의 경우, 이런 방법은 정말 드문 일이다. 이런 식의 양육을 무수히 증명하듯, 방안에는 언제나 한 마리의 먹을거리뿐이다. 이미 말했듯이, 알이 있는 방안도 오직 한 마리의 작은 파리밖에 없었다. 결코 그 이상은 없었다. 또 다른 증거가 있는데 그것을 보려고 별도의 시간을 정할 필요는 없다.

　새끼의 식량을 한꺼번에 미리 저장하는 벌의 둥지를 보자. 벌이 먹을거리를 물고 들어갔을 때에 맞추어 조사하면 된다. 방안에는 벌써 몇 마리의 먹잇감이 있거나 지금 막 넣은 것이 눈에 띈다. 하지만 아직은 알도, 애벌레도 보이지 않는다. 식탁을 완전히 차려 놓은 다음 산란하기 때문이다. 알을 낳으면 방문을 잠그고 다시는 돌아오지 않는다. 가져다 놓은 게 많든 적든 그 옆에는 애벌레만 보일 뿐, 어미는 그 둥지를 다시 방문할 필요도 없다. 이번에는 코벌이 사냥물을 들여갈 때에 맞추어 집안을 조사해 보자. 안에는 항상 먹다 남은 음식찌꺼기 속에서 한 마리의 새끼만 발견된다. 방금 가져온 먹이는 전부터 시작된 식사의 연속이며, 앞으로의 식사는 다시 사냥되는 희생물로 계속 이어질 것이다. 발육이 끝날 무렵에 발굴의 행운을 얻고 싶었는데, 이 행운은 얼마든지 얻었다. 이때쯤이면 먹다 남은 찌꺼기 속에서 통통하게 살찐 애벌레가 보인다. 그래도 어미는 신선한 먹이를 계속 가져온다. 곧 애벌레가 더는 먹기 싫어지는 시기가 오는데, 그때는 포도주 빛깔의 죽이 뱃속을 꽉 채워 극도로 팽팽해졌을 때이다. 이제 먹다 남은 날개나 다리 따위의 부스러기 위에 비스듬히 눕는다. 이런 모습이 되기 전에는 어미가 먹이 공급을 중단하던가, 집을 버리는 일이 절대로 없다.

사냥한 어미 벌이 집안으로 들어갈 때는 반드시 파리 한 마리를 가져온다. 발육이 끝난 방에 남아 있는 찌꺼기 수를 세어 파리가 몇 마리나 공급되었는지 조사해 보면, 이 벌이 산란 후 몇 번이나 출입했는지도 알 수 있다. 하지만 유감스럽게도 남은 찌꺼기는 대부분 본래의 모습을 알아보기가 힘들다. 먹이가 부족했을 때 모두 먹어 버려서 그렇다. 하지만 애벌레가 아직은 좀 덜 자랐을 때 방안을 열어 보면 어떤 것은 아직 입도 대지 않았고, 어떤 것은 조금 건드렸을 뿐이다. 나머지도 계산할 수는 있을 만큼 보존되었다. 비록 불완전해도 이런 조건에서 얻은 숫자는 벌이 먹이 공급에 얼마나 활동했는지를 알려 준다. 이를 알고 나서 또 한 번 놀라지 않을 수가 없었다. 관찰된 식단 중 예를 하나 상세히 들어보자.

9월 말경, 쥘코벌(B. Jules: *Bembex julii*→ *Bembix sinerata*) 애벌레가 1/3 정도 크기로 자랐을 때, 벌레 주변에서 자세히 찾아낸 식량은, 붉은털기생파리(*Echinomyia*→ *Peleteria rubescens*) 6마리 중 2마리는 완전한 상태, 4마리는 파손, 별넓적꽃등에(*Syrphus* → *Eupeodes corollae*) 4마리 중 2마리는 완전, 2마리는 조각남, 검정풀기생파리(*Gonia atra*) 3마리는 모두 완전, 1마리는 방금 둥지를 발견케 함, 홍가슴꼬마검정파리(*Pollenia ruficollis*) 2마리 중 1마리 완전, 1마리는 먹던 중, ?빌로오도재니

띠털기생파리

등에(*Bombylius*) 1마리 메멀레이드가 됨, 띠털기생파리(*Echinomyia*→ *Cylindromyia intermedia*) 1마리 완전 가루상태, 꽃꼬마검정파리(*P. floralis*→ *Onesia sepulcralis*) 2마리 모두 가루상태. 총 20마리로 그야말로 진수성찬인데, 새끼는 아직 덜 자랐으니 일생 동안 적어도 60접시 이상의 요리가 필요하겠다.

　희생자 숫자가 이렇게 엄청나지만 힘을 덜 들이고 이를 증명할 방법을 찾았다. 어미 벌 대신 내가 직접 애벌레의 시중을 드는 것이다. 새끼가 실컷 물릴 만큼의 많은 파리를 제공하면 된다. 작은 종이상자 안에 모래를 깔고 애벌레 방을 그리 옮겼다. 물론 애벌레는 연한 피부가 다치지 않도록 세심한 주의를 기울였고, 이미 공급된 식량부스러기도 빠짐없이 그의 주변에 늘어놓았다. 다음, 상자를 들고 집으로 돌아간다. 그런데 몇 킬로미터를 걷는 동안 상자가 엎어져 엉망이 되지 않도록 공손히 손으로 받쳐들고 모셔 간다. 지친 몸으로 먼지투성인 님므(Nîmes) 시내의 큰길을 걸었다. 수많은

똥보기생파리의 한 종류 이 종은 주로 꽃에서 발견되는데 곧잘 배의 모양과 무늬가 기본형과 달라 종을 혼동하는 일이 많다. 사진은 중국별똥보기생파리 같은데 배가 매우 넓은 반면 검정 무늬는 거의 없는 개체이다.

파리로 배를 채운 이 지저분한 애벌레를 모시고 걸었다. 어린애처럼 순박한 내 꼴을 누가 보았다면 틀림없이 기가 차서 웃었겠지.

다행히 가는 도중 별 탈은 없었다. 집에 도착했을 때 애벌레는 아무 일도 없는 듯 조용히 파리를 먹고 있었다. 잡혀 온 지 3일째 되는 날, 녀석은 제집에서 가져온 음식을 다 먹었다. 남은 것을 뾰족한 주둥이로 샅샅이 뒤졌으나 먹을 만한 것이 없는 모양이다. 바싹 마른 부스러기는 거칠고 국물도 안 나오니 싫다는 듯 내던진다. 이제는 내가 식사 시중을 들 차례이다. 쉽게 잡히는 파리들이 내 포로의 먹이가 된다. 파리를 뭉개서 죽이지는 않고 손가락으로 살짝 눌러 기절만 시킨다. 처음에 꽃등에(*E. tenax*) 세 마리와 쉬파리(*Sarcophaga*) 한 마리를 주었는데 하루도 안 되어 다 먹었다. 다음 날 아침, 집파리(Mouche domestique: *Musca domestica*) 네 마리와 꽃등에 두 마리를 주었는데 그날은 그것으로 충분했다. 9일째는 먹이를 거부하고 고치를 짓기 시작한다. 지난 8일 동안 식단은 주로 꽃등에와 집파리로 채운 62접시. 제집에서 가져온 온전한 것과 부분적인 것 20마리를 합치면 총 82마리나 된다.

나는 어미 벌처럼 새끼를 위생적으로, 또한 음식을 아껴가며 키웠는지 아닌지는 모른다. 새끼가 먹든 말든 매일 한 번씩 먹이를 주고 더 이상은 돌아보

호리꽃등에 아주 흔하고, 살도 안 쪄서 코벌 새끼의 첫 번째 먹잇감으로 적당하겠다.

지 않았으니 낭비가 있었을 것이다. 내 노트에 다음과 같은 기록이 있는 것을 보면, 아마도 어미 역시 이런 식으로 주지는 않았을 것이다. 즉, 방금 눈알코벌(*B. oculata*)이 듀랑스 강가의 모래밭으로 농촌쉬파리(*S. agricola*)를 물고 들어간 구멍을 파냈다. 거기는 먹다 남은 것이 많았고, 말짱한 파리도 몇 마리가 있었다. 애꽃등에의 일종(*Sphaerophoria scripta*) 4마리, 산검정파리(*Onesia viarum*) 1마리, 그리고 농촌쉬파리는 방금 물고 들어간 것까지 2마리가 보였다. 그런데 여기서 주목할 일이 있었다. 애꽃등에 중 절반은 방안의 깊은 곳, 즉 애벌레의 코앞에 있었으나, 나머지 절반은 애벌레의 손이 닿지 않는 출입구 쪽 통로에 있었다. 이 점을 나는 이렇게 생각한다. 어미가 사냥을 많이 했을 때는 그것을 한동안 저장 식량으로 현관의 출입구에 놓아두었다가 비가 오는 날처럼 일을 못하는 날, 즉 필요할 때 주려는 것 같다.

    이런 식으로 먹이를 절약해서 주면 낭비를 피할 것이다. 지나칠

만큼 호화판으로 먹어 대는 내 애벌레는 어떻게 해야 낭비를 줄일 수 있는지, 나는 방법을 모른다. 어쨌든 앞에 제시한 파리의 숫자를 좀 낮추어 볼 생각이다. 그래서 크기가 중간쯤 되는 집파리와 꽃등에 64마리 정도라는 생각이다. 특별히 등에(등에과, Tabanidae)를 좋아하는 코주부코벌과 두니코벌(B. bidenté: B. bidentata)을 제외하고, 이 지방의 코벌은 모두 그 정도일 것이다. 등에는 종에 따라 몸집 크기에 차이가 심해서, 이 두 벌의 먹이 수는 대략 10~20여 마리로 편차가 매우 크다.

이 연구의 주제였던 6종의 코벌에 대한 먹잇감의 반복적 설명을 피하고자, 그들의 둥지에서 관찰된 쌍시류를 다음과 같이 나열해 본다.

1. 올리브코벌(*Bembex olivacea*) : 아비뇽 근처 카바이용(Cavaillon)에서 단 1회 관찰. 먹이는 금파리.

아비뇽 근처에는 다음의 5종이 많다.

2. 눈알코벌 : 애꽃등에, 특히 *S. scripta*에 가장 많이 산란. 가끔 비슷한 크기의 프리디재니등에(*Geron gibbosus*) 외에도 침파리, 2종의 꽃꼬마검정파리, 별꽃등에류(*Pipiza*→ *Cheilosia nigripes*), 별넓적꽃등에, 산검정파리, 검정파리(*Calliphora vomitoria*)°, 띠털기생파리, 농촌쉬파리, 집파리. 보편적인 먹잇감은 침파리로 한 둥지에 50~60마리 이상 들어 있는 경우 여러 번 관찰.

3. 혹다리코벌(*B. tarsata*) : 애꽃등에류(*S. tarsata*)에 산란. 재니등에를 좋아하며 황색우단재니등에(*Anthrax flava*), 털보재니등에

(*Bombylius* → *Anastoechus nitidulus*)♂, 검정루리꽃등에(*Eristalis* → *Eristalinus aeneus*)♂, 무덤꽃등에(*E. sepulchralis*), 별넓적꽃등에, 가시진흙꽃등에(*Merodon spinipes*), 세띠수중다리꽃등에(*Helophilus trivittatus*), 점박이꼬마벌붙이파리(*Zodion notatum*: 벌붙이파리과)도 사냥.

4. 쥘코벌 : 애꽃등에나 꽃꼬마검정파리에 산란. 별넓적꽃등에, 2종의 털기생파리, 검정풀기생파리, 2종의 꼬마검정파리, 발납작파리(*Clytia pellucens*)[3], 금파리, 촌놈풍뎅이기생파리(*Dexia rustica*), 재니등에류.[4]

5. 코주부코벌 : 산란은 별넓적꽃등에나 금파리. 등에 소비자, 특히 대형먹이 제공.

6. 두니코벌 : 역시 등에를 열심히 사냥. 다른 종류는 발견치 못했고, 산란 대상종도 모름.

먹이의 종류가 이렇게 다양한 것은 코벌의 식성이 비교적 까다롭지 않으며, 사냥 형편에 따라 눈에 띄는 쌍시류는 어느 종이든 공격함을 말해 준다. 하지만 종에 따라서는 특정 먹이에 대한 선호도가 있다. 특별히 재니등에를, 다음은 침파리를 사냥하고, 서너 번째의 그룹으로 특별히 등에를 소비하는 종도 있다.

[3] Platypezidae, 꽃등에 근연 종류로 넓고 납작한 부절 가짐.
[4] 학명 *P. ruficollis*, *S. agricola*, *A. flava*는 확인이 필요하다. *S. tarsata*는 종명의 오기 같은데 만일 오기가 아니라면 *Scaeva tarsata*일지 모른다.

17 파리 사냥꾼

코벌(*Bembix*)의 고상한 어린 시대의 삶을 보고 나니, 왜 이 종류만 이렇게 땅굴을 파는 벌들 중 예외적인 먹이 저장법을 택했는지 그 동기를 알아보고 싶었다. 미리 충분한 양의 식량을 저장하고 알을 낳은 다음, 문을 닫아 버리면 두 번 다시 돌아오지 않아도 될 텐데. 웬일인지, 산란 후에도 보름 동안이나 쉴 새 없이 둥지와 들판을 왕래한다. 들락거릴 때마다 허물어지는 모래더미 속에 길을 내느라 극심한 고생을 하며, 새끼에게 사냥한 먹이를 전해 주느라고 끙끙댄다. 왜 그런 짓을 할까? 우선, 가장 먼저 생각해 볼 문제는 살아서 신선한 먹이의 필요성이다. 애벌레는 상한 먹이를 절대로 먹지 않을 것이니 이 점은 매우 중요한 문제이다. 하지만 다른 종류의 땅굴 속 애벌레들도 항상 신선한 고기만 먹기는 마찬가지다.

그동안 노래기벌, 조롱박벌, 나나니 따위는 필요한 양의 먹이를 미리 충분하게 가져다 넣는 것에 대해 이야기해 왔다. 또한 먹을거리를 어떻게 몇 주일 동안 신선한 상태로 유지하는지, 희생물은 살아 있는 상태인데 어떻게 움직이지 못하게 하여 새끼의 안전을 꾀하는지 등의 문제에 관해 어미 벌의 해결 방법을 이야기했다. 우리로서는 심오한 과학적 이론이 뒷받침되어야만 이해되는 이런 불가사의한 일을 그들은 생리학적으로 해결한다. 신경지배의 구조에 따라 어떤 때는 한 번, 어떤 때는 여러 번 독침으로 찌른다. 이렇게 수술하면 먹잇감은 운동 능력을 잃지만 생명은 그대로 유지되었다.

코벌의 심오한 과학적 살상 방법에 대해서 알아보자. 둥지로 들어가는 코벌에서 빼앗은 파리는 대부분 죽은 것 같다. 그들은 움직이지 않는다. 어쩌다가 발목마디가 약간 경련을 일으켜, 마치 꺼져 가는 생명이 타다 남은 최후의 불꽃처럼 보일 때도 있다. 하지만 완전한 시체처럼 보인다. 노래기벌이나 조롱박벌은 독침으로 능숙하게 마비시켰다. 그렇다면 희생물의 생사여부는 희생물 자신의 태도가 어떤가에 따라 결정될 수밖에 없다.

조롱박벌의 메뚜기, 나나니의 송충이, 그리고 노래기벌의 딱정벌레를 종이봉투나 유리관에 넣으면 몇 주일이든 몇 달이든 피부는 유연성이 있고, 색깔도 신선하며, 평소와 다름없는 상태의 내장을 유지한다. 그들은 시체가 아니라 눈을 뜨지 못하는 혼수상태에 빠졌을 뿐이다. 그런데 코벌의 파리는 아주 다르다. 눈부시게 아름다운 빛깔로 단장했던 여러 종류의 꽃등에도 순식간에 모든 광채가 사라진다. 아름다운 금빛에 세 줄의 붉은 보랏빛 무늬를 가진 어떤 등에(Taon: *Tabanus*류)의 눈은 그 빛이 곧 바래고 죽어 가는 눈빛처럼 흐려진다. 이런 파리들은 크든 작든 공기가 잘 통하는 종이봉투에 넣어 두면 2, 3일 안에 모두 말라서 가슬가슬해진다. 공기가 통하지 않아 증발이 방지되는 유리관에 넣으면 곰팡이가 끼고 썩어 버린다. 코벌에게 끌려올 때 이미 죽었기 때문이다. 진짜로 죽은 것이다. 혹시 몇 놈이 살아 있더라도 며칠이나 몇 시간 안에 고통의 종말을 끝낸다. 그렇다면 침질을 잘못했던가, 아니면 무엇인가 다른 이유가 있어서 이 살육자는 살아 있던 사냥물을 철저하게 죽였을 것이다.

먹이를 잡아 이렇게 완전히 죽여 버리는 이유를 알고 나면, 그 누가 논리적인 코벌의 작업에 찬사를 보내지 않겠는가? 지혜로운 이 벌의 행동에도 과연 모든 것이 서로 체계적으로 연결되어 있지 않더냐! 먹잇감을 썩히지 않고 보존할 수 있는 기간은 2, 3일밖에 안 되는데, 애벌레의 발육 기간은 적어도 보름이나 걸린다. 그러니 처음부터 모든 먹이를 한꺼번에 창고에 넣어서는 안 된다. 새끼의 성장에 따라 조금씩 분배해서 그날그날 사냥할 준비가 되어 있어야 한다. 산란해 놓는 최초의 먹이는 다른 먹이보다 오래 보존될지라도, 갓 부화한 꼬마가 그 살을 모두 먹어 치우려면 며칠이 걸린다. 그러니 이때는 아주 작은 먹이가 필요하다. 그렇지 않으면 다 먹기 전에 썩어 버릴 것이다. 그래서 덩치가 큰 등에나 뚱뚱하게 살찐 재니등에를 먹이로 해서는 안 된다. 처음에는 홀쭉한 애꽃등에나 이와 비슷하게 연약하고 부드러운 파리를 먹이고, 그 다음은 점점 큰 먹이를 가져온다.

어미가 없는 동안 침입자로부터 새끼를 보호하려면 둥지 입구를 막아 놓아야 한다. 그런데 먹이를 짊어지고 허둥지둥 돌아오는 어미를 뻔뻔스러운 기생충이란 놈이 그 길목에서 기다리며 동정을 살핀다. 이때 문이 쉽게 열려야 그 놈을 피해서 둥지 안으로 재빨리 들어갈 수 있다. 다른 땅굴벌과 달리 코벌은 이런 조건 때문에 모래로 문을 막았으며, 이 문을 치우는데는 많은 시간과 고된 노동이 뒤따른다. 코벌은 그래서 겉은 말라서 거친 모래땅에 둥지를 튼 것이다. 이런 곳은 어미가 조금만 힘을 들여도 문이 제쳐진다. 하지만 곧 허물어져서 저절로 닫힌다. 마치 손으로 밀면 열렸다가 혼자 제자리로 돌아가는 커튼 같다. 이것이 인간의 이성으로 추측해 볼 수 있는 코벌의 행위이다.

왜 사냥꾼은 희생자를 마비만 시키지 않고 죽여 버릴까? 독침 사용법이 서투른가? 혹시, 파리의 몸 구조에는 독침 사용이 불편한 것일까? 우선 나의 실패 하나를 고백하겠다. 비단벌레, 바구미, 소똥구리 따위는 펜촉으로 암모니아 한 방울을 떨어뜨리면 움직이지 못했는데, 파리도 죽이지 않고 그런 상태로 만들려 했으나 실패했다. 파리는 마비가 잘 되지 않았고, 움직이지 못하는 것은 이미 죽었다. 진짜 죽어 버렸다. 이 사실은 처리 후 썩거나 마르는 것으로 증명된다. 나는 사람의 해결 능력으로는 승산이 없는 아주 곤란한 문제라도 곤충은 거뜬히 해내는 경우를 수없이 보아왔다. 그래서 곤충이 갖춘 본능의 지혜를 믿는다. 그리고 이 난제도 멋지게 해결할 것으로 본다. 코벌의 살육기술 역시 의심하지는 않지만, 혹시 다른 동기가 있는지도 알아봐야겠다.

그렇게 얇은 피부에 별로 뚱뚱하지도 않은, 좀더 구체적으로 말하자면 그렇게 빈약한 파리는 아마도 체내 수분의 증발에 대해 오랫동안 버티지 못할 것이다. 2, 3주만 지나도 모두 말라 버릴 것이다. 코벌 새끼가 처음 먹어야 하는 애꽃등에를 생각해 보자. 이 꽃등에의 몸속에도 증발할 만한 체액이 있는가? 티끌 만큼도 없다. 뱃속에는 가느다란 끈 하나만 있을 뿐 등가죽과 뱃가죽이 찰싹 달라붙었다. 영양이 보급되지 않으면 체액은 몇 시간도 안 돼 말라 버린다. 이런 먹을거리를 어떻게 보존식품으로 쓸 수 있을까? 의심할 수밖에 없다.

이 문제에 대한 빠른 해답으로 사냥해 온 파리를 보자. 벌에서 빼앗은 것들을 보면 거친 격투 과정에서 조심성 없이 급하게 잡혀 온 흔적이 적지 않게 나타난다. 약탈자가 목을 비틀어 머리가 뒤로 재껴진 녀석도, 날개가 구겨졌거나 털이 엉클어져 결이 엉망인 녀석도, 몸통을 물려 찢긴 녀석도, 다리가 잘려나간 녀석도 있다. 물론 가끔은 온전한 것도 있다.

어쨌든, 사냥감은 재빨리 도망칠 능력이 있으니 급격히 낚아채야 한다. 안 죽이고 마비만 시킬 시간적 여유가 없다. 둔한 바구미를 상대하는 노래기벌, 뚱보 귀뚜라미나 올챙이 배의 민충이와 싸우는 조롱박벌, 송충이의 목덜미를 잡는 나나니 따위는 피습에 대해 너무나도 느림보라서, 손쉬운 먹잇감을 상대하는 셈이다. 그들은 서두르지 않고 찌를 곳을 침착하게 찌른다. 마치 생리학자가 해부접시 위에서 가를 부위를 수학적으로 재듯이 정확하게 찾아서 찌른다. 그러나 코벌은 경우가 다르다. 자칫하면 사태가 완전히 빗나가고, 사냥감을 조금만 놀라게 해도 재빨리 사라진다. 나르는 속도도 서로 막상막하다. 따라서 코벌은 참매(Autour: *Accipiter genitilis*)가 들판에서 사냥하듯, 공격을 늦추지 않고 허를 찔러 먹잇감을 덮쳐야만 한다. 큰턱, 발톱, 침 등 몸에 지닌 모든 무기를 총동원해서 뜨거운 격전에 임하여야 한다. 우물쭈물하지 말고 먹잇감이 도망치기 전에 싸움을 끝내야 한다. 만일 이 추측이 사실과 일치한다면 코벌이 잡은 먹이는 이미 시체가 되었든지, 아니면 적어도 치명적 부상을 당한 희생물일 게 뻔하다.

이것 봐라. 내 예측이 정확히 맞았다. 코벌의 공격은 맹금류의 사냥이 무색할 만큼 난폭하게 진행된다. 한창 공격 중인 벌의 장면을 본 것은 정말 행운이다. 이 사냥꾼을 둥지 근처에서 아무리 끈질기게 기다려도 관찰할 기회는 오지 않는다. 벌은 멀리 날아가 버리고, 그렇게 빨리 나르는 벌을 따라잡을 수도 없다. 그런데 전혀 예기치 않았던 내 도구 하나가 도움을 주었다. 그것이 없었다면, 아마도 이 벌의 작업 광경은 영원히 알아낼 수 없었을 것이다. 도구란 바로 양산, 이사르츠 숲의 모래 위에서 천막 대신 펴놓았던 양산이었다.

양산이 내게만 도움을 준 것이 아니다. 늘 그리 모여드는 친구들도 엄청나게 많았다. 여러 종의 등에가 그 천장으로 피난 와서 팽팽한 비단헝겊의 여기저기에 자리 잡는다. 정말로 버티기 힘들만큼 더울 때는 그 친구들이 더 많이 찾아왔다. 나는 지루한 시간을 보내며 쉬는 동안, 천장에서 보석처럼 반짝이는 커다란 금빛 눈알을 바라보며 즐기기도 했다. 너무 더우면, 천장의 한쪽 귀퉁이에서 침착한 걸음걸이

등에 3/4

로 움직이는 그들의 모습을 감상하곤 했다.

하루는 팽팽한 양산에서 팡! 하고 북 치는 소리가 난다. 혹시, 떡갈나무(→털가시나무)에서 도토리가 양산 위로 떨어지는 소리일까? 잠시 후 다시 팡! 팡! 혹시, 나의 고독한 생활을 불평하는 어떤 몹쓸 인간이 도토리나 작은 돌을 던지나? 나는 양산 밖으로 나가서 사방을 둘러보았다. 하지만 아무도 없다. 또 팡!, 팡! 천장을 보고서 수수께끼가 풀렸다. 등에 사냥꾼인 코벌이 그곳에 많이 모여 있던 등에를 잡으러 용감하게 달려들었다. 내가 바라던 일이 벌어진 것이다. 그냥 놔두고 바라보기만 하면 된다.

가끔씩 코벌 한 마리가 번개처럼 날아들어 비단양산 천장에 부딪친다. 그때 팡! 하는 소리가 난다. 거기서 무엇인가가 버둥거리며 몸부림을 친다. 그렇게 뒤엉켜 싸우는 바람에 공격하는 쪽과 당하는 쪽을 눈으로 구별할 수가 없었다. 싸움은 오래가지 않았다. 벌이 희생자를 다리로 끌어안고 날아가 버린다. 바보 같은 등에들은 이 침입자가 갑자기 들어와 자신의 가족을 한 마리씩 솎아 가는데도 겨우 옆으로 조금 피할 뿐, 위험한 이 은신처에서 떠나려 하지 않는다. 밖은 참말로 무덥다. 왜 이렇게 측은한 생각이 들까?

먹잇감을 갑자기 공격하여 재빨리 잡아 바로 도망친다. 그러니 코벌은 칼을 좀 써 보고 싶어도 그것을 조절해 볼 틈이 없다. 한참 싸울 때 칼도 제몫을 해보겠다고 겨냥해 보지만 제 자리를 찌르지 못한다. 사냥꾼의 다리에 붙잡혀 발버둥치는 등에에게 최후의 일격을 가하려고 머리와 가슴을 이빨로 부수는 것도 보았다. 벌은 등에의 마지막 발버둥조차 용서 없이 중단시키려 한다. 이것만 보아도 벌이 원하는 것은 진짜 시체이지, 마비된 먹이가 아니다. 여러모로 생각해 보니 이런 것 같다. 파리는 너무 빨리 말라 버리는 성질이 있고, 또 한편으로는 공격이 아주 빨라야 하므로 힘들다. 그래서 코벌은 자기 새끼에게 죽은 먹이를 제공할 수밖에 없고, 식량도 매일매일 조달할 수밖에 없다.

먹을거리를 다리에 안고 돌아오는 벌을 관찰해 보자. 흑다리코벌이 재니등에(*Bombylius*)를 안고 돌아온다. 둥지는 경사가 급한 벼랑 아래의 모래땅이다. 코벌이 다가왔을 때 무엇인가 호소하는 듯한 날카로운 울음소리가 들린다.[1] 언덕 위의 높은 공중을 떠돌다 땅에 발을 디딜 때까지 이 소리가 계속된다. 다시 날카로운 소리를 내며 곧장, 그러나 조심해 가며 천천히 내려온다. 무엇인가 낯선 것이 예리한 벌의 눈에 띄면 내려오다 말고 다시 조금 올라간다. 그랬다가 다시 내려오고, 다음은 쏜살같이 도망친다. 하지만 곧 다시 돌아온다. 마치 관측자처럼 일정한 높이를 떠돌며 여기저기를 살핀다. 다시 조심해 가며 곧장 내려꽂힌다. 마침내 내려앉는데, 우리 눈에는 그 지점이 다른 모래판과 구별되지 않는다. 애처로운 소리도 곧 멈춘다.

---

[1] 발음 기관의 울음소리가 아니라 빠른 날갯짓에서 나는 진동음

코벌은 아마도 거리낌 없이 땅위의 제자리를 찾아 내려앉았을 것이다. 하지만 눈이 아무리 밝아도 똑같은 모래판 위에서 그 한 지점을 가려내기가 그에게도 쉽지는 않을 테니 대충 제 굴 근처로 내려왔다가 입구를 찾아갈 것이다. 지난번 굴을 떠날 때 모래더미가 자연히 무너져 내렸을 뿐만 아니라, 자신이 청소까지 해서 표면을 바꾸어 놓았다. 따라서 그 자리에 곧바로 내려앉을 수 없을 것 같다. 하지만 천만에다. 코벌은 전혀 망설임이 없다. 더듬거리며 찾는 수색 따위는 없다. 사람들은 곤충이 무엇을 찾을 때, 그것을 알려 주는 기관이 더듬이에 있다고 한다. 그런데 그가 둥지로 들어갈 때 더듬이를 어떻게 놀렸는지 전혀 보지 못했다. 코벌은 먹이를 내려놓지도 않고, 공중에서 내려앉은 바로 그 자리를 긁는다. 그리고 이마로 밀며 재니등에와 함께 안으로 들어간다. 모래가 무너져 문은 닫히고, 벌은 그 집안에 들어앉았다.

제집으로 돌아오는 코벌을 나는 필요 이상 수백 번이나 지켜보았다. 그리고 그 영리한 곤충이 아무 표시도 없는 출입문을 망설임 없이 찾아내는 것을 볼 때마다 새삼 경탄해 마지않았다. 코벌이 막 들어가고 나면 모래가 무너져 내려 표면이 약간 우묵하게 파인 상태일 때도 있다. 하지만 벌은 곧 밖으로 나오며, 떠날 때는 무너진 곳의 보수 작업을 결코 잊지 않는다. 그가 떠나는 광경을 다시 한 번 지켜보자. 역시, 먼저 문밖을 청소하고 조심해서 땅을 평평하게 다진다. 그가 떠난 다음, 나는 눈에 심지를 켜고 출입구 찾기에 도전해 본다. 하지만 번번이 헛수고였다. 그 넓은 모래벌판에서 내가 굴 입구를 다시 찾으려면 삼각법 같은 측량법에 의지

해야만 했다. 몇 시간 동안 그 자리를 비웠다가 삼각법을 응용해 보거나, 기억력을 되살려 보기도 했다. 하지만 얼마나 여러 번 허탕을 쳤는지 모른다. 마지막 수단으로, 그의 대문 옆에 포아풀 줄기를 꽂아 표적의 장대로 삼았으나, 벌이 떠날 때는 항상 문밖을 청소하는 바람에 이 장대가 없어진다. 그러니 이 방법도 항상 효과적이지는 못했다.

18 기생쉬파리
그리고
사냥벌들의 고치

먹잇감을 사냥한 코벌(*Bembix*)이 둥지 위의 공중을 맴도는 게 보인다. 다음 수직으로, 그러나 구슬픈 소리를 내며 아주 천천히 내려온다. 이렇게 머뭇거리며 조심스럽게 내려오는 것은 높은 곳에서 제집 입구를 찾아내고, 땅에 닿기 전에 발붙일 자리를 정하기 위함이다. 하지만 이 행동에는 또 다른 동기가 있다. 지금 그 이유를 설명해 보련다. 보통 때는, 즉 둥지 근처에 주의를 끌 만한 위험이 없을 때는 공중에서 머뭇거림도, 울음소리도 없이 당당한 기세로 문지방이나 그 근처에 곧바로 내려온다. 기억력이 정확해서 찾는데 조금도 주저할 게 없다. 따라서 공중에서 머뭇거리다 내려올 때는 반드시 무엇인가 이유가 있다. 그러니 독자 여러분의 도움을 받아가며 우리 함께 조사해 봅시다.

공중에 떠 있던 벌이 천천히 내려오다가 도망친다. 곧 다시 돌아온다. 아주 큰 위험이 둥지를 위협해서 그런 것이다. 구슬픈 날개 소리는 불안하다는 신호이며, 위험이 없을 때는 그 소리를 내지 않는다. 그렇다면 그에게 위험한 것은 무엇일까? 그를 관찰하려고 기다리는 나일까? 천만에. 그에게 나는 겨우 하나의 물체에 불과하니 전혀 걱정거리가 아니다. 위험하고 겁나는 것은 적군인데, 어떤 대가를 치르더라도 반드시 피해야 할 그 적은 거기, 즉 집 근처의 모래 위에서 꼼짝 않고 기다리는 녀석들이다. 그들은 바로 조그만 파리, 그야말로 볼품없고 얌전해 보이는 파리의 일종이다. 그 많은 파리 중, 참말로 별것 아닌 이 녀석들이 코벌의 공포 대상이며, 유난히도 뻔뻔스러운 사형 집행자이다. 황소의 등에 올라타 피를 빨아먹는 커다란 등에까지도 눈 깜짝할 사이에 목덜미를 비틀어 버리는 코벌 주제에, 지금은 사형 집행자, 즉 그 역시 파리의 일종인 도살자가 숨어서 기다리자 집에도 못 들어간다. 그들은 코벌의 새끼에게 한입거리도 안 되는 진짜 조무래기 파리들이다.

그런 훼방꾼을 왜 해치우지 못할까? 코벌은 후딱 해치우기에 충분한 날개를 가졌다. 게다가 파리는 아무리 작아도 새끼들의 구미에 잘 맞는 먹잇감이다. 그런데 지금은 사정이 다르다. 이빨로 한 번만 씹으면 산산조각이 나 버릴 외적인데, 코벌은 그 앞에서 도망을 친다. 아무리 보아도 고양이가 쥐 앞에서 기겁을 하며 도망치는 격이다. 쌍시류라면 맹렬히 사냥

하는 코벌이, 더군다나 가장 작은놈에 속하는 파리에게 쫓긴다. 나는 이렇게 역할이 뒤바뀐 것을 이해할 때가 결코 오지 않을 것이라고 생각했었다. 가족을 멸망시키려는 적, 반면에 맛있는 음식이 될 수도 있는 적을 쫓아 버릴 힘이 있는데도, 자기 손이 미치는 곳에 머물러 있는데도, 오히려 그로부터 도전을 받고 있다. 이렇게 귀찮은 녀석을 단숨에 죽여 버리지 못하니, 이 동물들의 관계는 정말로 이해할 수가 없다. 이 말 자체가 완전한 잘못이다. 이 말보다는 차라리 모든 생물 간의 조화라고 해야 할 것이다. 그렇게 하찮은 파리일망정 모든 생물 사이의 관계를 충족시키려면, 비록 그의 역할이 약소하더라도 별도로 존재해야 하는 것이다. 그래서 코벌도 이 작은 파리를 존경하며, 그의 앞에서는 무기력해진 것이다. 만일 그렇지 않았다면 벌써 옛날에 모든 쌍시류가 지상에서 사라졌을 것이다.

이제 적군, 즉 기생충에 대해 알아보자. 코벌 둥지 속에서는 그의 애벌레와 무관한 낯선 손님이 함께 들어 있는 경우가 곧잘 발견된다. 이 손님은 코벌 새끼보다 훨씬 작고 아주 투명해서, 먹은 죽의 포도주 빛깔이 몸밖으로 비쳐 보일 정도이다. 수는 대개 예닐곱 마리, 때로는 십여 마리이다. 외모로 보나 거기서 발견된 고치(원통형 번데기 껍질)로 보아 이들도 파리의 한 종류임은 분명하다. 연구실에서 길러 보면 더욱 확실하다. 기생충 애벌레를 상자 안의 모래 위에 놓고 매일 파리를 먹이면 나중에 고치가 된다. 다음 해에 여기서 작은 파리

얼룩기생쉬파리

가 나오는데, 녀석은 바로 쉬파리과¹의 기생파리 얼룩기생쉬파리 (Miltogramme: *Miltogramma*) 속의 일종이다.

이 얼룩기생쉬파리가 바로 둥지 근처에서 코벌을 기다리며 그렇게 겁을 주던 녀석이다. 벌이 무서워하는 것은 너무나도 당연하다. 자, 그러면 둥지 안에서 어떤 일이 벌어지는지 관찰해 보자. 어미 벌이 충분한 먹이를 공급하기 위해 고생해 가며 구해 온 음식더미 둘레에 자기 자식이 아닌 6~10마리의 낯선 식객이 주둥이를 함께 꽂고 있다. 이 식객들은 마치 제 집처럼 아무 거리낌 없이 식량을 먹어 댄다. 식탁 차지의 권력다툼에서 이미 화합이 이루어진 분위기이다. 이렇게 버릇없이 먹어 대는 손님에게 주인집 아들이 화를 내거나, 그 아들이 식사 중일 때 식객이 방해하는 경우는 보지 못했다. 모두 함께 한 식탁에 어울려서 조용히 먹어 댈 뿐, 옆 친구에게 싸움을 거는 일은 없다.

둥지 안에서 심각한 일이 벌어지지 않는 한, 모든 일은 잘 되어 간다. 그러나 어미가 아무리 부지런히 일해도 이렇게 큰 가족을

1 쉬파리과(Sarcophagidae)의 애벌레(구더기)는 대개 생선이나 고기를 먹지만 개중에는 다른 곤충에 기생하는 종도 있다. 한편 기생파리과(Tachinidae)는 쉬파리와 아주 가까운 친척뻘이며, 대부분 다른 곤충 몸속에 기생한다. 그런데 여기서의 파리를 '기생파리'라고 부르면 그의 소속에 혼동이 올 것이기에 이를 피하고자 '기생쉬파리'라는 이름을 쓰기로 한다.

보살피기는 쉽지가 않다. 자기 혼자서 단 한 마리의 애벌레를 키우는데도 끊임없는 사냥행각을 벌려야 했는데, 하물며 십여 마리의 굶주린 애벌레를 한꺼번에 먹여야 한다면 어떻겠는가? 이렇게 가족이 불어나면, 결국은 기생쉬파리 애벌레가 아니라 코벌 애벌레가 기근을 면치 못한다. 기생쉬파리는 발육이 무척 빨라서 코벌보다 먼저 성숙한다. 따라서 코벌 애벌레는 아주 어린 나이에 먹이를 빼앗기는 비극을 만나거나, 탈바꿈 시기에 도달하지 못하게 된다. 한편, 식객들이 고치로 변하여 식탁에 빈 자리가 생겨도 또 다른 식객 놈들이 들어온다. 결국, 코벌 애벌레는 굶어죽는다.

　기생쉬파리가 침범한 코벌 집안의 애벌레는 지저분한 찌꺼기만 먹고 자라게 되어 크지도 못한다. 정상 크기의 절반이나 1/3밖에 안 되며, 걸음걸이마저 휘청거릴 만큼 허약하다. 이렇게 형편없이 작은 애벌레가 명주실을 짜낼 재료도 없는 주제에 고치를 짓겠다고 쓸데없는 노력을 한다. 종래는 식객들의 차지가 된 한쪽 방구석에서 시체로 변한다. 더 참혹한 경우도 있다. 먹이는 다 떨어졌는데 어미의 먹이조달이 너무 늦다. 그러면 기생쉬파리 애벌레들이 집주인을 먹어 버린다. 나는 한 배에서 깐 기생쉬파리 애벌레를 코벌 집에서 손수 길러 봤고, 잔인한 이 행위도 직접 목격했다. 먹이가 충분할 때는 문제가 없다. 하지만 먹이 주는 걸 잊거나 일부러 하루치 식량을 끊으면 다음 날이나, 그 다음 날 식객들이 코벌 애벌레를 먹어 버렸거나, 갈기갈기 찢어놓은 것이 발견된다. 둥지가 일단 이렇게 기생충의 침입을 받으면 코벌의 자식은 굶어죽던가, 흉악범들의 손에 찢겨죽는다. 얼룩기생쉬파리가 코벌 둥지 주변에서 배회하는 것을 보면 증오심이 생기는 이유가 바로 여기에 있다.

코벌만 기생쉬파리의 피해자는 아니다. 땅굴을 파는 벌이면 어느 종이든 둥지를 휩쓰는 기생파리, 특히 이 얼룩기생쉬파리에게 당한다. 여러 관찰자, 특히 르펠르티에 드 상 파르조(St-Fargeau) 씨가 이 뻔뻔스러운 파리의 습성을 상세히 적어 놓았다. 하지만 내가 알기로는, 코벌에게 기생한다는 것이 얼마나 희한한 일인지를 대충이라도 관찰해 본 사람은 없다. 지금 희한하다고 한 이유는 코벌과 다른 종류의 땅벌과는 조건이 아주 다르기 때문이다. 다른 종류는 식량을 한꺼번에 모두 저장한 다음 산란과 문닫기를 하고, 다시는 독립적으로 생활하는 애벌레 둥지로 찾아오는 일이 없다. 그런데 기생쉬파리는 식량을 운반하는 틈에 거기에다 몰래 알을 낳는다. 그래서 어미 벌들은 자기네 방안에서 친아들과 침입자가 각각 깨어나 함께 생활한다는 사실을 전혀 모른다. 따라서 이 어미들은 기생충의 만행도 모를 수밖에 없고, 그런 사실을 모

중국별똥보기생파리 전에는 똥보꽃파리라고 불렸으나 똥보기생파리로 개명되었다. 애벌레는 노린재나 딱정벌레에 기생한다. 사진의 녀석도 형태는 273쪽 녀석과 같다.

르니 복수심도 없다.

하지만 코벌의 경우는 사정이 전혀 다르다. 새끼가 자라는 보름 동안 어미는 둥지를 계속 찾아왔으니, 제 자식이 수많은 침입자에게 먹이를 빼앗기는 것을 보았을 것이다. 먹이를 가져올 때마다 먹던 찌꺼기는 던져 버리고 새것으로 달려드는 식객을 보며 불안했을 것이며, 아무리 수를 셀 줄 모르더라도 얼굴이

참풍뎅이기생파리 주둥이가 매우 가늘고 길며, 콩풍뎅이 애벌레에 기생한다.

하나 이상인 것도, 부지런히 잡아온 먹이가 지나치게 빨리 소비되는 것도 알았을 것이다. 그런데도 이 어미는 부정한 방법으로 배를 채우는 침입자들을 팽개쳐 버리지 못한다. 그저 얌전히 참고만 있을 뿐이다.

지금 내가 무슨 소릴 하는 거야? 어미 코벌이 참고만 있다니. 혹시 벌도 모성애가 있어서 침입자의 자식도 제 자식처럼 함께 기르는 건지도 모를 일 아닌가. 그래서 그들까지 먹여 주었다면, 이것이야말로 신판 뻐꾸기(Coucou: *Cuculus canorus*)⁕ 이야기이다. 신판은 구판보다 더 희한한 상황이다. 뻐꾸기는 크기나 모습이 새매와 거의 비슷한데, 아무런 보수도 없이 허약한 꾀꼬리(Fauvettes: *Sylvia*) 둥지에 자기 알을 맡긴다. 아마도 꾀꼬리 측에서는 이 양아들의 얼굴이 어쩐지 두꺼비 같고. 어딘가 무섭고 기분 나쁠 것이다. 그래도 손님을 맞아들여 시중을 든다. 엄밀히 말해 이 행동에는 무

엇인가 설명이 필요하다. 즉, 뻐꾸기가 아주 뻔뻔스럽게 기생한다고 해서 육식성 맹금류의 둥지에, 그야말로 새매 둥지에 자기 알을 맡긴다면, 또 새매가 이 뻐꾸기 새끼를 받아들이고, 제 식구에 보태진 많은 새끼를 함께 사랑하며 길러 준다면, 이런 경우를 우리는 어떻게 설명해야 할까? 이 문제를 정확히 설명할 수 있다면 코벌에 대한 의혹도 풀릴 것이다. 즉, 코벌이 어떤 종의 파리를 잡아서 다른 종의 파리를 기르는 짓, 끝내는 제 새끼의 내장을 파먹는 불청객에게 식량을 바치는 짓, 이런 짓거리를 이해할 수 있겠지. 하지만 이렇게 어이없는 관계를 밝혀 보려는 노력은 머리가 똑똑한 사람에게나 맡기기로 하자.

이번에는 기생쉬파리가 어떤 전략을 써서 땅속의 벌 둥지에 알을 맡기는지 알아보자. 이 파리는 둥지가 열렸더라도 집주인이 없을 때는 들어가지 않는다. 절대로 들어가지 않는 행위가 교활한 기생충의 철칙이다. 일단 안으로 들어가면 도망칠 수가 없다. 거리낌 없이 멋대로 들어갔다가는 그 값을 톡톡히 치를 것이다. 그래서 아주 계획적이고 강한 인내심으로 가장 유리한 시기가 오기를 노리며 기다린다. 벌이 사냥물을 안고 굴로 들어가는 때를 기

다리는 것이다. 코벌이든 다른 땅굴벌이든, 몸을 절반쯤 문지방에 걸치고 막 지하로 들어가려는, 바로 그 순간을 노린다. 기생쉬파리는 잽싸게 그쪽으로 날아가, 사냥꾼의 엉덩이 뒤로 삐죽이 뻗쳐 있는 사냥물 위에 올라탄다. 벌이 불편한 곳으로 들어가느라고 우물쭈물하는 사이, 번개 같은 솜씨로 그 위에다 자기 알을 한 개나 두세 개를 낳는다.

짐에 손발이 묶여 벌이 우물쭈물하는 순간이란 정말 눈 깜짝할 사이다. 그래도 문제없다. 그 정도면 기생쉬파리가 안으로 끌려가지 않고도 제 일을 해내는 데 충분한 시간이다. 그렇게 빨리 알을 낳는 기관이라니, 도대체 얼마나 자유자재로 기능을 발휘한다는 말이더냐! 코벌은 스스로 적군의 알을 굴속으로 인도하게 된다. 기생쉬파리는 양지바른 둥지 입구 근처에서 햇볕을 즐기며, 또다시 저지를 엉큼한 일을 계획하고 있다. 이렇게 쉴 새 없이 산란하는 파리가 정말로 알을 사냥물에 붙여 놓았는지 알고 싶으면, 코벌의 뒤를 따라가 둥지를 파 보자. 코벌의 사냥물을 빼앗아 거기에 산란한 수를 조사해 보면 보통 1~3개인데, 이 수의 차이는 출입할 때 우물거렸던 시간에 따른 것이다. 기생충 알 외에는 이렇게 작은 알이 없다. 알이 너무 작아서 의심스러우면 상자에서 별도로 길러 보면 된다. 그러면 역시 파리 애벌레에서 고치가, 다음에 고치에서 기생쉬파리가 나온다.

파리의 뛰어난 통찰력이 벌의 양아들로 되는 순간을 판단한다. 파리는 위험을 자초할 필요도, 쓸데없이 벌을 쫓아다닐 필요도 없다. 목적 달성의 순간만 포착하면 된다. 코벌은 허리가 절반쯤 구멍에 처박혀서, 기다란 희생물열차의 꽁무니 칸에 뻔뻔스럽게 올라탄 파리를 볼 수가 없다. 설사 그렇게 흉악한 적군이 올라탄 것을 알았더라도, 좁은 통로에 끼인 몸으로는 그를 쫓아 버릴 수가 없다. 한편, 둥지를 쉽게 드나들려고 온갖 준비를 다 해놓았지만 마음처럼 빨리 숨어 들어갈 수 없다. 반면에 기생충은 행동이 대단히 민첩하다. 그러니 이런 때가 절호의 찬스이다. 기생쉬파리는 조심성 많고 약아빠졌다. 굴속에 자기보다 훨씬 커다란 파리로 식탁이 차려졌어도 그 안으로 들어가는 일은 절대로 없다. 공중에서는 코벌의 감시가 심하니 아무 때나 일을 저지를 수도 없다. 이제 기생쉬파리가 둥지 근처에서 기회를 노리고 있는 동안 어미 벌이 도착하는 광경을 보자.

　기생쉬파리는 보통 서너 마리, 때로는 좀더 많거나 적은 수가 모래밭에서 꼼짝 않고 기회를 노린다. 모두가 눈이 둥지 쪽으로 쏠린 채 바라보고 있다. 입구를 아무리 잘 숨겨 놓았어도 그들은 그곳을 잘 알고 있다. 이 악당들은 암갈색인데 커다란 눈은 핏빛처럼 붉다. 그런 모습에 지칠 줄도 모르며 부동자세를 취하고 있다. 나는 여러 번, 검은 복장에 얼굴을 붉은 수건으로 가린 노상강도가 숨어 있다가, 치명상을 가하며 강도질할 때를 기다린다는 상상을 했었다. 벌이 먹이를 안고 돌아온다. 마음에 걸리는 것이 없으면 곧바로 문 앞에 내려앉는다. 하지만 지금은 공중에서 떠돌다 천천히, 그리고 조심스럽게 내려온다. 그래도 아직 망설인다. 날개를 이상하게 떨어 대며 내는 구슬픈 소리는 공포심의 표현이다. 악당들을 발견한 것이다. 악당들 역시 코벌을 발견했다. 붉은 머리의 움직임이 말해 주듯, 그들은 눈으로 벌을 쫓고 있다. 모든 눈이 탐나는 전리품으로 쏠려 있다. 자 이제 교활한 파리와 신중한 벌 사이에 일진일퇴의 전쟁이다.

코벌은 날개를 펄럭이지 않는다. 마치 낙하산에 몸을 맡긴 듯 살포시, 그러나 재빨리 내려온다. 지표면과 가까운 상공을 맴돈다. 바로 이 순간, 기생쉬파리들이 일제히 떠올라 벌의 뒤를 따른다. 가까이 또는 멀리, 기하학적으로 열을 지어 따른다. 코벌은 악당들의 계획을 흩트리고자 갑자기 방향을 바꾼다. 그러면 파리들도 정확히 방향을 돌려 그의 등과 나란히 따라붙는다. 벌이 앞으로 가면 그들도 앞으로, 뒤로 가면 뒤로 따른다. 벌은 마치 그 대열의 선두 같다. 그래서 벌이 날개를 느리게 조정하거나 공중에 정지해 있으면 파리들도 똑같이 따라한다. 결코 노획물에 직접 달려들지는 않는다. 그들의 전술은 오직 뒷자리를 지키며 따르는 것뿐이다. 그렇게 해야만 최후의 재빠른 산란에 망설일 틈이 없게 될 것이다.

어떤 때는 그들의 끈덕진 추적에 힘이 빠지고 피곤해서 땅으로 내려오는 수도 있다. 그러면 그들 역시 코벌 뒤의 모래밭에 내려앉아 움직이지 않는다. 그러자 벌은 더욱 날카로운 소리를 내며 다시 떠오른다. 분명히 화가 치밀었다는 표시이다. 하지만 파리들은 뒤만 따를 뿐이다. 이들의 끈질긴 미행을 따돌릴 수단은 이제 마지막 한 가지가 남아 있다. 더욱 힘차게 날아올라 저 멀리 들판 너머로 달아나는 것이다. 그런 식으로 따돌리려 해도 놈들은 속지 않는다. 날아가게 내버려 두고, 그전처럼 둥지 근처의 모래 위에 새로 자리를 잡고 기다린다. 이렇게 집요한 파리들은 코벌이 다시 돌아와 경계심이 지쳐 버릴 때까지 추적을 계속한다. 코벌의 감시가 느슨해진 틈을 타 접근한다. 가장 가까운 놈 한 마리가 굴로 끌려갈 사냥물에 달려든다. 그것으로 일은 끝난다. 벌써 알을 낳은 것이다.

이럴 때 코벌은 분명히 큰 위험을 느낄 것이다. 벌은 이 지겨운 파리의 존재로 장차 둥지 안에서 얼마나 무서운 일이 벌어질지 잘 알고 있다. 그래서 그들을 따돌리려고 오랫동안 망설임, 도피 등의 여러 방법을 동원했음에 의심의 여지가 없다. 그래도 나는 의심을 갖게 된다. 유능한 파리사냥꾼이 상대도 안 되는 이런 하찮은 파리를 해치울 마음만 먹으면 당장에 없앨 수 있는데, 어째서 잠자코 그들에게 시달릴 뿐일까? 어째서 손발을 묶었던 사냥물을 잠시 내려놓고, 그 악당들에게 달려들지 않을까? 그 귀찮은 놈들을 몰살시키는 것쯤은 아무것도 아닐 텐데, 어째서 그렇게 하지 않을까? 그들을 한바탕 쓸어 버리는 일쯤은 식은 죽 먹기이다. 하지만 생물계를 유지하는 조화의 법칙은 그렇게 하기를 원치 않는가 보다. 저 유명한 생존경쟁의 법칙은 코벌이 오히려 항상 괴로움을 받아오게 했을 뿐, 파리를 몰살시킬 근본적인 방법은 알려 주지 않았다. 이런 경우도 보았다. 파리들이 바짝 따라다니자 사냥물을 떨어뜨리고 황급히 도망쳤을 뿐, 적대행위는 전혀 없었다. 사냥물이 떨어졌으니 벌은 자유로워졌고, 그 먹을거리는 기생쉬파리가 조금 전까지 그렇게도 원했던 물건이다. 지금은 누구든 빠른 자가 주인이 될 수 있다. 하지만 떨어진 것에는 아무도 관심이 없다. 파리는 새끼들에게 둥지가 필요하다. 따라서 들판에 떨어진 먹을거리만으로는 안 된다. 조심성 많은 코벌에게도 못 쓰는 물건이 되어 버렸다. 다가와서 조금 만져 보는 것 같았으나 마치 경멸하듯 버리고 떠난다. 감시를 일순간만 놓쳐도 그 먹을거리는 어딘가 수상한 물건이 되고 만다.

애벌레는 2주일 동안 먹으며 단조롭게 뚱뚱해질 뿐 변화가 없으니, 이제 애벌레 이야기는 끝내자. 다음은 고치를 짓는 시기이다. 하지만 코벌은 명주실 생산 기관이 빈약해서 나나니나 조롱박벌처럼 완전한 고치를 만들지는 못한다. 저들의 둥지도 얕게 묻혀서 가을비나 겨울눈이 내릴 때 보호가 어려운 구멍에서 고치를 짓는다. 하지만 그들은 여러 겹의 명주실로 짜서 어린 벌레에게 습기가 스며들지는 않는다. 코벌 둥지는 모래땅에다 역시 얕은 곳이니 저들보다 더 악조건이다. 게다가 애벌레는 제 몸뚱이를 보전할 은신처를 만들려 해도 명주실이 부족하다. 그래도 이 부족함을 자신의 능력으로 보완한다. 즉, 모래알을 명주실에 붙여 요령 있게 말아서, 물이 스미지 않는 아주 단단한 고치를 만든다.

땅굴벌이 탈바꿈을 위해 땅속에 방을 만드는 방법은 대개 세 가지이다. 그 중 하나는 몸을 숨길 만한 물체 밑의 아주 깊은 곳에 둥지를 트는 방법이다. 이때의 고치는 한 겹뿐이며, 밖에서도 속이 비쳐 보일 만큼 얇다. 노래기벌과 진노래기벌이 바로 이런 경우이다. 다음은 얕은 흙 속에 머물러도 괜찮은 경우이다. 이때는 명주실이 충분한 조롱박벌, 나나니, 배벌처럼 여러 겹의 고치를 만든다. 하지만 얕은 곳이면서도 실이 부족한 코벌, 어리코벌(Stizes:

Stizus), 뾰족구멍벌(Palares: *Palarus*)은 고치의 겉을 모래로 감싼다. 코벌의 고치는 누가 보아도 복숭아씨처럼 단단한 열매 모양이며, 올이 촘촘하고 끊어지지 않는다. 겉모습은 원통 같으나 한쪽 끝은 둥근 모자 모양, 반대쪽은 뾰족하며 길이는 2cm 정도이다. 겉은 약간 거슬거슬해서 좀 허술해 보이나, 안쪽 벽은 니스칠로 닦아서 광택이 난다.

애벌레를 집에서 길러 보았으니 이렇게 신기한 건축물의 건설을 자세히 기억한다. 이 건물이야말로 어떤 날씨에도 보호되는 진짜 금고 같다. 애벌레는 먹다 남은 찌꺼기를 종이상자의 칸막이 구석으로 밀어 넣는다. 청소가 끝나면 살던 집 벽의 이곳저곳에 흰 명주실을 거미줄처럼 친다. 방해가 되는 음식 찌꺼기는 멀리 던져 버리고, 쳐 놓은 줄들은 이제 작업대의 발판 구실을 한다.

이 벽에서 저 벽으로 걸쳐 놓은 명주실을 중심으로 해먹처럼 늘어진 그물침대를 만드는데 더러운 것에는 닿지 않도록 한다. 실도 흰색으로 가늘고 아름다운 것만 사용한다. 한쪽 끝에는 출입구가 둥글게 열렸고, 다른 쪽은 막혀서 뾰족한 자루 모양이다. 마치 물고기 그물의 일종인 통발 같다. 열린 쪽 가장자리에서 나온 실이 가까운 벽과 연결되어 그 입구가 벌어지게 된다. 이 자루는 올이 아주 가늘어서 안에서 일하는 애벌레가 잘 들여다보인다.

여기까지 진행됐을 무렵, 상자 안에서 무엇인가를 강하게 긁는 소리가 난다. 열어 보니 애벌레가 몸을 절반쯤 자루 밖으로 내놓고, 주둥이로 두꺼운 벽지를 갉는다. 상자를 깊이 갉아서 그 부스러기가 그물침대 앞에 작은 산처럼 수북이 쌓였는데, 이것은 나중에 쓰려고 모으는 것이다. 적당한 건축자재가 없어서 이 부스러기를 쓰려고 갉아 모은 게 틀림없다. 그가 좋아할 재료, 즉 모래를 제공해 주는 것이 좋겠다고 생각했다. 코벌 애벌레는 이렇게 사치스런 재료로 고치를 지은 적이 한 번도 없다. 나는 문자 그대로 잘 마른 모래, 그리고 금빛 운모 조각이 섞인 깨끗한 모래를 부어 주었다.

이제 작업을 편하게 하려고, 부어 준 모래를 수평으로 놓인 자루 입구로 옮긴다. 애벌레가 그물침대 밖으로 몸을 절반쯤 내놓고, 주둥이로 모래더미를 더듬어 한 알씩 고른다. 너무 큰 알맹이는 주둥이로 멀리 던져 버린다. 통발 모양의 자루 안을 주둥이로 청소하고, 일정한 양의 모래를 밀어 넣은 다음, 안으로 들어가 골고루 편다. 시멘트 대신 모래알을 명주실로 얽어매 세공품을 만든다. 결국 모래알을 하나하나 날라다 명주실 접착제로 고정시킨 셈이다.

먼저 모래작업을 한 곳은 고치의 앞쪽 절반이다. 깊은 안쪽을 착수하기 전에 다시 재료를 가져오는데, 미장일 도중 곤란한 일이 안 생기도록 조심한다. 즉, 입구에 쌓인 모래더미가 통발 안으로 무너지면 안이 좁아서 건축가의 작업에 방해가 된다. 애벌레는 이런 위험을 미리 알고 있다. 그래서 거칠게 엮은 커튼으로 출입구를 대충 막는다. 좀 엉성한 것 같아도 무너져 내리는 모래를 막기에는 충분하다. 준비가 끝나면 깊은 쪽의 나머지 절반에서 다시 일한다. 가끔씩 새 재료를 가져오려고 몸을 돌려 밖으로 나간다. 바깥 모래가 흘러들지 못하게 만들었던 커튼의 한 귀퉁이를 찢고 쌓였던 모래를 물어온다.

고치는 아직 한쪽이 열린 미완성품이다. 열린 쪽을 막을 둥근 빵모자 모양의 덮개가 없다. 애벌레는 이 마지막 덮개작업을 하려고 준비된 모래를 충분히 쌓아 올린다. 그리고 출입구에 쌓인 모래더미를 밀어낸다. 이번에는 통발 입구에서 명주실로 빵모자를 짠 다음 그것을 입구와 틈이 생기지 않게 맞춘다. 이렇게 기초 공사가 끝난 다음 안쪽에 두었던 모래알을 하나하나 늘어놓고, 명주실 끈끈이로 붙여 덮개를 덮는다. 이제 내부의 최종 마무리 작업만 하면 된다. 부드러운 피부를 보호하기 위해 거칠거칠한 모래벽을 니스로 매끄럽게 칠한다.

순수한 명주실 해먹과 나중에 뚜껑이 될 빵모자는 모래 쌓기 공사에서 받침대인 비계 역할을 하며, 모래가 일정한 각도로 구부러져 쌓이게 해준다. 마치 천장이 둥근 건물을 지을 때 둥근 활 모양의 틀이나 골격을 세우는 격이다. 공사가 끝나면 골격들은 떼어 버린다. 그래도 둥근 천장은 자체의 무게로 평형이 유지된다. 고치가 완성되면 명주 버팀목의 일부는 기와공사에 묻혀 버리고, 일부는 거친 모래에 끊겨서 안 보이게 된다. 이렇게 교묘한 방법으로 건물을 완성하는 동안 거친 모래와 명주실 비계는 모두 없어진다.

그물 입구에 둥근 빵모자를 붙이는 초기 작업은 고치의 기본 축을 세우는 중대사의 하나이다. 입구에 모자를 맞추는 방법이나 땜질하는 방법이 제법 성공적이었어도, 이 이음매 부분은 튼튼한 벽에 비해 아주 약한 편이다. 아무래도 연결 부분은 저항력이 떨어져서 그렇다. 하지만 이 약점이 구조상의 결점은 아니다. 오히려 그것은 하나의 새로운 완성이다. 나중에 벌레가 튼튼한 금고에서 빠져나올 때, 벽을 허물겠다면 어림도 없는 일이다. 하지만 이음매 부분은 다른 곳보다 약해서 큰 힘을 들이지 않아도 열린다. 성충이 된 코벌이 밖으로 나올 때 실제로 이 덮개의 테두리선을 따라 고치가 열린다.

  이 고치를 나는 금고라고 불렀는데, 사실 모양으로 보나 재료로 보나 정말 튼튼한 물건이다. 흙이 무너져 짓눌러도 변형되지 않고, 손가락으로 세게 눌러 보아도 찌그러지지 않는다. 천장이 무너지는 위험을 만나도 단단한 고치 속의 벌레는 깊은 흙 속이 아니니 걱정할 게 없다. 모래가 얇게 덮인 덮개 위를 행인에게 밟혀도 벌레는 아무 탈 없이 튼튼한 은신처 안에 틀어박혀 있다. 무서울 것이라곤 아무것도 없다. 습기에도 마찬가지다. 고치를 보름 동안 물속에 담갔어도 전혀 물기가 스며들지 않았다. 아, 어째서 사람들은 자기 집에 이런 방수 수단을 쓰지 못한단 말이더냐! 마지막으로 하고픈 말은, 이 고치는 그렇게도 아름다운 알 모양이기에, 벌레가 만들었다기보다는 사람이 정성 들여 만든 하나의 예술 작품 같아 보인다. 이런 신비를 이해하지 못하는 사람을 위해, 내가 거친 모래로 짓게 했던 고치들은 누군가가 잘 닦아 놓은 보석이거나, 폴리네시아 미녀들의 목걸이 운명을 타고난 커다란 진주, 게다가 짙푸른 청금석(靑金石) 바탕에 금박무늬를 새겨놓은 진주 같아 보인다.

19 귀소능력

날이 저물어오자 땅굴을 파던 나나니(*Ammophila*)는 돌 뚜껑으로 구멍을 덮고, 그곳을 떠나 꽃에서 꽃으로 날다가 어디론가 가 버린다. 다음 날, 그는 거기가 어딘지도 모르며 처음 와본 곳인데, 송충이를 잡아서 틀림없이 전날 팠던 그 굴로 돌아온다. 코벌도 모래가 덮여 그 주변의 모래판과 구별이 안 되는 곳인데, 마치 자로 잰 듯 정확하게, 그리고 먹이를 가지고 굴 입구에 내려앉는다. 말하자면 곤충에게는 장소에 대한 일종의 본능적 예감이 있는 것이다. 그것은 단순한 기억이라기보다는 좀더 미묘한 무엇인가로, 우리 인간에게는 그와 비슷한 것조차 없다. 나는 그것에 대해서 따로 적당히 표현할 말이 없어서 기억이라고 불렀다. 그것은 정의할 수 없는 하나의 능력인데, 모르는 것에다 임의로 단어를 줄 수가 없어서 그런 것이다. 어쨌든 이 점에 관해서, 가능하다면 동물심리학에 어떤 일말의 빛이라도 던져 보려고 일련의 실험을 해본 것이며, 그 내용을 여기에 밝혀 보련다.

제일 처음 실험 대상은 흰줄바구미(Cléone: *Cionus* 또는 *Leucosomus*) 사냥꾼인 왕노래기벌(*C. tuberculata*)이었다. 아침 10시경, 벼랑에서 떼 지어 열심히 구멍을 파거나 먹이를 곳간에 넣는 암컷 12마리를 잡아서, 한 마리씩 따로따로 종이봉투에 넣고, 그 봉투들을 상자 안에 담았다. 다음 멀리 2km쯤 떨어진 곳으로 가서 그들을 풀어 주었다. 물론 놓아주기 전에 각각의 벌을 정확히 구별하려고 가슴 등판에다 지푸라기 끝으로 지워지지 않는 흰색 물감을 묻혀 표식을 했다.

벌들은 이쪽저쪽 사방으로 날아올랐다가 풀잎에서 잠시 쉰다. 갑자기 강한 햇빛을 받아 눈이 부신 듯 앞발로 눈을 비빈다. 그 다음 어떤 녀석은 빨리, 다른 녀석은 천천히 날아올라 조금의 망설임도 없이 남쪽으로 날아간다. 말하자면 그들의 집으로 방향을 잡았다. 다섯 시간 뒤 둥지로 가 보았다. 도착하자마자 흰색 표식이 된 벌 두 마리가 벌써 돌아와 일하는 것이 보인다. 곧 바구미를 다리에 안은 세 번째가 벌판에서 돌아왔고, 네 번째도 뒤따라왔다. 12마리 중 4마리가 돌아온 것이다. 이 숫자만 해도 확신을 갖기에는 충분하다. 더 기다릴 필요도 없다. 4마리가 해냈듯이, 다른 벌도 벌써 해냈거나 이제 곧 돌아올 것이다. 보이지 않은 8마리는 아직도 사냥터에서 바삐 돌아다니겠지. 어쩌면 깊은 집안에 들어 있을지도 모른다. 이렇게 여행 중 방향을 알 수 없도록 종이 감옥(봉투)에 갇힌 채 2km를 끌려온 노래기벌 중 적어도 일부는 집으로 되돌아왔다.

나는 노래기벌의 사냥 영역이 얼마나 멀리까지 펼쳐졌는지는 모른다. 그들은 자기 나라 안이라면 조금은 알고 있을 것이며, 데려간 2km가 어쩌면 그들의 영토를 벗어나지 않았을 수도 있다. 그렇다면 거기는 낯익은 장소라서 돌아올 수 있었는지 모른다. 그러니 좀더 멀리 영토 밖이라고 생각되는 곳에서 다시 실험해 볼 필요가 생겼다.

아침에 잡았던 둥지에서 다시 9마리를 잡았다. 그 중 세 마리는 지난번에 실험을 치른 녀석들이다. 각각을 종이봉투에 넣고 이번에는 캄캄한 상자에 담아 운반했다. 새로운 출발지점은 근처의 마을로, 여기서 약 3km 떨어진 카르팡트라였다. 그렇게 먼 곳은 아니라도 지난번과는 환경이 아주 다른 곳이다. 들판 가운데가 아니라 많은 사람이 오가는 시내의 큰길에서 풀어 주는 것이다. 시골에서만 살던 노래기벌은 한 번도 와보지 못한 곳이다. 그런데 벌써 날이 저물어 실험을 연기했고, 잡혀 온 포로들은 감방에서 밤을 보내게 되었다.

다음 날 아침 8시경, 지난번 실험에서 흰 점이 하나만 찍혔던 벌과 새로 잡힌 벌들을 구별하려고 두 개씩 찍었다. 그리고 길 복판에서 한 마리, 한 마리 풀어 주었다. 처음에는 벌들이 두 줄로 늘어선 주택 사이를 지나 수직으로 날아올랐다. 마치 될수록 빨리 도시의 혼잡을 피하려는 듯, 또 넓은 지평선을 맞이하려는 듯, 남쪽을 향해 쏜살같이 날아간다. 내가 남쪽에서 데려왔으니 그들의 집은 남쪽에 있다. 벌들은 전혀 모르는 곳으로 끌려왔는데도, 제집으로 돌아가려면 어느 방향으로 가야 하는지 전혀 망설임이 없다. 9마리의 포로를 하나하나 놓아줄 때마다 모두가 곧장 남쪽으로 향해 날아갔다.

　몇 시간 뒤, 그들을 데려왔던 둥지로 가 보았다. 가슴에 점이 한 개만 찍힌 노래기벌 몇 마리를 만났다. 그런데 오늘 풀어 준 것들은 한 마리도 눈에 띄지 않았다. 그들은 집을 다시 찾지 못했나? 혹시 멀리 사냥을 떠났거나, 아니면 이 실험에 놀라서 집안 깊숙이 숨었나? 알 수가 없다. 다음 날, 둥지를 다시 찾아갔다. 이번에는 만족했다. 점이 두 개씩인 다섯 마리의 노래기벌이 아무 일도 없었던 것처럼 열심히 공사 중인 것을 보았다. 적어도 3km의 거리, 도중의 주택, 지붕, 연기를 뿜어내는 굴뚝, 이런 것들은 모두가 그들에게 새로운 환경이다. 하지만 그런 것들이 집 찾기에는 전혀 장애물이 되지 않았다.

　집에서 기르던 비둘기를 아주 멀리 데려가도 그들은 즉시 고향집으로 돌아온다. 만일 날아온 거리를 동물의 크기와 비례해서 생각해 본다면, 3km나 되는 곳에서 제집으로 돌아온 노래기벌이 비둘기보다 훨씬 뛰어난 셈이다. 벌의 크기는 $1cm^3$도 안 되는데 비둘기는 $10cm^3$ 정도이니 1,000배 이상 크다. 그러니 비둘기가 벌을 상대하려면 3,000km, 즉 프랑스 북쪽에서 남쪽까지 거리의 3배도 넘는 곳에서 찾아와야 한다. 나는 아직껏 편지를 전달하는 전서구 비둘기가 그런 정도에서도 해냈다는 소리는 들어보지 못했다. 문제는, 본능의 투시력은 물론 날개의 힘 역시 수치로 측정해서 그 질을 나타낼 수는 없다. 그러니 크기 문제는 따지지 않기로 하자. 둘 중 누가 더 능력이 있는지를 우리 인간들이 결정할 게 아니라, 이 곤충은 비둘기와 좋은 맞상대라고만 해두자.

비둘기와 노래기벌을 전혀 와보지도 않았고 방향도 모르는 아주 먼 지방으로 이동시켰을 때, 이들이 제 둥지를 찾도록 기억력을 되찾아 주는 어떤 안내자라도 있을까? 아니면 기억의 나침반을 되살리고자 어느 높이까지 올라가, 거기서
어떤 지점을 목표로 정하고, 둥지가 보이는 수평선 저쪽을 향해 전속력으로 날아갈까? 그들이 처음 본 지역의 공중에서 길을 추적시켜 주는 것이 확실히 기억일까? 그렇다는 증거는 없다. 모르는 것을 상상으로 알아낼 수도 없다. 벌과 새는 캄캄하게 막힌 상자나 새 조롱에 갇혀 여행하게 된다. 따라서 지금은 자신이 어디에 있는지, 어디서 데려와졌는지 방향을 모른다. 위치도 방향도 전혀 모르는데, 그들은 스스로 다시 찾아온다. 단순한 기억 이상의 무엇인가가 그들에게 길잡이를 한다. 그들은 특별한 능력, 즉 일종의 방향 감각을 가지고 있다. 우리는 그와 비슷한 것조차 없어서 그것이 무엇인지 상상마저 해볼 수가 없다.

 나는 그 능력이 어느 정도 예민하고 얼마나 정확한지, 또 그것이 작동되는 일상의 조건에서 이탈되면 어느 정도로 우둔해지는지, 이런 것을 실험으로 증명해 보려 했다. 본능에서는 항상 이런 점들이 대립적으로 존재한다.

 애벌레에게 부지런히 먹이를 나르던 코벌 한 마리가 굴에서 나온다. 잠시 후 사냥한 먹이를 또다시 가져올 것이다. 떠날 때는 뒷걸음질로 나와서 입구를 잘 청소하고, 모래로 막아 놓아 근처의 모래판과 구별되지 않는다. 그래도 이 벌이 그곳을 다시 찾는데는 전혀 어려움이 없다. 좀전에 말했듯이 벌은 육감으로 그 입구를 바로 찾아내기 때문이다.

그럴듯한 속임수를 곰곰이 생각해 보자. 결국 벌이 입구를 찾지 못하게 그곳의 환경을 바꾸어 보자는 생각이 났다. 손바닥 크기의 납작한 돌로 구멍을 덮어 놓았다. 곧 코벌이 돌아왔다. 하지만 그는 집을 비운 사이 입구에 커다란 변화가 일어난 것에 대해 전혀 망설임이 없다. 곧바로 돌 위로 내려왔다가 땅바닥을 조금 파본다. 무턱대고 아무 곳이나 파는 것이 아니라 바로 굴의 입구를 판다. 하지만 돌에 가려져 파기를 단념한다. 돌 위를 이리저리 뛰어다니다가 다시 밑으로 미끄러지듯, 그리고 굴이 있는 방향으로 정확히 파 들어간다.

이런 돌 따위로 예민한 벌을 홀려보려던 내가 너무 어리석었다. 보다 훌륭한 방법을 찾아봐야 한다. 간단히 해결해 보려는 욕심으로 파는 녀석을 그냥 놔두지 않았다. 수건으로 싸잡아 멀리 던져 버렸다. 벌은 단단히 겁을 먹었을 테니 당분간 집을 비우겠지. 그동안 나는 차분히 실험 준비를 하자. 그런데 무엇을 이용하나? 이렇게 즉석 실험을 할 때는 가까이 있는 물건이 무엇이든 그것을 요령껏 이용할 줄 알아야 한다. 가까운 길 위에 마차를 끌던 말의 똥이 아직 따끈따끈하다. 온갖 수단과 방법을 다 써 보는 거다. 똥을 가져다 두께가 2~3cm쯤 되게 굴 입구와 그 주변을 덮었다. 넓이는 약 1/4㎡쯤 된다. 코벌은 이런 것이 자기 집 근처에 널려 있는 경우를 한 번도 본 적이 없다. 똥의 빛깔과 성질, 그리고 냄새가 합쳐져 벌의 머리를 홀리겠지. 과연 오물로 덮인 그곳을 제집 대문으로 생각할까? 하지만 알아챈 것 같다. 지금 그가 다가온다. 높은 곳에서 익숙하지 않은 장소임을 감지하고 세밀한 조사 후, 오물 덮인 곳 가운데의 대문 바로 앞에 찰싹 발을 내디딘다. 그리고 땅을 판다. 섬유질투성이의 오물 사이에 길을 트고 모래까지 파 들어간다. 곧 입구가 보인다. 나는 또다시 벌을 멀리 던져 버렸다.

대문 앞을 감쪽같이 바꾸어 놓았어도 한 치의 오차 없이 찰싹 내려앉는 이 벌의 정확성, 그것은 오직 시력과 기억력만으로 인도된 것이 아니라는 증거가 아닌가? 그러면 무엇으로 인도될까? 후각? 뿌려 놓은 똥냄새가 사방으로 퍼졌지만 그 냄새가 그의 통찰력을 방해하지 못했으니 후각은 의심이다. 그래도 다른 냄새로 한 번 더 실험해 보자. 마침 마취제로 쓰는 에테르가 작은 병에 조금 들어 있었다. 뿌려 놓은 똥을 쓸어내고, 대신 두껍지는 않으나 꽤 넓은 면적의 이끼방석으로 덮었다. 그리고 그 위에다 에테르를 부었는데 벌이 곧 도착했다. 에테르 증기가 너무 강하게 퍼지자 벌이 한 걸음 물러난다. 하지만 그것도 잠시뿐, 아직 냄새가 강하게 남아 있는데도 이끼에 다시 내려앉는다. 그러고는 그 장애물을 통과해 굴속으로 들어간다. 에테르 냄새 역시 그를 똥 이상으로 당혹시키지는 못했다. 그렇다면 후각보다 더 확실한 무엇인가가 둥지의 위치를 알려 준다는 이야기이다.

곤충에게 외부의 사정을 전해 주는 특별한 감각기관은 보통 더듬이로 알려져 있다. 벌은 이것 없어도 집을 찾는데 별 지장이 없음을 증명한 일이 있었다. 그래도 충분한 조건을 갖추고 다시 한 번 시험해 보자. 코벌을 잡아 더듬이를 뿌리까지 잘라내고 풀어 주었다. 손가락에 잡혔던 녀석이 쏜살같이 도망쳤다. 어쩌면 아파서 더 그랬을 것이다. 혹시 안 돌아오려나 걱정을 하며 한 시간도 넘게 기다릴 수밖에 없었다. 하지만 돌아왔다. 둥지 둘레를 호두알만 한 돌멩이로 모자이크처럼 덮어 놓았어도 그랬다. 무대 장식을 네 번이나 바꿔봤지만 언제나 그전처럼 정확하게 대문 바로 옆에 내려앉은 것이다. 내가 새로 꾸민 무대가 코벌에게는 브르타뉴(Bretagne) 지방의 거석(巨石) 유적이나 카르낙(Carnac) 지방의 고인돌처럼 엄청난 물건이었을 것이다. 더욱이 그는 더듬이가 잘린 불구자였는데도 속지 않았다. 더듬이가 완전한 벌처럼 전혀 문제 없이 모자이크 가운데의 대문을 찾아냈다. 이제 나는 이 충실한 어미를 조용히 집으로 들여보내 주었다.

　벌을 혼란시키려고 땅의 겉모습, 빛깔, 냄새, 재료 등을 바꿔가며 네 차례나 출입구를 바꿨고, 끝내는 더듬이를 잘라 아픈 상처까지 주었다. 그렇게 모든 전략을 다 써 보았어도 곤충이 어떻게 그 일을 해내는지 결국은 알아내지 못했다. 곤충은 우리가 모르는 무엇인가의 특별한 능력을 가지고 있다. 그렇지 않다면 그렇게 의도적으로 시각이나 후각을 방해했던 잔재주들이 모두 쓸모없게 되지는 않았을 것이다.

　며칠 뒤 새로운 관점에서 문제를 다시 다뤄볼 실험 방법이 내게 미소를 던졌다. 코벌 둥지를 파내 열어젖혀 보는 것이다. 둥지는 대개 깊지 않고 거의 수평으로 놓였으며, 흙도 느슨해서 파는데 어려움은 없었다. 작은 칼로 굴 주변 모래를 조금씩 긁어내 지붕을 없앴다. 밖으로 드러난 지하주택은 도랑 같았는데 똑바른 곳도, 조금 굽은 곳도 있다. 길이는 약 20cm, 출입구는 완전히 열렸고 반대쪽은 막혔다. 애벌레는 먹을거리의 한가운데 누워 있다.

밝게 내리쬐는 햇볕 아래 집이 완전히 드러났다. 어미 벌이 돌아와서 어떻게 행동할까? 문제를 과학적 기준에 맞추어 몇 가지로 나누어 보자. 그렇지 않으면 관찰자가 크게 당황할 사건이 벌어질지도 모른다. 앞에서 관찰했던 결과를 참작해 볼 때 더욱 그렇다. 어미는 새끼의 먹이 때문에 돌아온다. 하지만 그에게 가려면 먼저 출입구를 찾아내야 한다. 따라서 애벌레와 출입구, 이 두 문제는 각각 실험해 볼 자격이 있을 것 같다. 그래서 애벌레와 먹이를 다른 곳에 치워 통로를 비웠다. 준비가 끝났으니 이제는 꼼짝 않고 참을성 있게 기다리면 된다.

드디어 벌이 나타났다. 그는 문지방만 남은 빈집의 굴 입구로 곧장 달려간다. 거기서 한동안 땅거죽을 파 보기도, 모래를 쓸어내거나 발로 차서 내던지기도 한다. 하지만 통로를 새로 팔 생각은 없다. 오직 머리로 밀기만 하면 열리는 문, 그가 통과할 그 대문만 열심히 찾는다. 그러다가 파지 않았던 곳의 단단한 지반을 만난다. 저항을 느끼자 찾기를 멈추는데, 그곳은 출입구가 있어야 할 장소 바로 옆이다. 겨우 몇 센티미터를 빗겨난 곳인데 벌은 오직 거기서만 맴돈다. 벌써 스무 번이나 그곳을 조사하고 청소하며 왕래하다가 또다시 청소한다. 그 좁은 반경 밖으로 나갈 생각은

하지 않는다. 문은 바로 거기에
있을 뿐 다른 곳엔 없다는 확
신으로 더욱 그렇게 끈질기
다. 지푸라기로 여러 번 살
그머니 옆으로 밀었다. 그
러나 문 앞으로 다시 돌아
온다. 가끔은 도랑이 되어
버린 통로에 관심이 가는 듯
하나, 그 관심은 아주 미약하다.

거기도 긁으며 왕래하다가 문으로 되돌아온다. 두 번, 세 번, 도랑의 끝에서 끝으로 왔다 갔다 했다. 애벌레가 있던 방의 끝까지 가보고도 거기는 별로 신경 쓰지 않는다. 서둘러서 입구로 되돌아가, 오히려 내가 두 손을 들 정도로 끈질기게 수색만 계속한다. 한 시간을 넘겼어도 이 고집쟁이는 언제까지나 없어져 버린 대문 자리만 찾고 있었다.

만일 거기에 새끼가 있다면 어떤 행동을 할까? 이것은 두 번째 질문이다. 같은 코벌로 계속 실험하면 우리가 바라는 증거를 얻지 못한다. 지금 이 벌은 쓸데없는 문 찾기에만 몰두하는 고정관념에 사로잡혀 있다. 그런 상태는 내가 확인하려는 사실에 대해 틀린 결과만 가져올 것이다. 따라서 다른 재료가 필요하다. 흥분상태가 아니라 실험을 막 시작할 당시의 충동에 반응하는 그런 재료가 필요하다. 기회는 곧 왔다.

굴은 처음부터 끝까지 모두 드러나 있다. 내용물은 손대지 않았으니 애벌레도, 먹이도 모두 원래의 자리에 그대로 있고, 집안도 잘 정리되어 있다. 없는 것은 단지 지붕뿐이다. 대문도, 통로도, 새끼도, 파리 찌꺼기가 남은 구석방도 모두 손바닥 보듯 훤히 들여다보이는 활짝 드러난 집이다. 도랑 같은 집안으로 내리쪼이는 햇볕 밑에서 새끼가 버둥거린다. 벌은 이런 집 앞에서도 좀 전과 똑같은 행동을 한다. 여전히 입구가 있던 자리를 파 보거나 쓸어낸다. 조금 저쪽으로 갔다가 다시 돌아온다. 통로 따위는 전혀 살피지 않는다. 괴로워하는 아들 따위도 안중에 없다. 지하의 촉촉한 습기에 둘러싸였던 애벌레의 부드러운 살갗이 불타는 햇볕 밑으로 옮겨진 셈이다. 그래서 먹다 버린 파리 부스러기 위에서 몸을 뒤틀고 있다. 하지만 어미의 행동에는 변화가 없다. 그녀에게 그런 것들은 땅바닥의 너저분한 잡동사니, 자갈, 흙더미, 말라붙은 진흙 따위와 조금도 다를 게 없으니 관심이 없다. 아들의 보금자리 찾기에 지쳐 버린 어미 벌, 정성스럽고 성실한 이 어미에게 당장 필요한 것은 오직 출입구뿐, 그것도 예전에 드나들던 그 대문뿐, 다른 것은 아무것도 필요 없다. 어미의 마음을 뒤흔드는 것은 낯익은 길에 대한 근심뿐이다. 사실상 그 길은 마음대로 갈 수 있고, 지나는 데 방해물도 없다. 그녀의 눈앞에는 자신의 아들, 즉 그녀가 고생하며 찾고 있는 최종의 목표가 불안으로 몸부림치고 있다. 구원을 요청하는 불쌍한 아들에게 한 발자국만 다가가면 된다. 그런데 왜 귀여운 그 아들에게 가지 않을까? 새로 굴을 파서 아들을 지하의 잠자리로 옮겨 주면 된다. 하지만 아니다. 그렇게 하지 않는다. 자식이 눈앞에서 뜨거운 햇볕에 타고 있는데, 어미는 오직 사라져 버린 길 찾기 외에는 아무 생각도 하지 못한다. 이 어리석은 모성애 앞에서 나의 놀라움은 비길 데가 없다. 모성애란 동물을 움직이는 모든 감정 중 가장 강하고, 대책 마련도 가장 앞서는 법이다. 그런데 내가 노래기벌과 진노래기벌에 대하여, 여러 종의 코벌에 대하여 지루하고도 지루한 실험을 되풀이하지 않았다면, 지금까지 보아온 것들을 내 자신이 믿지 않았을 것이다.

더 참담한 경우도 있다. 어미 코벌은 한동안 헤매다가 전에 복도였던 도랑 안으로 들어간다. 그녀는 앞으로, 뒤로, 다시 앞으로, 이리저리 쉬지 않고, 때로는 빗자루로 대충 쓸기도 한다. 애매하고 어렴풋한 기억에 이끌렸는지, 아니면 파리에서 풍기는 고기 냄새에 이끌렸는지, 그녀는 새끼가 누워 있는 통로 끝으로 간다. 지금 어미와 아들의 재회가 이루어졌다. 오랫동안 극도의 불안 끝에 만나는 이 순간, 애정 넘치는 어미의 성급한 보살핌이, 아니면 기쁨을 나타내는 어떤 표시가 있을까? 그렇게 생각했다면 그 생각을 바꾸도록 다시 실험해야 한다. 코벌은 새끼를 전혀 알아보지 못한다. 새끼는 다만 길을 가로막는 귀찮은 존재일 뿐 아무 가치도 없는 물건이다. 그녀는 새끼 위를 걸어다닌다. 사정 없이 발을 쾅쾅 구르며 황급히 왕래할 뿐이다. 보기조차 민망

하게, 새끼를 뒷발로 차 버리거나 밀어내서 벌렁 뒤집히거나 쫓아 버린다. 그가 굴을 팔 때 나오는 굵은 모래알도 그렇게 학대하지는 않았다. 마침내 새끼도 무슨 방어수단이 필요했다. 거리낌 없이 어미의 발목을 문다. 마치 먹으라고 잡아다 놓은 파리 다리를 물어뜯듯이 깨문다. 싸움이 격렬하다. 어미는 놀라서 날개를 더욱 사납게 떨고는 모래밭 너머로 날아가 버린다. 자식이 어미에게 달려들어 잡아먹을 듯 깨무는, 이렇게도 부도덕한 광경은 보기 드문 일이다. 우리로서는 도저히 용납할 수 없는 그런 도발현상은 그의 환경이 가져다주었다. 지금 여기서는 아들에 대한 철저한 무관심, 그래서 아들은 오직 귀찮은 물체에 지나지 않으며 아무렇게나 다루는 어미만 보일 뿐이다. 코벌은 잠시 통로 밑을 갈퀴로 긁어 보고 문지방으로 돌아와 쓸데없는 수색만 계속한다. 어미의 발길질에 채인 새끼는 나가떨어진 곳에서 몸을 비틀며 발버둥친다. 어미는 평상의 안정은 찾지 못하고, 아들은 벌써 잊어버려 돌보지 않는다. 그러니 그 아들은 곧 죽을 것이다. 다음 날 찾아가 보면 도랑 안의 애벌레는 강한 햇살에 절반쯤 익어 버렸을, 그리고 예전 같았으면 그의 먹을거리였을 파리에게 오히려 먹히는 것을 보리라.

본능은 연속적인 행동으로 이루어진다. 거기에는 일정한 순서가 있어서 하나가 다른 하나를 불러 그에 상응하는 중대한 상황이 일어난다. 하지만 순서를 바꾸지는 못한다. 코벌이 끝내 찾아내야 할 것은 결국 무엇인가? 당연히 새끼이다. 하지만 새끼에게 가려면 안으로 통하는 굴로 가야 하고, 그보다 먼저 출입문을 찾아야 한다. 그런데 벌은 열려 있는 통로를, 먹이와 새끼를 앞에 놓고도 문 찾기만을 고집한다. 허물어진 집, 위험에 처한 새끼, 그것들은 어미 벌에게 아무런 의미가 없다. 무엇보다도 그가 알고 있는 길, 무너져 내리는 모래를 가로지르는 그런 길이다. 그 길을 찾지 못하면 모든 것, 즉 집이나 그 안에 살고 있는 자식 모두가 다 쓸데없다. 어미의 행위는 다음에서 다음으로, 그야말로 이미 결정된 순서에 따라 일어나는 일련의 메아리 같은 것이다. 앞의 행동이 다음 행동을 불러내고, 앞의 소리가 없으면 뒤의 소리도 없다. 원인은 장애물이 아니다. 대문이 완전히 열렸어도, 첫 번째 행위가 이루어지지 않았기에 습관처럼 출입하지 못하며, 다음 행위도 일어나지 않는다. 이것으로 충분하다. 최초의 메아리가 침묵하고 있다. 그러면 다음도 침묵한다. 아아, 지혜와 본능 사이에는 어쩌면 그렇게도 깊은 골짜기가 가로놓였을까! 지능에 이끌린 어미라면 허물어진 집의 나무토막과 지푸라기 속을 지나 아들이 있는 곳으로 곧장 갔을 것이다. 하지만 본능에 이끌린 어미는 전에 출입구가 있었던 곳에서 언제까지나 서성댈 뿐이다.

20 진흙가위벌

레오뮈르(Réumur)[1] 씨는 자신이 '미장이벌'이라고 명명한 담장진흙가위벌(Chalicodome des murailles: *Chalicodoma murarias* → *Megachile parietina*)의 연구 결과를 논문으로 발표했다. 그렇게 뛰어난 연구가의 연구에서 관찰치 못해 빠진 내용을 내가 보충하련다. 아무래도 내가 이 벌을 알게 된 동기부터 말해야겠다.

내가 처음 교단에 섰던 1843년경 이야기이다. 몇 달 전에 보클뤼즈(Vaucluse) 사범학교를 졸업하고, 18세란 순진하고 열정에 찬 나이에 교원자격증을 받아, 카르팡트라(Carpentra)로 부임하여 그곳의 중학교 병설초등학교에서 교육하게 되었다. 중학교란 화려한 이름이 붙기는 했어도 내가 보기엔 참으로 이상한 학교였다. 교사는 일종의 넓은 창고로서, 벽은 도로와 접했고, 뒤쪽은 샘물을 등지고 있어서 항상 습기가 찼다. 날씨가 괜찮은 계절의 대낮에는 항상 문짝이 활짝 열려 있었고, 감옥처럼

---

[1] Rene Antoin Ferchaulet de Réaumur. 1683~1757년. 프랑스 물리학자, 동물학자. 곤충의 해부, 발생, 생태, 꿀벌의 사회생활 등을 연구하였으며, 열씨(列氏)온도계를 고안하였다.

좁은 들창에는 쇠창살이 있는데, 그 사이에 마름모꼴의 작은 유리가 끼워져 있다. 가장자리는 걸상 대신 모든 벽에 붙여 놓은 판자뿐이며, 가운데는 지푸라기가 빠져나간 헌 의자 한 개, 칠판 하나, 분필 한 개가 전부였다.

아침저녁 종소리에 따라 마당에서 뛰놀던 약 50명의 개구쟁이들이 우르르 몰려든다. 그들은 라틴어 교과서인 '씩씩한 사나이(De Viris)'나 '개요(Epitome, 槪要)'를 감당치 못해서 당시 널리 쓰인 '프랑스의 좋은 해(Bonnes années de français)'로 공부했다. 내 집에서 가져온 장미(rose)를 필요치도 않은 라틴어, 즉 '로자($Rosa$)'라고 부르는 것조차 싫어하는 아이들에게 그저 쓰는 법이나 조금 가르쳤을 뿐이다. 어린아이와 커다란 청소년들이 뒤죽박죽 섞였고, 교육 수준도 각각 달랐다. 게다가 젊은 선생과 나이가 동갑내기도, 더 많은 녀석도 있었는데, 녀석들이 합세하여 선생을 놀려 먹으니 그들을 다루기란 여간 힘든 게 아니었다.

어린이들에게는 맞춤법을 가르치고, 중간쯤 되는 애들에게는 무릎 위에 종이를 놓고 펜으로 몇 단어씩 받아쓰기를 시켰다. 큰 학생들에게는 분수의 비밀과 직각삼각형에서 사변의 비결까지 가르쳤다. 덤벙대는 녀석들을 얌전하게 붙잡아 놓고, 각자의 두뇌 능력에 맞는 교과를 가르치거나 관심을 갖도록 일깨워 주기도 했다. 게다가 습기가 많다기보다는 차라리 슬픔의 땀이 줄줄 흘러내리는 벽으로 둘러싸여서 음산한, 그런 교실에서의 지루함도 떨쳐 버려야 했다. 이런 것들을 해내기 위한 나의 유일한 수단은 오직 말로 하는 것뿐이었다. 또 다른 수단이 있다면 그것은 막대분필이었다.

당시는 그리스어와 라틴어 외의 다른 과목은 모두 멸시당하던 시대였다. 오늘날은 그렇게도 넓은 분야를 관장하는 물리학이 그때는 어땠는지 예를 하나 들어보자. 학교에는 훌륭한 분이 교장으로 계셨다. 그분은 X자로 시작되는 이름의 신부인데, 완두콩(Pois verts: *Pisum sativum*)이나 돼지기름 장사에는 별 흥미가 없어서 그 일은 친척에게 맡기고, 자신은 학교에서 물리를 가르쳤다.

그의 수업에 한 번 출석해 보았는데, 그날은 기압계에 대한 시간이었다. 마침 학교에는 청우계(晴雨計, 기상관측용 기압계 또는 풍우계) 한 개가 있었다. 그야말로 낡아빠진 먼지투성이 고물인데, 사람 손이 닿지 않게 높은 벽에 멀찍이 걸려 있었다. 그 기계의 나무판에 굵은 글씨로 폭풍, 비, 맑음이란 글자가 쓰여 있었다.

"기압계란", 의젓한 그 신부님은 과연 어른답게 학생들을 '너, 너', '해라' 등의 반말로 이야기를 시작했다. "청우계는 날씨가 좋고 나쁨을 미리 알리는 것이야. 나무에 폭풍, 비라고 쓰인 것이 보이지. 바스티앙(Bastien), 너, 보여?"

"네, 보입니다." 반에서 제일 장난꾸러기 바스티앙이 대답한다. 그는 교과서를 미리 한 번 읽었으니, 기압계라면 그 선생님보다 더 잘 알고 있었다.

"그것은" 하며 신부님은 계속한다. "구부러진 유리관 안에 수은이 가득 들어 있는 것인데, 날씨가 좋은가 안 좋은가에 따라 수은이 올라갔다 내려갔다 한다. 짧은 쪽 관은 구멍이 뚫렸고 또 다른 쪽은 ……, 또 다른 쪽은 ……, 글쎄, 한 번 봐야겠는데. 너, 바스티앙, 너는 키가 제일 크니까, 걸상에 올라서서 손끝으로 긴 쪽 관의 끝이 열렸는지 막혔는지 조사해 봐라. 나는 영 기억이 안 나는구나."

바스티앙은 걸상에 올라서서, 되도록 발끝을 돋우고 손끝으로 긴 유리관의 끝을 만져 본다. 그리고 이제 겨우 자라기 시작한 콧수염 밑의 입에 미소를 띠며 "맞습니다." 하고 대답한다. "선생님, 그래요. 긴 유리관 위가 열렸습니다. 보십시오. 속이 빈 것을 알겠습니다."

바스티앙은 자신이 한 거짓말을 얼버무리려고 유리관 위 끝의 검지를 계속 움직였다. 장난꾸러기 개구쟁이들은 옆에서 차마 웃음을 터뜨리지 못하고 숨만 죽이고 있다.

아주 태연한 신부님은 "됐다. 내려와라, 바스티앙, 자, 모두 써라. 청우계의 긴 쪽은 열렸다고 노트에 써라. 잊어버릴라. 나도 잊어버린 것 봐라."

물리학을 이런 식으로 가르쳤다. 얼마 후 학교가 개선되어 선생님 한 분을 더 모셔왔다. 기압계의 긴 쪽 끝은 막힌 것을 잘 아는 진짜 선생이다. 내게도 책상이 배정되어 이제는 내 학생들도 무릎 위에서 억지로 글을 쓰지 않게 되었다. 날로 학생이 늘어나 결국 교실을 두 반으로 나누었다. 나는 이제 어린 학생을 돌보는 조교까지 생겼으니 체면이 섰다.

교과목 중 하나는 학생에게나 선생에게나 유난히 즐거웠다. 그 과목은 들판에서 실제로 측량하는 기하학 실습이다. 학교에는 필요한 도구가 하나도 없었다. 하지만 내게는 700프랑이란 거금의 연봉이 있으니 이것을 쓰는데 망설일 필요가 없었다. 이 돈으로 측량사의 줄자와 표지용 장대, 측량침, 수평, 직각의(直角儀), 나침반 등을 샀다. 손바닥만 한 각도측정기는 돈으로 따져봐야 100수우밖에 안 하는 보잘것없는 것이지만 이것은 학교에서 빌려 주었다. 삼각대가 없어서 이것도 만들었다. 이제 도구들은 다 준비되었다.

　5월이 왔다. 일주일에 한 번씩 음산한 교실을 버리고 들판으로 나가는데, 그날은 축제날이 된다. 3개 조로 나누고, 각 조에서는 너도나도 표지장대 담당의 명예를 얻겠다고 서로 야단이다. 거리를 지날 때, 모든 사람이 기하학 실습용 장대를 힐끔힐끔 쳐다보자 아이들은 어깨를 으쓱거렸다. 나 자신도 그 기분을 어찌 숨기랴. 가장 멋있고 가장 소중한, 그렇게도 유명해진 100수우짜리 측각기를 은근히 과시하며 들고 다닐 때 솔직히 나도 흡족했고 자랑스러움이 없지는 않았다. 실습장은 황무지의 자갈밭, 그곳 사람들이 아르마스(Harmas)라고 부르는 곳이다. 거기는 키 작은 나무들뿐, 잡목조차 없으니 둘러보아도 방해물이 없는 완벽한 조건이다. 덜 익은 살구의 유혹을 뿌리치지 못하는 학생들도 나는 겁내지 않았다. 길고 드넓게 펼쳐진 들판에는 오직 활짝 핀 백리향과 자갈만 덮여 있다. 거기에 빈 터가 있고, 그곳에다 어떤 모양의 다각형이라도 그릴 수 있다. 사다리꼴도, 삼각형도, 거기서는 어떤 방법으로든 그릴 수 있다. 끝없이 펼쳐진, 즉 그렇게 먼 거리는 일종의 행동의 자유를 실감나게 한다. 그리고 옛날 비둘기장이던 낡은 오두막은 각도 측정기를 사용할 때 수직선 역할을 했다.

　그런데 첫 번 실습부터 무언가 이상한 것이 내 주의를 끌었다. 학생 하나에게 멀리 가서 푯대를 세우라 했는데, 그는 선이나 삼각대 따위는 뒷전이고 도중에 자주 서거나 허리를 굽힌다. 다시 일어나 무엇을 찾기도 하고, 다시 허리를 굽히기도 한다. 또 다른 학생에게는 카드에 기록책임을 지웠는데, 쇠꼬챙이는 잊어버리고 잔돌만 줍는다. 각도를 측정하게 했던 학생도 시킨 일은 안 하고 흙덩이를 주워서 손으로 부순다. 대다수의 아이들이 지푸라기 끝을 핥는다. 다각형도, 대각선도 다 사라졌다. 도대체 왜 이렇게 이상한 일이 벌어졌을까?

무슨 일인지 알아보고 곧 이해했다. 어머니 뱃속부터 타고난 관찰가요, 탐색가인 이 학생들은 선생도 아직 모르는 것을 이미 알고 있었다. 아르마스의 돌멩이 위에는 검정색 굵은 벌이 둥지를 틀었다. 둥지 속에는 꿀이 있고, 우리 측량사들은 그 둥지를 열어 지푸라기로 꿀을 찍어먹었던 것이다. 나도 배웠다. 꿀맛은 좀 진하지만 먹을 만했다. 나도 맛들여 그들과 함께 벌을 찾았다. 다각형 따위는 뒷전이다. 이렇게 해서 나는 레오뮈르의 미장이벌을 처음 만나게 되었고, 그때까지는 그의 곤충 이야기도, 그에 관해서도 전혀 모르고 있었다.

짙은 보랏빛 날개에 검정색 우단을 걸친 멋쟁이 벌들이 햇빛 아래의 백리향 사이, 조약돌 위에다 촌스러운 둥지를 건축했다. 엄격히 따져야 하는 측량사의 나침반과 직각자에 시달리던 아이들이 그 꿀로 기분을 전환한다. 이런 것들이 내 머리에 신선한 충격을 주었다. 나는 학생들이 가르쳐 준 것, 즉 꿀이 든 장소를 찾아 지푸라기로 비우는 법보다 좀더 자세한 것들을 알고 싶었다. 때마침 우리 서점에는 곤충에 관한 훌륭한 책이 있었다. 그것은 저명한 학자들, 즉 드 카스텔노(De Castelnau)[2], 블랑샤르(E. Blanchard),

뤼카스(Lucas)³ 등이 집필한 「절지동물(節肢動物)의 박물지(Histoire naturelle des animaux articulés)」였다. 책 안에는 모든 사람의 눈을 앗아갈 만큼 황홀한 그림들로 가득 차 있었다. 하지만, 슬프도다! 그것 역시, 그 책값! 아아! 그 가격! 그래도 중요한 것은 700프랑이란 거금의 연봉이 내 육신은 물론, 머리에도 영양분을 채워 주기에 충분하지 않은가. 한 쪽에 많이 지출하면 다른 쪽은 당연히 모자라는 법이다. 고통을 감수해 가며 학문을 하겠다는 사람이라면 누구나, 수지타산을 포기하는 것이 정당한 계산법이다. 아무튼 나는 그 책을 샀다. 그날 벅찬 희생을 감수해 가며 학교에서 받은 봉급을 몽땅 써 버렸다. 한 달치 봉급이 책을 사는 데 모두 날아갔다. 이제부터 기적적인 절약생활로 이 막대한 적자를 메우지 않으면 안 되었다.

그야말로 열심히 책을 탐독했다. 검정벌의 이름을 알게 되었고, 처음으로 곤충의 습성을 자세히 읽었다. 내 눈은 일종의 후광으로 둘러싸였고, 레오뮈르, 위베르(Huber)⁴, 레옹 뒤푸르 같은 존귀한 이름도 알게 되었다. 한 백 번쯤 읽고 나자 내심의 소리가 내 귀에 어렴풋이 속삭였다. "그래 너 역시, 너도 곤충학자가 될 거야." 그런데 너의 그 소박한 꿈은 지금 어찌 되었느냐! 하지만 지금 우리는 검정벌의 행동으로 가고자 하니, 슬프고도 정겨웠던 그 추억은 물리치기로 하자.

쌀리코도마(*Chalicodoma*, 진흙가위벌속)⁵란,

---

2 Comte de Castelnau, 1812~1880년, 프랑스 곤충학자
3 Pierre-Hippolyte Lucas, 1814~1899년, 프랑스 곤충학자
4 François Huber, 1750~1831년, 스위스 박물학자, 학자 집안 출신
5 *Megachile*속의 아속으로 정리되었으며, 우리나라의 왕가위벌이 이 속에 속했었다.

담장진흙가위벌

말하자면 자갈, 콘크리트, 회반죽으로 지은 집이라는 뜻이다. 그리스어의 소양이 없는 사람에게는 표현이 좀 이상할지 몰라도 실은 잘 지어진 이름이다. 이 이름은 사실상, 사람이 집을 지을 때와 비슷한 건자재, 즉 진흙이나 시멘트로 둥지를 짓는 벌에게 붙여진 것이다. 이 벌은 석수장이처럼 돌을 다듬어서 건축하는 게 아니라 반죽한 흙으로 미장일을 하는데, 특히 소박한 시골 풍의 미장이다. 과학적 분류법에 문외한인 사람은 이 이름을 여러 번 외어도 도로 잊게 마련이다. 레오뮈르는 이 벌을 연구한 다음 '미장이벌(Abeilles maçonnes)'이라 불렀다. 이것은 '칠하는 자'라는 뜻이므로 이 벌의 습성을 잘 표현한 셈이다.[6]

프랑스에는 두 종의 진흙가위벌이 산다. 레오뮈르가 연구한 담장진흙가위벌(*Ch. muraria*→ *Megachile parietina*)과 시실리진흙가위벌(*Ch. de Sicile*: *Ch.*→ *M. sicula*)[7]인데, 후자는 그 이름에서 짐작되듯이 에트나(Etna) 지방이나 화산 지방에 살 뿐만 아니라, 그리스, 알제리, 프랑스의 지중해 연안에도 분포한다. 5월이면 보클뤼즈 지방에 여러 종류의 벌이 나타나는데, 담장진흙가위벌은 암수의 색깔이 아주 달라 익숙한 관찰자가 아니면 그들을 서로 다른 종으로 안다. 그래서 같은 둥지에서 암수가 함께 나오는 것을 보고 깜짝

[6] 진흙가위벌은 가위벌과(Megachilidae)에 속하는데, 가위벌이란 나뭇잎을 가위(큰턱)로 오려서 둘둘 말아 둥지를 짓는다는 뜻이다. 하지만 이 과에는 진흙으로 짓거나 흙벽을 뚫고 사는 종류도 아주 많다.

[7] 파브르는 『곤충기』 제2권 7장에서 이 종명은 피레네진흙가위벌(Ch. pyrrhopeza: *Ch. pyrrhopeza*→ *M. pyrenaica*)의 잘못이라고 했으나 1권에서는 원문대로 번역한다.

놀란다. 수컷은 검정 우단과 선명한 녹색 털이 서로 엇갈렸다. 시실리진흙가위벌은 몸이 아주 작고, 암수 모두 갈색, 회색, 다갈색이 서로 엇갈렸다. 날개 끝은 갈색 바탕에 연한 보랏빛을 풍긴다. 전자만큼 화려하지는 않으나 둘 다 비슷한 보랏빛이다. 두 종류 모두 5월 초순부터 작업한다.

담장진흙가위벌이 둥지를 트는 집터는 레오뮈르가 지적했듯이, 북쪽 지방에서는 양지바른 담장으로, 초벽칠을 하지 않아 칠이 벗겨질 염려가 없는 곳을 택한다. 돌은 노출된 벌거숭이로 받침이 확실한 곳 위에만 둥지를 튼다. 남쪽 지방도 거의 비슷하나 돌담보다는 다른 곳을 더 선호하는데 이유는 잘 모르겠다. 돌은 주먹만한 크기의 둥근 것으로, 얼음이 녹아 흐르면서 론 강 골짜기로 굴러온 것들이다. 이런 돌을 터전으로 삼는 것은 아마도 그들의 취향인 것 같다. 여기는 별로 높지 않은 프랑스의 고원지대로 백리향이 무성하고, 황무지는 모두 붉은 흙이 굳은 자갈 산들이다. 이런 골짜기에서는 개울가의 자갈을 이용한다. 가령, 오랑주

청줄벌 무리 중 하나 이 청줄벌은 토벽에 구멍을 뚫어 둥지를 마련한다. 진흙가위벌 중에도 이 종처럼 진흙 벽에 둥지를 마련하는 종들이 있다.

시실리진흙가위벌

(Orange) 근처라면 아이그(Aygues) 하천에서 물이 들지 않는 벌판의 자갈밭을 좋아한다. 개천 돌이 없으면 밭의 경계로 쌓아 놓은 돌담 등의 아무 돌이나 그 위에 둥지를 튼다.

시실리진흙가위벌은 취향이 훨씬 다양하다. 제일 좋아하는 집터는 건물의 추녀 끝에 솟은 기왓장 아랫면이다. 시골에는 작은 건물이라도 지붕 끝에 이 벌집이 없는 건물은 거의 없다. 해마다 봄이면 많은 수가 그리 몰려와서 사는데, 이 진흙집은 대대손손 대물림을 하며, 매년 더 넓혀져 기왓장 뒷면의 넓은 면 전체로 퍼져나간다. 나는 광의 기왓장 밑에서 커다란 둥지 한 개를 본 적이 있는데, 자그마치 5~6㎡의 넓이를 차지하고 있었다. 그때 엄청난 수의 벌들이 작업 중이었는데, 날개 소리마저 시끄러워 내가 얼떨떨할 지경이었다. 이들이 특별히 선호하는 곳은 발코니의 뒤쪽으로, 평소에는 창문을 안 열고, 덧문도 꽉 닫혔으나 벌들은 쉽게 드나들 수 있는 곳이다. 그런 곳은 마치 큰 회의실 같았으며 수백 수천 마리의 벌이 모여 함께 작업한다. 가끔은 외톨이일 때도 있지만, 이 경우도 토대가 단단하고 따듯하기만 하면 거기가 어디든 둥지를 짓는다. 사실상 토대는 크게 문제삼지 않는다. 반들반들한 돌 위든, 기왓장이든, 또는 들창 위나, 창문의 바람막이 나무 위, 심지어는 광의 유리판 위에도 짓는다. 그들의 마음에 들지 않는 단 한 곳은 사람이 사는 건물의 벽이다. 조심성 많은 그들인지라, 떨어질 위험이 있는 곳에는 둥지 틀기를 꺼렸는지도 모른다.

끝으로, 이유는 아직 만족할 만큼 설명할 수 없으나, 시실리진 흙가위벌은 가끔 전혀 엉뚱한 곳에 둥지를 틀 때도 있다. 바위처럼 튼튼한 받침대가 필요할 정도로 무거운 회반죽 건물을 나뭇가지에 매단다. 즉, 공중주택을 짓는 경우이다. 대개 사람 키만 한 울타리용 나뭇가지, 즉 산사나무, 석류나무(Grenadier: *Punica*), 가시덤불갈매나무(Paliure: *Rhamnus*) 따위면 된다. 좀더 높이 털가시나무, 느릅나무(Orme: *Ulmus*)에 짓기도 한다. 벌은 이런 관목에서 밀짚 굵기의 가는 나뭇가지를 골라, 그 좁은 받침대에다 발코니 밑이나 기왓장에 지을 때와 같은 재료인 회반죽으로 짓는다. 완성된 둥지는 진흙덩이에 나뭇가지 꼬챙이를 꿰어놓은 모습이 된다. 한 마리가 공사했을 때는 크기가 살구만 하나, 여러 마리가 함께 지었을 때는 주먹만큼 크기도 하다. 하지만 이렇게 큰집은 드물다.

둥지 재료는 두 종이 모두 같다. 모래와 자갈에 침을 섞어 반죽한 석회질의 찰흙이다. 습기가 많은 곳이라면 흙을 파내기도 쉽고 반죽할 때 침도 덜 필요할 것이다. 하지만 흙이 차거나, 바람을 먹어 푸석푸석하거나, 오랫동안 햇볕을 받아 석고처럼 굳어 버린 흙은 쓰지 않으려 한다. 습기를 많이 먹은 흙도 쓰지 않는데 이런 재료는 잘 굳지 않아서이다. 벌에게 필요한 것은 적당히 마른 가루 흙으로 액체성 단백질 성분의 침을 잘 흡수하여 곧 굳는, 즉 일종의 로마식 시멘트이다. 이것을 정확히 무엇에 비유해야 할지 모르겠는데, 생석회와 달걀 흰자위로 만든 일종의 끈적끈적한 덩어리라고 하는 것이 좋을 것 같다.

사람의 왕래가 잦은 도로를 포장한 석회석 자갈이 수레바퀴에

갈려서 길바닥이 평평해진 곳, 그런 곳에는 시실리진흙가위벌이 석회를 가지러 자주 나타난다. 관목의 나뭇가지에 집을 짓든, 시골집에 불쑥 튀어나온 처마 끝 기와 밑에 짓든, 그들은 꼭 근처의 골목길이나 큰길로 나간다. 그곳에 사람과 가축이 끊임없이 오가도 아랑곳하지 않고, 곁눈질도 안 하며 건축에 필요한 자재를 모은다. 햇빛이 강렬하게 번쩍이고, 찌는 듯한 무더위에 달아오른 길거리에서 열나게 일하는 그들의 모습은 참으로 볼 만하다. 건축 현장인 근처 농가와 회반죽 제조현장인 길거리 사이를 줄지어 오간다. 그 광경은 마치 한 줄기의 연기가 하늘에서 계속 지나가는 것처럼 보인다. 재빨리 되돌아가는 놈들은 토끼 사냥에 쓰는 산탄 총알만 한 크기의 회반죽을 물고 떠난다. 새로 온 녀석은 아주 말라서 단단하게 굳은 장소를 차지한다. 온몸을 흔들어가며, 큰턱으로 물고 끌어내거나 앞발로 깎아낸 흙가루를 이빨 사이에 넣고, 침을 발라 동글게 뭉친다. 이렇게 대단한 열성으로 공들여 세공한 물건이 버려졌다. 실은 버린 게 아니라 행인의 발에 밟혀 빠개진 것이다.

끝으로, 마을과 멀리 떨어진 곳에서 고독을 즐기는 담장진흙가위벌은 건축현장과 너무 멀리 떨어져서 그런지, 사람이 많은 길거리에는 매우 드물게 나타난다. 가까운 곳이라도 쓸 만한 자갈과 모래알이 많이 포함된 흙만 있으면 그것으로 만족한다.

담장진흙가위벌

이 벌은 아무도 다녀가지 않은 새 터에다

신축하기도, 남이 살던 헌집을 수리해서 쓰기도 한다. 먼저 신축의 경우를 살펴보자.

담장진흙가위벌은 받침돌을 고른 다음, 회반죽 덩이를 물어와 그 돌의 표면에 한 줄로 둥글게 늘어놓는다. 조금씩 토해 낸 침을 앞발로, 그리고 첫째 미장도구로 꼽히는 이빨로 반죽이 덜 된 원료를 골고루 가공한다. 진흙을 단단하게 하려고 부드러운 재료의 밖에다 렌즈콩(Lentille: *Lens culinaris*)만 한 크기의 각진 모래알을 하나씩 끼워 넣는다. 이것이 건물의 기초 공사이다. 이 기초 위에 다른 층이 쌓이는데, 방 한 층의 높이인 2~3cm까지 올라간다.

사람들은 돌을 겹겹이 쌓아 올리고 시멘트로 굳혀 기초 공사를 한다. 진흙가위벌의 작품 역시 인간의 작품과 비교된다. 벌은 일손과 회반죽을 아끼려고 커다란 재료, 그들에게는 정말로 큰 석재인 굵은 모래알을 쓴다. 단단한 모래알을 신중하게 골라, 전체적으로 맞물려 서로가 튼튼히 버텨지게 한다. 틈 사이에 꼼꼼히 깔린 회반죽 층은 돌과 함께 더 단단하게 굳는다. 그래서 방의 외벽은 마치 울퉁불퉁한 자연석으로 쌓은 건축물 같다. 하지만 내부는 애벌레의 부드러운 피부가 상하지 않게 해야 한다. 표면이 부드러워야 하므로 잡동사니가 섞이지 않은 순전한 회반죽만 바른다. 그렇다고 해서 특별히 신경을 쓰는 게 아니라 흙손질을 대충한 것이라 아직은 좀 거칠다. 그래서 꿀 반죽, 즉 꿀떡을 다 먹은 애벌레가 고치를 지을 때 거친 벽에 명주실 치기를 잊지 않는다. 청줄벌(Anthophores: *Anthophora*)이나 꼬마꽃벌(Halictes: *Halictus*)처럼 고치를 짓지 않는 벌들은 그 방의 내부를 고르고 매끈하게 닦아서 상아처럼 광을 낸다.

건물의 축은 언제나 거의 수직이며, 입구는 위쪽에 있어서 유동성이 심한 꿀이라도 흘러나가지 않는다. 건물의 겉모습은 받침대에 따라 다르다. 받침대가 수평이면 건물은 작은 달걀 모양의 탑처럼 오뚝하게 선다. 경사가 심한 곳에 세워졌으면, 마치 길이로 절반을 자른 골무의 반 도막 같다. 이 경우는 받침돌이 방의 칸막이 벽 역할을 한다.

방이 완성되면 곧 식량을 채운다. 근처의 꽃, 특히 5월의 개울가를 금빛으로 물들이는 가시꽃 금작화(Genêt épine-fleuri: *Genista scorpius*→ *Spartium junceum*)가 달콤한 꿀과 꽃가루를 제공한다. 벌은 모이주머니를 꿀로 가득 채우고, 몸통 아랫면은 꽃가루로 노랗게 물이 들어 나타난다. 머리를 앞으로 향하고 방으로 들어간다. 잠시 껑충한 자세가 되는데, 그것은 꿀을 토해내고 있다는 징조이다. 모이주머니를 비우면 밖으로 나갔다가 곧 뒷걸음질로 들어온다. 배 아랫면을 바닥에 대고 두 개의 뒷다리로 쓸어서 꽃가루를 떨어뜨린다. 다시 밖으로 나갔다가 앞으로 향해 들어온다. 큰턱을 숟가락 삼아 꿀과 꽃가루를 골고루 저어 완전히 균일한 혼합물을 만든다. 이 작업은 매번 하는 것이 아니라 재료가 창고에 아주 많이 모였을 때만 한다.

식량이 방에 절반 정도 차면 저장은 그것으로 충분하다. 남은 일은 꿀떡에다 알을 한 개 낳고 문을 닫는 것이다. 이 작업도 순식간에 끝난다. 회반죽으로 가장자리부터 막고, 점점 가운데로 들어가며 막으면 된다. 모두가 길어야 이틀 정도면 충분한 일거리이다. 물론 일기가 나쁘거나 비가 와서 중단되지만 않으면 말이다. 처음 지은 방에 등을 대어 제2의 방을 만들고, 같은 순서로 식량을 채운다. 제3, 제4의 방을 짓고, 꿀과 알을 넣고, 문을 닫고 또 그 다음도 계속해서 짓는다. 무슨 일이건 시작만 하면 완전히 끝날 때까지 쉬지 않는다. 방 만들기부터 문 닫기까지 네 단계의 일을 마치면 다시 새로운 건축설계에 착수한다.

담장진흙가위벌은 언제나 자신이 선택한 돌 위에서 고독하게 혼자 일한다. 혹시 다른 벌이 그 돌에 둥지를 틀려 하면 아주 강한 텃세를 부린다. 한 개의 돌 위에 방끼리 등을 서로 맞댄 둥지가 별로 크지는 않은 것으로 보아, 방은 여섯 이상 열 개 미만인 것 같다. 그렇다면 한 마리의 벌 가족은 여덟 마리 정도의 애벌레가 전부일까? 이 둥지를 모두 채운 다음 또 다른 돌에서 다시 공사하고 다른 자식들을 기르려 할까? 그가 지금 점령한 돌 표면만 해도 여유가 충분한 집터이니 여기서도 더 많은 알을 길러낼 수 있다. 그렇다면 다른 돌에다 또 공사를 하지는 않을 것이다. 게다가 그 근처를 오랫동안 왕래했으니 바로 옆의 낯익은 돌에다 둥지를 틀기도 쉬운 일이다. 그러니 구태여 새 집터를 찾아

다른 장소로 갈 필요도 없다. 결과적으로 담장진흙가위벌이 둥지를 틀었을 때는 별로 많지 않은 가족이 하나의 돌 위에다 여러 개의 방을 만들고, 모두 함께 산다는 것이 맞는 말일 것 같다.

방이 6~10개인 둥지는 거친 돌집이라 튼튼하다. 하지만 벽이나 덮개의 두께는 기껏해야 2mm밖에 안 되므로 일기가 불순할 때는 애벌레의 보호에 충분치가 않다. 차양막 같은 것이 전혀 없는 돌 위의 둥지는 비바람을 그대로 맞는다. 여름에는 뜨거운 햇볕의 열기로 한증막같이 숨막히는 그런 방에서 참고 견뎌야 한다. 우기의 가을비가 둥지를 야금야금 부숴 버릴 것이며, 겨울의 결빙은 장마비보다 더 잘 부술 게 뻔하다. 시멘트가 아무리 잘 굳었어도 이런 파괴력을 완전히 버텨내기는 어려울 것이다. 버텨내더라도 너무 얇은 벽이 애벌레를 보호할지, 뜨거운 여름의 열기와 혹독한 겨울 추위를 겁 없이 견뎌낼 수 있을지?

온갖 추리를 모두 동원하지 않더라도, 벌은 영리하기 때문에 그런 걱정은 할 필요가 없다. 모든 방이 다 완성되면 그 뭉치 위를 두껍게 덧바른다. 방수와 방열 재료로 발라서 습기, 더위, 추위를 한꺼번에 다 막아낸다. 재료는 흙을 침으로 반죽한 보통의 회반죽인데, 이번에는 돌을 섞지 않는다. 반죽을 매번 한 덩이씩 인두질하듯 다듬어서 각 방마다 두께가 약 1cm쯤 되게 덧바른다. 결국 방들은 광물질 껍데기의 중심에 있는 핵처럼 안 보이게 된다. 완성된 다음은 오렌지를 절반으로 갈라놓은 모습의 둥근 지붕처럼 된다. 이런 둥지를 돌에다 세게 던져 보면 절반쯤 으스러지는데, 이때는 마치 돌 위의 마른 진흙덩이처럼 보인다. 내용물이 밖으로 들어 나도 늘 보아온 사람이 아니면 그저 단순한 진흙덩이처럼 보일 뿐, 방의 모양이나 벌의 작업 흔적을 알아보지 못한다.

전체의 덮개도 물에 갠 시멘트처럼 빨리 마른다. 마른 후에는 거의 돌처럼 단단하다. 이 건축물에 홈집을 내려면 아주 강한 칼날이 필요하다. 한마디 덧붙이자면, 끝까지 완성된 둥지에서는 처음 만들 때의 모습을 찾아볼 수가 없다. 자갈 탑처럼 바깥벽을 재치 있게 장식했던 처음의 방 모양과 완성 후의 진흙덩이 같은 둥근 지붕을 비교해 보면, 마치 두 종류의 벌이 따로 작업해 놓은 것 같다. 어쨌든 시멘트 뭉치를 해부하듯 헤쳐 보면, 그 안에서 방의 모습, 벽에 박아놓았던 잔돌 등 우리 기억 속의 것들을 모두 다시 알아볼 수 있다.

담장진흙가위벌은 아직 아무도 점령하지 않은 돌에다 새 둥지를 짓는 대신, 헌 둥지라도 크게 부서지지 않았으면 그것 역시 기꺼이 이용하며, 별 탈 없이 한 해를 넘긴다. 헌 둥지라도 그것은 처음부터 튼튼하게 지어진 것이니 회반죽의 둥근 지붕도 그대로 남아 있고, 전세대의 애벌레들이 살았던 방들이 몇 개의 구멍처럼 뚫려 있다. 이런 주택은 약간만 손을 보면 예전과 같아지므로 시간과 노력을 절약하게 된다. 그래서 미장이벌들은 그런 주택을 구하러 다니다가 못 구하겠으면 새 둥지를 짓기로 결심한다.

둥근 천장 하나에서 몇 마리의 다갈색 숫벌과 검정색 암벌들이 나오는데, 모두 한 어미가 낳은 형제자매들이다. 수컷은 살림에 전혀 관심이 없고, 일도 할 줄 모른다. 이런 수컷이 흙집으로 찾아온 이유는 한동안 귀부인의 환심을 사려고 온 것뿐, 낡은 집인지 아닌지 따위에는 관심이 없다. 필요한 게 있다면 오직 꽃 항아리에 들어 있는 꿀뿐이지, 큰턱으로 반죽해야 할 석회 따위는 아니다. 젊은 암벌에게는 가족의 앞날을 혼자 책임질 일만 남았다. 헌 둥지의 부동산 상속권은 누가 물려받을까? 모든 딸에게 똑같은 권리가 있다. 이들의 상속권은 인간의 법보다 엄청나게 발전하고 나서 그렇게 결정된 것 같다. 그 옛날, 장남에게만 주어졌던 원시시대의 상속법에서 이미 해방되었다. 담장진흙가위벌의 사유재산권은 언제나 변함없이 먼저 취한 자에게 있을 뿐이다.

산란기가 다가오면, 나서자마자 처음 마주친 빈 둥지를 마음대로 점령하고 제집으로 삼는다. 불행하게도 이제부터 이웃은 물론 자신의 자매들과도 소유권 다툼이다. 서로 열나게 밀치거나 폭력을 휘두르지만, 늦게 온 녀석은 바로 쫓겨난다. 둥근 지붕 위에 우물처럼 절반쯤 열려 있는 여러 개의 방 중 우선 필요한 방은 한 개뿐이다. 하지만 벌은 나중에 낳아야 할 알들에게 필요한 방을 미리 계산해 둔다. 그래서 다른 녀석이 찾아오는 것을 염려하고 경계하는 것이며, 방문객이 찾아오면 당장 쫓아 버린다. 한 개의 돌 위에서 벌 두 마리가 함께 작업하는 것을 본 기억은 역시 없다.

이제부터의 작업은 아주 간단하다. 수리할 곳을 알아보려고 낡은 방의 내부를 검사한다. 벽에 붙어 있는 고치 부스러기는 뜯어낸다. 전에 탄생한 벌들이 천장을 뚫고 빠져나갈 때 떨어진 회반죽 부스러기도 치워 버리고, 출입문도 약간 수리한다. 그뿐이다. 그 다음은 식량 저장, 알 낳기, 문단속이다. 방을 하나씩 차례대로 손질을 끝내고, 필요할 때가 되면 전체를 덮는 회반죽의 둥근 지붕을 수리한다. 이제 모두 끝났다.

시실리진흙가위벌은 단독 생활보다 여럿이 함께 무리 지어 살기를 좋아한다. 그래서 헛간이나 광의 처마 끝, 기와 밑에 수백 수천 마리씩 모여서 집을 짓는다. 하지만 생활까지 공동의 이해를 가진 진정한 사회는 아니다. 그저 단순한 무리의 모임일 뿐이다. 오로지 자신만을 위해 노동할 뿐 다른 녀석들과는 상관없으며, 무리의 수를 늘리고 노동하려는 욕망으로 모인 벌들의 큰 집단에 지니지 않는다. 회반죽으로 공사한다는 점은 담장진흙가위벌과 같고, 건축물이 튼튼하게 버티는 능력이나 물이 스며들지 않는 점도 같다. 다만 모래는 덜 섞는다. 우선 헌 둥지부터 이용하는데, 빈 방을 수리하고, 식량을 넣고, 뚜껑의 덮개공사를 한다. 하지만 낡은 방들이 해마다 늘어나는 식구를 모두 수용하기에는 크게 부족하다. 그래서 옛날 방들이 밑에 완전히 숨겨진 회반죽 덮개 위에다 필요한 만큼의 새 방을 또 만든다. 수평으로 짓거나 조금 경사지게 짓는데 곁에서 보면 들쭉날쭉하다. 이 건축가들은 제 마음에 드는 곳에다 멋대로 그들의 솜씨를 과시하며 새집을 짓는데, 옆집 식구에게 방해만 안 되면 무슨 짓을 해도 상관없다. 만일, 방해를 했다가는 상대방의 윽박지르기에 얌전해질 수밖에 없다. 정신적 통일성을 통제하는 것이라곤 전혀 없는 이런 공사장에서 무턱대고 집을 쌓아 올린다. 건축물의 모양은 축을 따라 잘라낸 반쪽짜리 골무처럼 생겼고, 그 둘레는 옆집이나 헌 둥지의 표면이 된다. 밖은 꺼칠꺼칠한데 마치 매듭이 많은 회반죽덩이 끈처럼 보인다. 안쪽 벽은 매끈매끈할 정도는 아니나 편평하다. 고르게 다듬어지지 않은 곳은 나중에 애벌레가 고치를 지으면서 보완한다.

　건축공사가 끝나면 담장진흙가위벌처럼 즉시 방마다 식량 넣기와, 알 낳기, 그리고 덮개공사를 한다. 5월 한 달은 거의 이렇게 열심히 일하며 보낸다. 알을 다 낳으면 이때부터 네 집, 내 집 구별 없이 합동으로 이 공동 주택단지를 보호한다. 각 방 사이의 공간을 메우고, 둥지 전체를 두꺼운 회반죽으로 덮는다. 마지막의 공동 둥지는 이렇게 서로서로 덮어서 마침내 하나의 넓고 평평한 진흙 판이 말라붙은 모습으로 바뀌는데, 아주 불규칙하게 울퉁불퉁하며 가운데는 두껍다. 하지만 처음 지은 변두리의 새 방들은 얇다. 이런 주택단지의 총 면적은 대개 손바닥만 하나, 실제로는 일꾼의 수나 최초의 둥지가 언제 지어졌는가에 따라 매우 다양하다. 지붕의 한 모퉁이를 사각형으로 넓게 차지한 주택단지 하나는 그 한 변의 길이가 1m쯤 됐었다.

　흔하지는 않으나 시실리진흙가위벌[8]은 잘 여닫지 않는 들창, 돌 위, 관목의 나뭇가지 위에서 혼자 일할 때도 있는데, 모습이 별로 다르지는 않다. 가령, 나뭇가지에다 둥지를 틀 때는 좁은 가지를 받침대 삼아 그 위에다 방의 기초를 단단히 고정시킨 다음, 작은 탑 모양으로 쌓아 올린다. 제일 먼저 만든 방에 식량을 채우고 닫는다. 다음 방들은 처음 방에 기대서 지어진다. 이런 식으로 6~10개의 방이 줄줄이 늘어난다. 그리고 회반죽으로 전체를 덮는다. 덮기 공사가 끝나면 건축물 전체의 무게 중심이 나뭇가지로 모인다.

---

[8] 『파브르 곤충기』 제2권 7장에서 관목진흙가위벌(Ch. des arbustes: *Ch. rufescens*)이라고 했으나 역시 피레네진흙가위벌의 이명이다.

21 여러 가지 실험

담장진흙가위벌(*M. parietina*)은 돌멩이가 작아도 그 위에 둥지를 지을 수 있고, 둥지 안의 식구들이 편안히 쉴 수도 있다. 한편, 작은 돌은 건축기사의 작업에 지장을 주지 않으면서 사람 마음대로 옮길 수 있고, 둥지끼리 서로 자리바꿈을 할 수도 있다. 그래서 이 벌은 본능의 본질에 대하여 보다 쉬운 실험 재료가 될 수 있으며, 미미하나마 일말의 빛을 비춰 줄 실험 방법도 제공할 것이다. 벌레의 정신적 역량에 대해 어떤 결실을 맺어 볼 만큼 연구하려면 요행을 만나거나 나타난 현상만 관찰하는 것으로는 불충분하다. 따로 상황을 설정해서 그에 변화를 주고 서로의 차이를 비교해 봐야 한다. 과학적으로 확고한 기초를 세우려면 이런 식으로 실험해 봐야 한다. 책에 가득 실려 있는 것들이나, 사람을 혼란시키는 진부한 생각은 어느 날 확고한 증거를 들이대면 모두 날아가 버릴 것들이다. 예를 들어, 소똥구리가 수레바퀴 자국에 빠진 똥덩이를 꺼내려고 친구에게 도움을 청했다는 이야기나, 조롱박벌이 마파람을 만나자 파리를 잘게 잘라 운반했다는 이야기 따위, 그 외에도 벌레에 대하여 사실이 아닌 많은 것을 찾아내고 싶다. 이제부터 많은 자료를 준비해서 학자의 손으로 정리해 보면, 그동안 공상에 사로잡혔던 미숙한 학설들이 망각의 쓰레기통으로 던져질 것이다.

　타성에 젖어 있는 레오뮈르 씨는 대개 정상궤도 안의 사실만 표현하는데 그쳤을 뿐, 곤충에게 인위적 조건을 가하는 방법으로 그의 지능 속에 숨어 있는 것들을 생각해 보고, 거기서 어떤 이정표를 끌어내지는 못했다. 그의 시대는 모든 것을 처음부터 시작해야 했고, 시작만 하면 무슨 일이든 수확이 무진장이었다. 그는 그래서 가장 시급한 일, 즉 수확할 때 이삭이나 낟알을 상세히 조사하는 일은 뒤로 미루어 놓았다. 담장진흙가위벌의 경우도 그의 친구 뒤 아멜(Du Hamel)의 실험 결과를 옮겼을 뿐이다. 아멜은 미장이벌 둥지를 유리병 속에 넣고 주둥이를 간단히 거즈 한 장으로 막았다. 둥지에서 수컷 세 마리가 나왔는데, 이들은 돌처럼 단단한 회반죽에 구멍을 뚫고 나오느라 지쳤는지 거즈는 뚫고 나오려 하지 않았다고 한다. 벌들은 결국 병 안에서 죽었다. 이에 대하여 레오뮈르는 '곤충은 보통 자연의 일반적 규칙 속에서 꼭 필요한 일만 할 줄 안다.' 라고 덧붙였다.

　나는 아멜의 실험에 대하여 두

가지 이유로 만족할 수 없다. 먼저, 시멘트 같은 흙벽을 뚫는 벌의 연장으로 거즈까지 잘라낼 거라는 희망적 사고만 가져서는 안 된다는 것이다. 흙일을 하는 미장이의 곡괭이에게 재봉사의 가위질을 부탁해서는 안 될 것이다. 둘째, 속이 훤히 들여다보이는 유리병을 감옥으로 택한 것도 잘못이다. 벌은 흙으로 축조된 둥근 천장을 뚫어 길을 트고 나온다. 곤충이 낮, 즉 빛을 찾았다는 것, 그 빛은 그에게 최후의 구원자이며 자유이다. 그런데 눈에 보이지 않는 유리장애물을 만났고, 그 장애물은 결코 넘을 수 없다. 그들은 유리 밖의 넓고 자유로운 세계를, 그리고 충만한 태양만을 바라볼 뿐이다. 벌들은 오직 그곳으로 날아가려고만 열심히 노력하다 죽는다. 그들은 보이지 않는 이상한 장벽을 아무리 노력해도 넘어설 수 없다는 것, 그 자체를 이해할 능력이 없다. 삐죽한 굴뚝을 막고 있는 거즈는 힐끗 쳐다만 보았을 뿐, 유리벽으로 고집스럽게 날라서 나가려고만 했다. 그러다가 탈진해서 죽는다. 결국 이 실험은 올바른 조건에 맞추어서 다시 해봐야 한다.

  내가 택한 장벽은 두꺼운 회색 종이로써, 이 종이상자는 안이 깜깜할 정도로 두껍지만 포로들이 뚫으려 했을 때 힘에 부쳐 못 뚫을 만큼 두껍지는 않다. 담장진흙가위벌은 이 벽을 뚫고 밝은 곳으로 나가는 법을 아는지, 그런 힘은 있는지를 알고 싶다. 한편, 단단한 회반죽을 뚫기에 적합한 그의 큰턱이 얇은 종이 오리기에도 적당한 가위 역할을 할 수 있는지? 이런 것들 모두를 알아보아야 한다.

  2월, 둥지 안의 고치 속 번데기들은 이미 성충 상태가 되었을 때이다. 이때의 고치 몇 개를 꺼내서 갈대(Roseau: *Arundo* =왕갈대, 물대) 토막의 구멍에 한 마리씩 따로따로 넣었다. 갈대는 한쪽이 열렸고 반대편은 막혀서 자연적 칸막이가 되며, 각 갈대는 둥지의 각 방에 해당한다. 넣을 때는 머리를 아래쪽으로 향해서 넣거나, 반대로 위쪽을 향하게 했다. 다음, 이런 인공 방들의 입구를 막았는데 방법은 각각 달랐다. 하나는 흙반죽으로 막았는데, 이것이 마르면 두께나 성질이 천연둥지의 회반죽 천장과 비슷하다. 다른 것은 수수깡으로 막았는데, 굵기는 적어도 1cm쯤 된다. 또 어떤 것은 회색 종이를 둥글게 말아서 막고 가장자리는 완전히 풀로 붙여 버렸다. 이렇게 준비한 갈대를 모두 한 상자에 담아 보관했는데, 출구는 위 또는 아래로 향하거나 수평이 되게 배치해 놓았다. 그렇지만 모든 고치는 둥지 속에 있을 때와 똑같은 방향이 되게 했다. 이것들을 한꺼번에 커다란 유리 덮개로 덮어 놓고, 벌이 나오는 5월을 기다렸다.

    결과는 나의 예상대로였다. 아니 훨씬 웃돌았다. 담장진흙가위벌은 내 손으로 막은 흙덩이도 본래 그들이 출생한 곳의 회반죽천장을 뚫을 때와 똑같이 둥글게 뚫었다. 그들에게는 새로운 식물성 담벼락, 즉 수수깡도 마치 끌로 파낸 것처럼 뚫었다. 종이마개 역시 벌에게 길을 열어 주었는데, 이 구멍도 찢거나 거칠게 파헤친 게 아니라 가장자리가 뚜렷이 둥글게 오려졌다. 결국 벌이 이런 일을 하려고 세상에 태어난 것은 아니나 모두 뚫을 수는 있었다. 어쩌면 그들은 그 종족이 한 번도 해보지 못했을 갈대 속 방에서 탈출하는 일을 해낸 것이다. 수수깡도, 종이벽도, 회반죽 천장에 구멍을 뚫을 때처럼 열었다. 문을 열어야 할 시기가 오면, 그들의 힘으로 감당해 내지 못할 것이 아닌 이상 어떤 것도 장애물이 되지 못했다. 간단한 종이 벽 따위 앞에서 우두커니 팔짱만 끼고 있을 리는 없다.

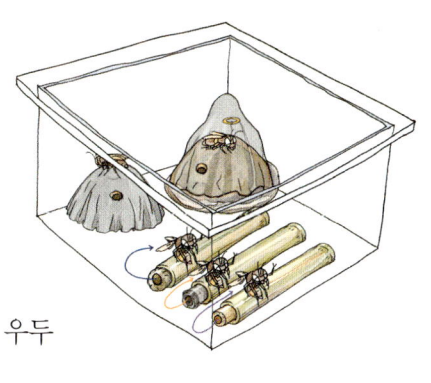

유리 덮개 안에는 돌 위에 건축된 둥지도 두 개가 갈대토막 방과 함께 준비되어 있었다. 그 중 하나는 회색 종이를 둥근 회반죽 천장 위에다 찰싹 붙여 놓았다. 벌레는 회반죽 덮개뿐만 아니라 빈틈없이 이어진 종이도 뚫어야 한다. 다른 하나는 역시 회색 종이로 씌웠으나 씌우개가 원뿔 모양이다. 그래서 아래쪽은 방을 둘러쌓다가 위로 올라가면서 속이 빈 탑처럼 되었다. 이것 역시 두 번째 종이벽이긴 하나 두 개의 칸막이가 연속적으로 이어진 것은 아니다. 위쪽으로 1cm쯤 올라가면서 좁아지는 공간이 또 있는 것이다.

이 두 종류의 이중벽에서 완전히 다른 결과가 나왔다. 지붕과 종이벽 사이에 공간이 없는 둥지의 벌들은 갈대방 실험에서 본 것처럼 종이벽을 둥글게 뚫었다. 벌들은 두 번째 벽을 만났을 때 주춤했을 것이나 그 정도의 장애물에는 무기력하지 않았음을 보여 주었다. 하지만 원뿔 모양 탑의 이중벽 안에 있던 벌들은 전혀 달랐다. 그들은 회반죽 천장을 뚫고 나온 다음 얼마를 지나서 다시 벽을 만난 셈이다. 종잇장이 천장과 밀착되었을 때는 장애물이 아니었으나 빈 공간 다음의 종이는 뚫어볼 생각을 않는다. 레오뮈르의 벌도 이 경우처럼 장애물은 겨우 거즈 한 장뿐이나 그리 나갈 생각은 않고 병 안에서 죽은 것이다.

이 결과는 나에게 많은 것을 암시해 주었다. 아, 어쩌면 이럴 수가! 녀석들은 응회암을 뚫는 것쯤은 아무것도 아닌 매우 강한 곤충이다. 종잇장 칸막이는 그들이 처음 보는 물건이지만 쉽게 뚫었다. 이렇게 강한 힘의 소유자라면 원뿔 모양의 종이 감옥도 이빨로 한 번만 물어뜯으면 간단히 뚫렸을 텐데, 어째서 그렇게도 바보같이 가만히 있다가 죽어 버렸을까? 그들이 그런 일을 해낼 수는 있어도 그럴 생각을 하지는 못한다. 그런 생각을 하지 못할 만큼 어리석은 이유는 무엇을 해야 할지 몰라서이다. 이 곤충이 탈바꿈 후 마지막 행동, 즉 고치와 방에서 탈출하기 위한 도구와 본능에는 타고난 재주가 있다. 본래 둥지의 벽은 물론, 아주 질기지 않은 칸막이라면 재질이 무엇이든 오려 내거나, 갉아 버리거나, 헐어 버릴 가위, 줄, 곡괭이, 지렛대 따위를 큰턱에 모두 갖추고 있다. 또 중요한 조건, 즉 이런 훌륭한 도구들을 사용하려는 의지나 사용하도록 부추기는 내부의 어떤 자극도 가지고 있다. 밖으로 해방될 시기가 되면 이 신호자극(信號刺戟)이 작동하고, 그러면 뚫는 일이 실행된다.

그리고 보면 진흙가위벌이 구멍을 뚫어야 할 재질은 자연의 석회 흙이든, 수수깡이든, 종이든 그 재료가 중요한 건 아니다. 본래의 덮개 위에 종이 칸막이가 덧붙여져 장벽이 보다 두꺼워졌어도 장애가 되지 않았다. 두 장벽 사이는 공간이 없었다. 따라서 벌이 두 장벽 밖으로 나갈 때는 한 개의 장벽만 뚫는 행동으로도 가능했기에 문제가 되지 않았다. 그런데 두 장벽 사이가 떨어진 탑 모양 종이에서는 전체의 두께가 같았어도 조건은 완전히 달라진 셈이다. 선에는 한 번만 밖으로 나가면 자유의 몸이 되었고, 그것으로 모든 것이 끝났었다. 그곳을 빠져나와 회반죽 지붕 위를 한 바퀴 돌고 나면 그의 탈출 과정은 모두 끝났다. 즉, 구멍 뚫는 행동이 끝난 것이다. 그런데 둥지의 벽 다음에 또 하나의 벽, 즉 새로 종이벽을 만났다. 장벽 뚫기는 일생 중 단 한 번만 치러야 하는 행위이다. 그런데 종이를 다시 뚫기, 즉 방금 전에 실행한 행위를 또다시 해야 한다. 한 번이면 될 일을 두 번으로 나누어 실행하는 조건이다. 하지만 동물은 하나의 일을 둘로 나누어서 실행할 생각은 못하므로 그렇게 할 수가 없다. 미장이벌에게는 지능이 희미한 그림자조차 없으니 그는 죽고 만다. 이렇게 단순한 지능의 세계부터 인간의 원초적 이성을 찾아보려는 것이 요즈음 사람들의 유행이라니! 유행이란 곧 사라지고 사실만 남는 법이다. 그런데도 이렇게 케케묵은 옛 사고방식을 혼이네, 영원한 운명이네, 하며 우리를 그 세계로 끌어들이려 한다.

레오뮈르는 그의 친구 아멜의 이야기를 또다시 꺼냈다. 미장이벌이 둥지로 돌아와 먹이를 넣으려고 머리를 구멍에 반쯤 들이민 녀석을 겸자(외과수술용)로 잡아 상당히 먼 거리의 연구실로 가져갔다. 연구실에서 그 벌을 놓쳐 버려 창밖으로 날아갔다. 즉시 둥지가 있던 곳으로 찾아갔더니, 벌 역시 방금 돌아와 여느 때처럼 일하고 있었는데, 조금 전의 사건으로 약간 흥분한 것 같다고 아멜 씨는 말했단다.

선생께서 나와 함께 아이그 하천 변으로 와보셨다면 좋았을 텐데. 넓은 자갈밭은 연중 3/4이란 긴 시간을 말라 있다가 비가 오면 큰 여울로 변한다. 만일 그가 여기에 왔다면 겸자에서 놓친 녀석과는 비교도 안 되는 멋진 녀석들을 보여 주었을 텐데. 둥지에서 일하다 잡힌 미장이벌이 단거리 여행이 아니라 길도 모르는 장거리 여행을 했어도 제 둥지로 돌아오는 것을 보았을 텐데. 그래서 내가 발견한 이 놀라움을 함께 나누었을 텐데. 선생께서는 내 손으로 아주 먼 나라 밖으로 보낸 벌들이 제비, 칼새, 비둘기 못지않은 방향감각으로 귀향하는 것도 보셨을 겁니다. 또 집의 위치에 대해 나 정도의 지리지식으로는 도저히 설명할 수 없는, 그 어떤 미지의 지식으로 둥지를 찾아내는 벌을 보며 의아해했을 것이라 믿습니다.

지난번 실험, 즉 노래기벌로 했던 실험을 담장진흙가위벌로 다시 해보자. 둥지의 벌들을 어두운 상자에 담아 아주 멀리 데려가 표식한 후 놓아준다. 혹시 이 실험을 하고 싶은 사람이 있다면, 그가 처음에 망설이지 않도록 실험 방법을 고스란히 전해 주고 싶다.

물론 장거리 여행을 시킬 곤충은 여러 모로 조심해서 잡아야 한다. 외과용 겸자도, 핀셋도 날개를 부러뜨리거나 몸에 상처를 입혀 날지 못하게 하므로 사용해서는 안 된다. 벌이 방안에서 일에 열중하고 있을 때, 작은 유리 시험관을 씌우면 벌이 도망치려고 날다가 그 속으로 들어가게 된다. 손을 댈 필요도 없이 종이봉투로 옮긴 다음 바로 봉한다. 한 마리씩 넣은 포로 봉투들을 다시 철

제 동란(식물채집통)에 넣어 운반한다.

출발점으로 정한 장소에서 벌을 놓아주기 전에 그들에게 표식하는 일이 좀 고통스럽긴 하다. 나는 진한 아라비아 고무 용액에 백묵 가루를 섞어서 물감으로 썼다. 용액을 지푸라기 끝으로 벌의 특정 부위에 묻히면 곧 마르고, 그곳에 흰 점이 생긴다. 임시실험 때는 벌이 머리를 숙이고 굴로 절반쯤 들어갔을 때, 물감 지푸라기로 배 끝을 슬쩍 건드리기만 해도 됐었다. 이렇게 살짝 갖다 대면 벌은 눈치 채지 못하고 일을 계속한다. 그러나 이 표식은 오래 가지 않고 표시위치도 적당치 않다. 벌이 꽃가루를 털어 내려고 브러시[1]로 배를 자주 쓸어 내는데, 그때 표식이 곧잘 지워진다. 그래서 가슴 등판의 가운데 칠하는 게 좋다.

표식작업 때 장갑은 낄 수 없다. 버둥거리는 벌을 압박하지 않고 부드럽게 잡으려면 손이 자유로울 필요가 있어서이다. 여러분도 벌써 짐작했겠지만 이런 짓은 반드시 침으로 쏘이는 일만 생길 뿐 이득이라곤 없다. 하지만 약간만 재치 있게 처리하면 독침을 피할 수 있다. 물론 언제나 피하지는 못할 것이니, 쏘임에 대한 괴로움은 일찌감치 체념하는 게 상책이다. 그러나 진흙가위벌에게 쏘여봤자 꿀벌이 쐈을 때의 아픔에 비하면 아무것도 아니다. 미장이벌은 가슴등판에 흰 점이 찍힌 채 떠나며, 그 점은 날아가는 도중 완전히 마른다.

처음에는 세리냥(Sérignan)에서 별로 멀지 않은 아이그 하천의 자갈밭 둥지에서 한참 일에 열중이던 담장진흙가위벌 두 마리를

---

[1] 꿀벌류의 뒷다리는 대개 종아리마디나 첫째 발목마디가 매우 넓고 긴 털들이 나 있다. 이것을 '브러시'라고 하는데, 빗자루처럼 꽃가루를 쓸어모으거나 모은 꽃가루를 붙여서 운반하는 데 이용한다.

잡아 오랑주(Orange)의 우리 집으로 가져와 표식 후 날려보냈다. 군부대 참모부의 지도를 보면, 두 지점간의 거리는 약 4km이다. 벌이 하루 일과를 끝낼 무렵인 저녁 때 날려보냈으니, 아마도 오늘은 이 근처에서 밤을 지내야 할 것이다.

이튿날 아침에 둥지로 가 보았다. 아직 날씨가 너무 차서 일들을 하지는 않았다. 이슬이 걷히자 일을 시작한다. 어제 잡았던 녀석들의 둥지를 지켜보며 그들이 돌아오길 애타게 기다리는 중인데, 표식 없는 벌 한 마리가 그 둥지로 꽃가루를 가지고 들어간다. 이 녀석은 지금 집주인이 나에게 잡혀서 비어 있는 것을 빈집으로 잘못 안 것이다. 그래서 남의 집을 제것으로 삼고 몸을 의지하려는 것이다. 아마도 어제 저녁부터 식량을 넣고 있었던 것 같다. 기온이 오르기 시작한 10시경, 갑자기 원래의 주인이 날아왔다. 이 집에서 살 권리는 등에 흰 점이 찍힌 어제의 그 포로가 먼저 가졌었다. 자, 나의 여행객 중 하나가 돌아왔다.

이 벌은 물결치는 보리밭을 헤치고, 장밋빛 잠두콩(Sainfoin: *Onobrychis viciifolia*, 사료용) 들판을 건너 4km를 넘어왔다. 그는 오는 길에 식량을 수확했다. 배를 꽃가루로 노랗게 물들인 게 그 증거이며, 지평선 저쪽에서 당당하게 제집을 찾아온 것이다. 참으로 놀랍다. 경제적으로 매우 고귀한 물건, 즉 꽃가루를 브러시에 잔뜩 묻혀 돌아온 것이다. 그에게 강제여행이 수확의 원정여행이기도 했다. 하지만 제 둥지에서 낯선 자를 만났다. "이봐, 웬 놈이냐? 맛 좀 봐라!" 전혀 생각지도 않던 침입자에게 화를 내며 덤벼든다. 두 벌은 공중에서 치열한 추격전을 벌인다. 가끔씩 서로 몇 센티미터의 거리에서 얼굴을 맞댄 채, 공중에서 거의 정지하고 있다. 서로 노려보는 것이다. 그리고 날개를 붕붕거리며 욕을 퍼붓는다. 다음, 원주인이 둥지로 내려온다. 침입자도 따라 내려온다. 그들이 육박전을 벌리는 동안, 나는 서로의 칼부림을 기대하며 관찰했다. 하지만 기대는 어긋났다. 치욕을 말끔히 떨어버리겠다고 생명을 건 필사의 전쟁으로 몰입하지는 않았다. 어쩌면 어미로서의 의무가 치명적인 전쟁은 말리는 것 같았다. 싸움은 치명타를 입히지 않는, 즉 적대적인 시위와 떠밀기 행위에서 그치고 만다.

진짜 집주인은 자기 집이라는 감정에서 갑절의 용기와 두 배의 힘을 냈나 보다. 둥지 위에 발을 디디고 다시는 떠나지 않는다. 그리고 침입자가 다가올 때마다 날개를 심하게 떨어 대며, 절대로 용서할 수 없다는 격분을 나타낸다. 침입자는 풀이 죽어 결국 떠나고 만다. 주인은 다시 일을 시작한다. 마치 언제 '그렇게 긴 여행의 시련을 겪었던가' 라고 하는 것 같다.

소유권 쟁탈전에 대해 한마디 보태자. 진흙가위벌이 여행을 떠난 사이, 집 없는 떠돌이가 그 집에 왔다가 거기를 점령하고 일을 시작하는 경우는 드물지 않다. 빈방이 여러 개인 헌 집에서는 더욱 흔한 일인데, 이때도 마찬가지로 먼저 소유했던 자가 돌아오면 언제나 침입자가 쫓겨난다. 프러시아 사람들의 가장 야만적인 격언 "힘이 정의를 이긴다."는 말과는 역으로, 진흙가위벌 사회에서는 "정의가 힘을 이긴다." 그렇지 않으면 결코 양보하기 싫은 침입자가 항상 원주인에게 쫓겨난다는 사실을 설명할 수가 없을 것 같다. 침입자가 뻔뻔스럽지 못한 것은, 짐승일망정 저들 사회에서는 힘만으로는 안 된다는 걸 느끼는가 보다.

두 여행자 중 하나는 첫째가 도착한 날에도, 다음 날도 모습을 보이지 않았다.

또 한 번 실험해 보기로 했다. 이번에도 재료나 출발 장소, 도착 장소, 거리, 시간 등이 모두 앞에서와 같았다. 다섯 마리 중 세 마리만 이튿날 돌아왔고, 두 마리는 낙오자가 됐다.

담장진흙가위벌은 4km나 떨어졌고, 이제껏 한 번도 가 본 일이 없는 낯선 장소에서 풀어 주어도 둥지로 돌아올 줄 안다는 것이 실험으로 완벽하게 다시 확인했다. 하지만 왜 첫 실험에서는 두 마리 중 하나가, 다음은 다섯 마리 중 둘이 돌아오지 않았을까? 어떤 벌레가 해낸 일을 다른 벌레는 왜 못했을까? 미지의 환경에서 그들을 인도하는 능력이 평등하지 않아서였을까? 혹시 나르는 힘이 서로 달랐나? 기억을 더듬어 보니, 모든 벌이 똑같은 활력으로 출발하지는 않았다. 어떤 녀석은 내 손가락에서 빠지자마자 공중으로 힘차게 치솟아 올라 어느새 모습이 보이지 않았다. 하지만 다른 녀석은 조금 날았나싶더니 몇 걸음 앞에서 떨어졌다. 이런 녀석은 여기까지 오는 동안 상자 안에서 찌는 듯한 무더위를 견디며 고생하다 잘못된 게 틀림없다. 혹시 표식할 때 쏘이지 않으려다가 날개 관절을 다치게 했을 수도 있다. 이런 자들은 이미 부상당한 불구자들로서, 근처의 잠두콩 밭 사이를 헤매고 있을 것이다. 아마도 먼길의 항해에 꼭 필요한 돛대가 없듯이, 힘찬 비행이 불가능했을 것이다.

내 손가락에서 힘차게 날아오른 녀석만 계산에 넣기로 하고 다시 실험했다. 풀어 주던 숲의 모퉁이에서 멈췄거나 주춤거리는 녀석은 계산에서 빼기로 했다. 집으로 돌아오는 시간도 정확히 재볼 생각이다. 이런 실험을 하려면 허약한 녀석이나 불구자도 재료에 많이 포함될 것이므로 상당히 많은 수의 벌이 필요하다. 그렇다면 원하는 숫자의 담장진흙가위벌을 구하기는 어려울 것 같다. 아이그 하천 근처에 작은 집성촌이 있기는 하나, 그것은 다른 실험에 쓸 생각이니 손대고 싶지가 않다. 다행히 우리 집 헛간의 지붕 가장자리에 굉장한 시실리진흙가위벌 둥지가 있다. 그 둥지는 벌의 밀도도 매우 높아 원하는 만큼 구할 수 있다. 이 벌은 몸집이 담장진흙가위벌에 비해 절반도 안 될 만큼 작다. 하지만 크기는 중요하지 않다. 내가 정해 놓은 4km를 날아서 둥지로 돌아오기만 하면, 덩치에 대한 체면까지 한꺼번에 세워질 것이다. 항상 하던 대로 40여 마리를 한 마리씩 종이봉투에 넣었다.

둥지에 가까이 접근하려고 사다리를 벽에 걸쳤다. 딸 아글라에[2] (Aglaé)더러 가끔씩 사다리에 올라가서 제일 먼저 돌아오는 녀석의 정확한 시간을 재라고 했다. 출발 시간과 도착 시간을 비교하기 위해서 탁상시계와 회중시계도 서로 맞추어 놓았다. 이런 식으로 모든 준비가 끝났다. 44마리의 포로를 아이그 하천의 벌판으로 가져갔다. 이 원정길에서 두 가지 실험을 하게 되는데, 하나는 미장이벌에 대한 레오뮈르의 관찰을 확인하는 것이고, 또 하나는 시실리진흙가위벌이 4km나 되는 거리를 돌아올 수 있는지에 대한 실험이다.

포로들을 풀어 주었다. 모두 가슴등판에

[2] 파브르의 셋째 딸이며 평생 아버지 옆에서 집안 살림을 도맡았다.

흰 점이 찍혔다. 칼집에서 독침을 꺼내 휘둘러 댈 40여 마리의 사나운 벌을 하나하나 손끝으로 만진다는 게 결코 만만한 일은 아니다. 그렇다고 해서 표식할 때마다 쏘이는 것도 아니다. 그런데 내 손가락이 나도 모르는 새 공연히 방어운동을 자주 한다. 결국 나도 벌레보다 나를 위해 훨씬 더 조심한다. 가끔씩 편하게 다루려다 필요 이상 여행객을 꽉 누르기도 한다. 진리의 베일을 아주 미미한 부분이라도 알아낼 수만 있다면, 웬만한 위험 따위는 무릅쓰고 실험한다는 것 역시 아름답고 고귀한 일이다. 하지만 잠깐 사이에 40방의 침을 쏘인다면 신경질이 날만도 하다는 점을 허락해 주기 바란다. 너무 어설프게 다뤄서 쏘였다고 타박할 사람이 있다면, 나는 그에게 이 실험을 한번 해보도록 권해 보련다. 막상 해보면 어지간히도 기분이 나쁠 것이다.

40마리 중, 옮길 때의 피로가 원인이었든, 내 손가락에 관절이 뒤틀렸든, 자유롭고 힘차게 날아간 녀석은 겨우 20마리 정도였다. 다른 녀석들은 몸을 곧바로 세우지도 못하고 가까운 풀숲을 떠돌거나 버드나무에서 쉰다. 지푸라기로 건드려 흥분시켜봐도 날 생각을 않는다. 이렇게 나약한 녀석들, 어깨뼈를 삔 부상자, 내 손에 망가진 무능력자들은 제외한 20마리 정도만 거리낌없이 날아올랐다. 그 정도면 충분하다. 그야말로 충분하다.

출발 당시 어디로 갈 것인지 정확히 정해진 방향은 없다. 옛날에 노래기벌이 보여 준 경우처럼 곧장 둥지 방향으로 날아가지는 않았다. 진흙가위벌 역시 풀리자마자 질겁을 하며 도망친다. 어떤 녀석은 이리, 다른 녀석은 저리, 각기 다른 방향으로 흩어진다. 힘차게 날아오를 때 둥지와 반대 방향으로 날았던 녀석도 곧 방향을 바꿀 것임을 나는 확신한다. 그리고 대부분이 둥지가 있는 수평선 쪽으로 향할 것이라고 생각한다. 하지만 일단은 의문으로 남겨 두자. 그들은 20m만 날아가도 벌써 눈에 보이지 않으니 알 도리가 없다.

지금까지는 온화한 날씨 덕분에 실험에 톡톡히 혜택을 입었다. 하지만 지금은 복잡해졌다. 더위는 숨이 막힐 지경이고, 하늘은 폭풍을 머금고 있다. 벌들이 둥지로 돌아올 방향과 정확히 반대인 남쪽에서 아주 강한 바람이 불어온다. 과연 벌들이 그 작은 날개로 급류의 역풍을 극복해 낼 수 있을까? 극복하려면 꿀을 따는 벌처럼 땅에 바짝 붙어서 날아야 한다. 그러니 지역정찰을 위해 하늘 높이 오르는 게 문제이다. 아이그 하천의 자갈밭에서 진흙가위벌의 비밀을 엿보려고 노력하던 막판에, 실험의 성패에 대해 크게 걱정하면서 오랑주로 돌아왔다.

집에 들어서는 순간, 흥분으로 뺨이 벌겋게 달아오른 아글라에를 보았다. "두 마리" 딸이 외쳤다. "두 마리가 돌아왔어요, 2시 40분에, 배에 꽃가루를 한 아름 안고 왔어요." 그때 갑자기 한 친구가 찾아왔다. 법률을 전공하는 무뚝뚝한 친구로 선생이었다. 실험의 전말을 듣고 나자 법률이다, 증명서다, 따위는 모두 뒷전으로 돌리고, 우리의 여행가, 전서구들이 도착하는 것을 보고 싶어 한다. 결국, 그는 벌들의 귀환이 토지의 경계선 때문에 싸우는 소송보다 더 흥미로워졌다. 아프리카 세네갈처럼 강렬한 태양과 벽에서 반사되는 뙤약볕 속에서 5분마다 사다리를 오르내렸다. 모자도 쓰지 않은 맨 머리에, 뜨거운 햇볕을 막을 것이라곤 진한 회색 머리카락밖에 없으면서도 그랬다. 나는 한 명, 즉 내 딸을 관찰자로 임명했었는데, 이제는 돌아오는 벌을 감시할 밝은 눈이 두 쌍이 되었다.

2시경 벌을 풀어 주었고, 첫 번째는 2시 40분경 돌아왔다. 약 45분 만에 4km를 충분히 날아온 것이다. 놀랄 만한 결과이다. 특히 꽃가루로 노랗게 물든 배가 증명하듯이, 오는 도중 수확까지 했다. 게다가 오면서 역풍까지 만났을 것을 생각해 보면 더더욱 그렇다. 곧 또 다른 세 마리가 돌아왔다. 그들 역시 오는 길에 일을 했다는 증거로 꽃가루를 가져왔다. 벌써 날이 저물기 시작해 그날은 더 관찰할 수가 없었다. 사실상 해가 질 무렵이면 진흙가위벌은 둥지를 떠난다. 어디로 가는지 모른다. 어떤 녀석은 이리, 다른 녀석은 저리로 떠나 몸을 숨긴다. 아마도 지붕의 기왓장 밑이나, 벽 틈새의 좁은 은신처일 것이다. 햇빛이 가득할 때, 즉 벌들이 일하는 낮 시간이 아니면 나머지 벌들의 도착을 세어볼 수가 없다.

이튿날, 해가 뜨고 흩어졌던 일꾼들이 둥지로 모여들 시간, 흰 점이 찍힌 벌들의 출석을 다시 조사했다. 성공은 완전히 나의 기대 이상이었다. 15마리. 어제 쫓겨났던 15마리가 돌아와 아무 일도 없었던 것처럼 창고에 넣거나 미장일을 한다. 그 다음, 어제 징조를 보였든 폭풍이 불어닥쳤다. 그리고 며칠 동안 비가 계속 쏟아져 후속검사는 이어질 수가 없었다.

이것으로 실험은 충분하다. 풀어 줄 때 여행이 가능할 것이라 생각했던 20마리 중 적어도 15마리가 돌아왔다. 한 시간 안에 두 마리, 저녁때 세 마리, 나머지는 이튿날 아침이었다. 그들은 마파람이 불었는데도, 옮겨진 곳의 지리를 전혀 몰랐어도 돌아왔다. 사실상, 그들은 출발지인 아이그 하천의 버드나무 지역을 처음 보았음은 의심의 여지가 없다. 그들은 그렇게 멀리까지 가는 일이 절대로 없다. 우리 헛간의 지붕 밑에 집을 짓거나 식량 저축에 필요한 필수품은 근처에 모두 다 있다. 담장 밑의 오솔길에는 석회 흙을, 우리 집을 둘러싼 꽃밭은 갖가지 빛깔로 피고 지는 꽃이 꿀과 꽃가루를 준비해 놓고 있다. 둥지에서 몇 걸음만 나가도 풍부한데, 시간을 절약하는 벌들이 굳이 4km 밖까지 찾아가지는 않는다. 그들이 골목길에서 건축자재 가져가는 것을, 그리고 들판의 꽃에서, 특히 근처 막샐비어(Sauge des prés: *Salvia pratensis*) 꽃에서 수확하는 것을, 나는 매일매일 보아왔다. 그들은 아무리 멀리 가도 사방 100m를 넘지 않는다. 그렇다면 먼 나라로 보내진 녀석들이 어떻게 돌아왔을까? 그들의 안내자는 무엇일까? 그것이 결코 기억은 아니다. 그것은 어떤 특별한 능력이다. 하지만 여기서는 그렇게 놀랄 만한 일을 증명하는 것에서 그칠 뿐, 이유를 설명하겠다고 열을 올리지는 않겠다. 그 능력은 인간 심리학의 범위 넘어에 있는 것이기에 설명을 찾지 않으련다.

22 둥지 바꿔치기 실험

담장진흙가위벌로 일련의 실험을 계속 해보자. 이 벌은 내 마음대로 자리를 옮길 수 있는 돌 위에 둥지를 틀어서 보다 흥밋거리의 실험 재료로 적합했다. 첫 번째는 이것이다.

한 둥지의 위치를 바꿨다. 즉, 둥지를 받침대와 함께 2m쯤 떨어진 곳으로 옮겨 놓았다. 건물과 받침대가 한 덩이여서 옮길 때 방을 건드리는 일은 없다. 옮겨진 돌도 맨땅 위에 놓였으니 제자리에 있었을 때처럼 눈에 잘 띈다. 따라서 먹이를 가지고 돌아온 벌이 그 돌과 둥지를 몰라보지는 않을 것이다.

몇 분 뒤 집주인이 돌아와 원래 둥지가 있던 곳으로 곧장 날아간다. 그는 없어져 버린 집터의 상공에서 천천히 날며 집을 찾다가 그 자리로 내려간다. 거기서 오랫동안, 아주 고집스럽게 걸어다니며 집을 찾는다. 그러다가 멀리 날아서 사라진다. 하지만 바로 되돌아온다. 다시 조금씩 날거나 걸으며 집 찾기를 계속하는데, 언제나 둥지가 있던 먼저의 자리에서만 찾는다. 분통이 터져 또 발작이 일었는지, 갑자기 근처의 버드나무 숲 위로 날아간다. 그리고 다시 돌아와 돌이 박혀 있던 움푹한 자리 위만 수색한다. 갑자기 날아갔다가, 갑자기 돌아와 아무것도 없는 곳에서 계속 찾는다. 벌은 그곳에 둥지가 없다는 것을 확신할 때까지 오랫동안, 정말로 오랫동안 끈질기게 수색을 되풀이한다. 그는 분명히 옆에 옮겨진 자신의 둥지를 여러 번 보았다. 날다가 그 위의 몇 센티미터 높이에도 여러 번 왕복했다. 하지만 그것에는 관심이 없다. 그에게 그 둥지는 자신의 것이 아니라 다른 벌의 재산에 불과했다.

실험은 끝났다. 둥지가 자리 잡은 돌을 2~3m 옮겼을 뿐인데, 거기는 단순 방문조차 없었고, 떠나 버린 벌은 다시 돌아오지 않은 채 실험이 끝났다. 그러나 거리가 짧으면, 예를 들어 1m 정도면, 금방 또는 조금 후 받침돌 위에 내려앉는다. 조금 전까지만 해도 먹이를 가져왔었고, 새로 만들기도 했던 방안으로 여러 번 머리를 디밀어 보고, 돌 표면까지 샅샅이 검사한다. 그리고 한동안 망설인 다음 새 집터를 찾는다. 제자리에서 옮겨진 집이 1m 미만의 거리에 있건만 그 집은 단호히 버린다. 여러 번 그곳에 머물렀어도 벌은 그것이 자기 것임을 인식하지 못한다. 며칠 후 다시 가 보았다. 둥지는 아직도 옮겨진 상태 그대로이니 버렸다는 사실을 확신할 수 있다. 꿀이 절반쯤 들어 있던 방이 그대로 열린 채, 그리고 개미들에게 약탈된 채 버려졌다. 건축 중이던 방도 더 이상 손질한 흔적이 없다. 혹시, 벌이 돌아왔더라도 작업하지 않았음은 명백한 사실이다. 옮겨진 둥지는 언제나 버려진다.

나는 이렇게 이상한 역설에 대해 이치를 따지고 논리를 펼 생각

은 없다. 어쨌든, 미장이벌은 저 지평선 너머에서도 제 둥지로 찾아올 줄 알면서, 기껏해야 1m 떨어진 둥지는 찾지 못한다. 이런 문제를 끌어내서 설명하자는 것은 아니다. 하지만 결론은 이런 것 같다. 벌은 둥지가 점령하고 있던 장소에 대해서는 강한 인상을 가지고 있다. 그래서 그리 돌아왔을 때 둥지가 사라졌어도 꺾기 어려운 고집으로 거기서만 찾는다. 한편, 그에게 둥지란 막연한 관념뿐이다. 자신의 침으로 반죽하고, 자신이 건축한 건물이건만 그것은 인식하지 못한다. 자신이 반죽해 쌓아 올린 흙덩이를 알아보지 못하니, 자신의 방과 작품을 찾아온 보람도 없이 버려진다. 돌이 놓여 있던 바로 그 위치가 아니면 비록 자기 것이라도 차지하지 않는다.

곤충에게 꼭 인정해야만 하는 그 이상한 기억력은 장소에 대한 일반적인 지식에는 현명해도 집에 대한 지식은 우둔하다. 나는 이것을 지리적 본능이라고 부르련다. 자기가 사는 구역에 대해서는 잘 알지만 애지중지하던 둥지, 즉 자기가 살던 집은 모른다. 앞에서 조사한 코벌에서의 결론도 비슷했다. 땅을 파헤쳐 밖으로 드러난 둥지 앞에서 가족에게, 즉 햇볕에 고통을 받는 자신의 어린 새끼에게는 관심이 없다. 그는 자기 새끼를 인식하지 못한다. 그가 아는 것은 오직 놀랄 정도의 정확성으로 수색하고 찾아내는 것뿐이며, 찾는 대상은 출입구가 있던 장소일 뿐, 그 이상은 아무것도 없다.

담장진흙가위벌은 돌이 점령한 위치에 따라 자기 둥지와 남의 둥지를 구별하고 찾아내는데, 이런 무능력에 대해 아직도 의문이 남았다면 다시 풀어 보자. 둥지를 근처에 있는 다른 것과 바꿔치기 한다. 두 둥지 간의 미장공사 정도나 저장된 식량은 서로 비슷하다. 물론 바꿔치기는 집주인들이 없을 때 한다. 벌은 제 둥지가 아니지만 그 자리에 놓인 남의 둥지로 거리낌없이 들어간다. 다시 말해서, 그가 방을 건축 중이었다면 역시 건축 중인 둥지로 바꾸어 준다. 그러면 이미 진행된 남의 작품을 자신의 고유솜씨로 착각하고 미장일을 계속한다. 꿀과 꽃가루를 나르는 중이었으면 역시 그만큼 저장된 방으로 바꾸어 준다. 그러면 원래 남의 창고였으나 그것을 채우려고 모이주머니에는 꿀을, 배는 꽃가루를 실은 여행이 계속된다.

그러고 보니 벌은 바꿔치기를 눈치 채지 못했다. 바꾼 둥지가 제것인지 아닌지를 구별하지 못한다. 그들은 항상 진짜 자신의 방에서 일하는 것으로 믿는다. 얼마 동안 남의 둥지를 소유하도록 놓아두었다가 본래의 위치로 집을 돌려주었다. 새로 바꿔치기를 해도 역시 알아보지 못한다. 바꿔치기 당한 방에서 하던 일을 돌려받은 방에서도 계속한다. 두 번째 바꿔치기를 해도 곤충의 고집은 마찬가지로 하던 일을 계속한다. 이런 교체 실험은 항상 같은 장소만 인식할 뿐, 둥지는 자기 것인지 남의 것인지, 해놓은 작업 결과도 자기가 했는지 남이 했는지 구별하지 못하는 것을 나는 싫증이 나도록 확인했다. 방이 제 것이든 남의 것이든, 둥지의 받침대 돌이 처음에 놓였던 그 자리에 있기만 하면 항상 거기서 열심히 일했다.

서로 이웃에 있으며 공사도 거의 비슷하게 진행된 두 개의 둥지를 이용해서 보다 흥미로운 실험을 했다. 그들의 장소를 서로 바꾸었다. 거리는 겨우 팔꿈치 하나 길이(약 50cm). 외출에서 돌아온 벌들은 두 집이 그렇게 가까워서 동시에 둘을 다 볼 수 있고, 어느 쪽을 고를 수도 있다. 하지만 서로 바뀐 둥지를 곧장 차지하고 일을 계속한다. 내 마음대로 수없이 두 집을 바꿔치기 해보았다. 언제나 두 진흙가위벌은 각자가 선정한 장소를 차지했고, 바뀜에 따라 자기 방 또는 남의 방으로 들어가 각자의 일을 계속했다.

두 둥지가 너무 비슷해서 혼란이 일어난 것으로 생각할 수도 있다. 그런데 실험 초기에는 바뀐 둥지를 벌들이 거절할지 모르겠고, 거절하면 좋은 결과를 기대하기 어려울 것 같아 걱정이 되었다. 그래서 서로 비슷한 것끼리만 골라서 바꿔치기를 했었다. 이런 염려는 우리에게 없는 어떤 예지가 곤충에게는 있을 거라는 가상 때문이었다. 이번에는 두 둥지에서 한 가지 조건만 다르고 나머지의 진행 정도는 같은 것으로 정했다. 하나는 헌 둥지였다. 지붕에는 앞 세대의 방이 열린 여덟 개의 구멍이 뚫려 있다. 벌은 여덟 개 중 하나만 수리해서 식량 저장 작업을 하던 중이다. 다른 하나는 새로 지은 집이다. 아직 회반죽의 둥근 지붕은 없고, 단지 자갈을 섞어 벽을 쌓은 단칸방이다. 즉, 한쪽은 빈방 여덟 개와 흙반죽으로 지은 넓고 둥근 지붕까지 있고, 다른 쪽은 오직 한 개뿐인 방이 도토리 껍질보다 넓게 완전히 드러난 모습인데, 저장된 식량은 서로 비슷했다.

자 그런데, 1m 거리를 두고 바꿔치기 당한 둥지 앞에서, 두 마리의 진흙가위벌은 오래 망설이지 않았다. 각자의 장소를 차지한다. 헌 둥지의 소유자였던 녀석은 방이 한 개밖에 보이지 않는다. 잠깐 받침돌을 조사했을 뿐 다른 행동은 없다. 남의 방으로 머리를 디밀고 꿀을 토한다. 다음 꽃가루를 털려고 배를 들이민다. 특별히 급하게 쪼들리는 행동도 없고, 짐이 무거워서 고생할 필요도 없다. 그는 곧 다시 날아가 새로 수확해서 정성껏 창고에 넣을 수 있으니 문제가 없다. 남의 창고로 식량 나르는 것을 그냥 내버려두면 몇 번이고 반복해서 가져온다. 두 번째 벌은 단칸방 대신 방이 여덟 개나 되는 큰 건물의 아파트를 발견하고 처음에는 크게 망설인다. 여덟 개 중 어느 방이 진짜일까? 식량을 쌓기 시작했던 방은 어느 것일까? 방을 하나하나 조사하면서 제일 밑에까지 내려간다. 마지막으로 만난 게 찾던 방이다. 다시 말해서 그 방안에는 원주인이 저장하기 시작한 식량이 들어 있다. 이 녀석도 첫째와 똑같은 일을 한다. 자기 창고가 아닌데도 꿀과 꽃가루 저장을 계속한다.

둥지를 다시 제자리로 바꿔치기 했다. 벌들은 잠깐 망설인 다음 자기 방에서, 그 다음은 남의 방에서, 바꿔치기를 할 때마다 방을 번갈아 가며 하던 일을 계속한다. 두 둥지 간의 차이가 매우 크니 잠시 망설이는 건 당연하다. 결국, 지금 점령하고 있는 둥지가 누구의 것이든 그 방에 충분한 식량이 쌓이면 알을 낳고 방문을 막는다. 이런 사실에 대해 나는 기억이라는 단어를 쓰지 못하고 망설인다. 곤충을 자기 둥지가 있는 장소로 정확하게 돌아오게 하는 희한한 능력이 있는 반면에, 다른 능력은 둥지의 모양은 그렇게 차이가 커도 자기 것과 남의 것을 구별하지 못해서 망설이는 것이다.

이번에는 담장진흙가위벌을 심리학적 관점에서 실험해 보자. 지금 실험용 벌이 겨우 방의 첫째 층만 쌓았다. 이런 방을 완전히 준공되고 식량도 충분히 채워진 방과 바꿔치기 했다. 머지않아 집주인이 알을 낳으려는 방을 빼앗은 셈이다. 나의 호의로 석축공사와 식량 준비의 수고를 덜어 준 이 기증품 앞에서 벌은 어떤 행동을 할까? 의심할 것 없이 알을 낳고 봉인 후, 회반죽으로 덮고 이음매 공사를 하겠지. 하지만 아니었다. 크게 틀렸다. 우리의 논리가 동물에게는 비논리적이었다. 곤충은 숙명적인 선동에 복종할 뿐, 그가 해야 할 일에 대한 선택은 없다. 적절한 것과 아닌 것에 대한 분별력도 없다. 그는 목표에 도달하도록 미리 결정된, 그리고 통제할 수 없는 어떤 종류의 비탈길을 따라 미끄러질 뿐이다. 이제부터 내가 보고하는 사실들이 이런 점을 훌륭하게 확인시켜 줄 것이다.

흙일을 하던 벌이 꿀이 가득한 건물을 받았다고 해서 흙일을 중단하는 것은 절대로 아니다. 그녀는 미장일을 하고 있었다. 이 과정에 한 번 들어서면 필요 없는 일이라도 무의식의 충동에 이끌려, 그리고 자신의 이익에 상반되어도, 결국은 미장일을 해야 한다. 내가 그에게 준 방은 앞의 미장이가 건축공사를 완전히 끝냈고, 꿀 준비도 거의 끝난 방이었다. 그 방을 손질하거나, 특히 무엇을 보탠다면 그것은 필요 없는 짓이며, 만일 그렇게 실행한다면 더욱 어리석은 짓이다. 아무리 그렇더라도 미장일을 하던 벌은 미장일을 계속한다. 그녀는 먼저 회반죽 덩이를 늘어놓고 창고의 구멍 위에 한 덩이, 한 덩이 계속 쌓아 올린다. 마침내 그 방 높이는 보통의 다른 방보다 1/3가량 더 높아졌다. 이제 쌓기가 끝났으니 더 이상의 진전은 없다. 둥지를 바꿔치기 할 때 기초 공사를 하던 벌은 방 만들기를 계속했다는 사실뿐이다. 이 사실은 어떤 숙명적 충동이 이 건축가를 따르도록 했다는 증거이다. 식량 저장은 훨씬 전에 끝났다. 만일 두 마리가 수확한 꿀을 모두 넣는다면, 방 밖으로 넘쳐흐를 것이다. 공사를 막 시작한 벌에게 꿀까지 채워져 완성된 방을 제공해도 완성의 속도는 별로 다르지 않다. 그는 먼저 미장일을 하고 다음에 식량을 저장한다. 방의 높이와 꿀의 양이 일정치를 지나면 그의 본능이 경고를 발동하고, 이 경고만이 그의 일을 중단시킬 수 있다.

그 반대도 분명히 똑같다. 식량을 조달하던 진흙가위벌에게 이제 겨우 방의 초벌작업에 들어가 꿀을 넣기에는 너무도 불완전한 둥지를 주었다. 침도 덜 마른 방이 아직도 축축하다. 옆에는 빈방과 이미 알과 꿀을 넣고 봉해 버린 방이 보인다. 바꿔치기 당한 벌은 단지가 낮고 불완전해서 꿀이 더 들어갈 자리가 없는 방으로 식량을 가져와서, 어쩔 줄 모르고 난처해한다. 오랫동안 망설인다. 수확물을 놓으려고 초조해하며 이리저리 방황하고 날기도 한다. 더욱 불안함을 나타낸다. 지금 나는 혼자 중얼거릴 수밖에 없다. '석회 흙을 가져와, 자, 시멘트를 가져다 창고를 완성해, 잠깐이면 돼. 너는 적당하게 만들 거야.' 하지만 벌은 다른 생각뿐이다. 그는 식량을 창고에 넣는 중이다. 그러니 넣는 일만 계속해야 한다. 결코 꽃가루를 털어 내고 회반죽과 흙손을 잡으려는 결심은 하지 않는다. 아직 때가 아닌 미장일을 위해 하던 수확을 중단하지는 않는다. 그는 오직 자신이 원하는 방, 즉 남의 방을 찾아갈 것이며, 그 주인으로부터 불청객의 푸대접을 받을망정 거기에다 꿀을 넣으러 들어갈 것이다. 정말로 이 모험을 하고자 출발한다. 나는 그의 성공을 빈다. 내 자신이 그를 이토록 절망적으로 행동하게 만들었기 때문이다. 내 호기심이 정직한 일꾼을 도둑으로 만들었다.

일이 훨씬 위험한 지경으로 돌아갈 수도 있다. 수확물을 확실한 장소에 빨리 내려놓으려는 소망은 절박하고 또 급박하다. 이 벌에게 여기저기의 방들이 보인다. 아직 불완전하거나 부분적으로 꿀이 든 창고도 보이고, 식량 채우기, 산란, 덮개공사가 모두 끝난 방도 보인다. 이런 경우들을 직접 보지는 않았어도 다음의 경우는 보았다. 미완성인 방이 불편하다는 것은 벌도 잘 안다. 이럴 때, 벌은 가까운 곳에 닫혀 있는 방의 덮개를 갉아낸다. 덮개의 한 곳을 침으로 묽게 한 다음 그곳을 아주 조금씩 끈기 있게 파 들어간다. 진척이 무척 느리다. 겨우 핀 머리가 들어갈 정도의 작은 구멍을 뚫는데 족히 30분은 걸린다. 이제는 기다리던 내가 초조해졌다. 벌은 창고에 구멍을 내려는 게 확실한 것 같으니, 일을 단축하도록 도와주기로 했다. 칼끝으로 덮개를 부셨다. 방 위쪽을 쑤셨는데 가장자리에 심하게 금이 갔다. 내 서툰 솜씨가 아름다운 항아리를 주둥이가 깨진 형편없는 화로처럼 만들었다.

그래도 내 판단은 옳았다. 벌의 계획은 역시 억지로라도 문을 열려는 것이었다. 항아리에 금이 간 것에는 관심도 없고, 내가 열어 준 문을 통해 집안으로 들어갔다. 안에는 이미 식량이 꽉 찼는데 벌은 수없이 여러 번 꿀과 꽃가루를 더 가져왔다. 지금 그 방에는 제것이 아닌 남의 알이 이미 들어 있는데도 자기 알을 낳는다. 다음, 깨진 주둥이도 훌륭하게 막았다. 창고에 식량을 채우던 벌은 방을 바꿔치기 당해도 제일이 끝나지 않았다. 그는 하던 일에서 절대로 물러설 줄 몰랐고 물러설 수도 없다. 도중에 어떤 방해를 받더라도 하던 일은 반드시 해내려 한다. 그리고 마지막까지 완성한다. 하지만 그것은 아주 터무니없는 수단에 의해서였다. 식량이 가득 찬 창고는 진짜 주인이 이미 산란한 방인데, 억지로 열고 들어가 식량을 더 가져오고, 또 자기 알을 낳고, 금이 간 문까지 수리해 가며 끝마감했다. 저항할 수 없는 명령을 따라야만 하는 이 곤충의 성벽에 대해서, 이보다 더 훌륭한 증거가 필요할까?

결국, 어떤 행동은 그 앞에 선행된 다른 행동과 서로 밀접하게 연결되어 있어서, 앞의 행동이 일어나면 뒤의 행동은 곧 따라서 연속적으로 일어나며, 앞의 행동이 필요치 않아도 계속해서 일어난다. 앞에서 말했듯이, 노랑조롱박벌은 먹잇감인 귀뚜라미를 짓궂은 내가 여러 번 빼앗아 멀리 옮겼어도, 그것을 다시 둥지 옆으로 가져다 놓고 고집스럽게 혼자서만 굴속으로 들어간다. 이런 소동이 계속 반복되지만 먼저 집안을 검사하는 행동은 멈추지 못한다. 열 번, 스무 번 반복했어도 여전하니 그 행동이야말로 정말 불필요한 행동이다. 조금 전에 본 담장진흙가위벌도 행동형태는 약간 달랐으나 불필요한 행동을 반복하기는 마찬가지다. 다만 후속 행동의 의무 조건을 준비하는 것뿐이다. 먹이를 가져와 창고에 넣을 때는 두 단계의 행사를 치른다. 처음에는 모이주머니의 꿀을 토해내려고 머리를 먼저 방안으로 들이민다. 다음은 몸통의 꽃가루를 털기 위해 브러시로 솔질을 해야 하는데, 이때는 일단 밖으로 나왔다가 반대 방향으로 들어간다. 이렇게 돌아서 들어가려는 순간, 지푸라기로 살짝 건드렸다. 즉, 뒤의 행동이 방해를 받은 것이다. 이렇게 방해를 받으면 그는 행위 전체를 다시 시작한다. 지금은 위장 속이 텅 비어서 토해낼 것이 없는데도 끈질기게 다시 한 번 머리부터 들어간다. 들어갈 때는 머리를 굴 쪽으로 향해야 하는데, 어떤 때는 아주 완전히 향하고, 어느 때는 숙이기만 하거나 절반쯤 또는 돌아서는 시늉만 하기도 한다. 하지만 굴로 들어가든 않든, 꿀은 벌써 토해냈으니 이 행동은 더 이상 존재할 이유가 없어졌다. 그래도 꽃가루를 넣기 위해 뒷걸음질로 들어가기 전에는 언제나 변함없이 이 행위가 먼저 선행된다. 이때는 거의 기계적 운동이다. 마치 하나의 톱니바퀴는 그를 밀어주는 톱니가 움직이지 않으면 돌지 못하는 격이다.

신종(新種) 기재(記載)

다음의 벌들은 프랑스 동물상(動物相)에서 새로운 종으로, 그들의 기재문(記載文)이다.[1]

Cerceris antonia H. Fab.

암컷 : 몸길이 16~18mm. 흑색. 조밀하고 강한 점각. 머리방패는 코처럼 불쑥 솟음. 즉, 원뿔을 세로로 자른 절반처럼 기부는 넓고, 끝은 뾰족함. 더듬이 사이에 돌출한 융기선이 있음. 이 융기선 아래의 줄, 머리방패, 뺨, 각 눈 뒤의 굵은 점 등은 황색이나 흑색 점들이 있음. 큰턱은 쇳빛을 띠는 황색이나 끝은 흑색. 더듬이의 제4, 5절은 쇳빛을 띠는 황색이나 나머지는 갈색. 앞가슴등판의 2개의 점무늬, 날개의 비늘무늬(écailles), 뒷방패판 등은 황색. 제1복절에는 2개의 점무늬가, 앞쪽 4마디는 뒷가장자리를 따라 강하게 굽은 초승달 모양의 황색 띠무늬가 있는데 앞쪽 마디일수록 더 뚜렷하고, 더러는 끊김. 몸 아랫면은 흑색. 다리는 모두 쇳빛을 띠는 황색. 날개 끝은 약하게 갈색을 띰. 수컷은 불명.

색깔은 *C. labiata*에 가까우나 크기, 머리방패 모양이 다름. 아비뇽 일대에서 7월에 관찰됨. 이 종은 나의 곤충학 연구에 큰 도움을 준 딸, 앙토니아(Antonia)에게 헌정한다.[2]

---

1 파브르의 전문성이나 그의 시대성을 고려할 때, 해부학적 용어는 현대의 벌 전문분류학자와 다르게 쓰였을 수 있다. 한편, 본 역자는 딱정벌레목이 전문분야이므로 벌에 대하여 부적절하게 번역할 가능성을 배제할 수 없다. 그래서 애매하거나 불확실한 용어는 괄호 안에 원어를 병기한다.

2 신종명 *C. antonia*는 *C. flavicornis*의, 비교종 *C. labiata*는 *C. ruficornis*의 동물이명이다.

Cerceris julii H. Fab.

암컷 : 몸길이 7~9mm. 흑색, 조밀하고 강한 점각. 머리방패는 편평. 얼굴은 은빛 솜털로 덮임. 양 눈의 안쪽 가장자리는 황색 좁은 띠무늬. 큰턱은 황색이나 끝은 갈색. 더듬이 위쪽은 흑색, 아래쪽은 엷은 적갈색, 기절 아랫면은 황색. 앞가슴등판의 멀리 떨어진 2개의 작은 점무늬, 날개의 비늘무늬, 뒷방패판 등은 황색. 제3과 5복절은 각각 앞가장자리가 깊게 파인 1개씩의 황색 띠무늬가 있는데, 전자는 반원형, 후자는 삼각형으로 파임. 몸 아랫면과 다리 밑마디는 흑색. 뒷다리 넓적다리마디는 완전 흑색, 앞과 가운데다리는 기부가 흑색, 끝은 황색. 종아리마디와 발목마디는 황색. 날개는 약간 검게 그을린 색. 수컷 불명.

변이 : ① 앞가슴등판의 황색 점무늬 없음. ② 제2복절 등판에 2개의 작은 황색 점무늬. ③ 눈의 안쪽 황색 띠무늬가 보다 넓음. ④ 머리방패의 앞쪽 가장자리가 황색. 이 지방 노래기벌 중 가장 소형. 애벌레 먹잇감은 크기가 작은 바구미류, 즉 곡간콩바구미(*B. granarius*)와 똥보창주둥이바구미(*A. gravidum*). 카르팡트라 근처에서 관찰되며, 9월에 사프르라는 연한 사암지대에 둥지를 튼다.[3]

Bembex julii H. Fab.

암컷 : 18~22mm. 흑색. 머리, 가슴, 제1복절 기부는 흰색 털로 덮임. 윗입술(labre)은 길며, 황색. 머리방패는 삼각형으로 강하게 높아졌는데 앞 가장자리의 한 면은 완전히 황색이며, 2쌍의 흑색 넓은 사각

---

[3] 신종명 *C. julii*는 *C. rubida*의, *B. granarius*는 *B. pisorum*의, *A. gravidum*은 *A. pisi*의 동물이명이다.

형 무늬가 있는데 하나는 서로 인접하여 거꾸로 V자 모양. 이 두 무늬와 뺨은 은빛 가는 솜털로 덮임. 뺨과 더듬이 사이의 중앙선은 황색. 양 눈의 뒷가장자리는 길게 황색 테두리. 큰턱은 황색이나 끝은 갈색. 더듬이의 처음 2마디는 아랫면이 황색, 나머지와 윗면은 모두 흑색, 앞가슴은 흑색인데 양옆과 어깨판(tranche) 등쪽은 황색. 가운데가슴도 흑색인데, 양옆에 못이 백인 살색(피부색)의 작은 점무늬가 있고, 다리 기부의 안쪽은 황색. 뒷가슴도 흑색에 황색 무늬가 있는데, 뒤쪽의 2개는 작고(가끔 없음), 양옆과 다리 기부 윗면의 것은 크다. 배의 등쪽은 광택 있는 흑색, 제1절 기부에만 흰색 털, 모든 마디에 가로로 물결 모양의 띠무늬가 있는데 가운데보다 양 옆쪽이 더 넓고, 뒤쪽 마디일수록 뒷가장자리와 가깝다. 제5복절 등판의 황색무늬는 뒷가장자리와 이어졌고, 항절(肛節)은 황색인데 기부는 흑색, 등면 전체에 쇳빛 갈색의 유두상 돌기가 가시털의 기부를 이룸. 이 돌기열은 제5절의 뒷가장자리까지 펼쳐짐. 배의 아랫면도 광택 있는 흑색인데 4마디의 안쪽 중앙 양옆에 1쌍의 황색 삼각형 무늬가 있음. 다리의 밑마디는 흑색, 넓적다리마디 앞쪽은 황색, 뒤쪽은 흑색, 종아리마디와 발목마디는 황색. 날개는 투명.

수컷 : 머리방패의 거꾸로 V자 무늬는 보다 좁거나 없음. 얼굴은 완전히 황색. 복부의 띠무늬는 거의 흰색에 가까운 황색, 제6절도 앞과 비슷한 무늬가 있으나 곧잘 작아져서 2개의 점 모양이 됨. 제2복절 복판에는 길이로 1개의 용골돌기가 있는데 뒤쪽은 바늘처럼 좁아짐. 항절은 아랫면에 아주 두꺼워서 모가 나게 울퉁불퉁한 돌기를 가짐.

크기, 흑색과 황색 무늬의 위치 등이 코주부코벌과 매우 유사하나

다음의 차이점 : 머리방패는 삼각형이나 다른 종보다 둥글고, 약간 높으며, 기부에 흑색 넓은 띠무늬가 있고, 2개의 사각형 무늬는 합쳐졌고, 광선의 각도에 따라 광택이 매우 강한 은빛 솜털로 덮임. 항절 돌기는 갈색 가시털이 났고, 제5복절 뒷가장자리도 같음. 큰턱 끝 부분만 흑색 무늬가 있음.

코주부코벌은 특히 등에를 사냥하나, 이 종은 절대로 대형이 아닌 소형 파리만 사냥. 아비뇽 근처의 레 장글레와 오랑주에서 언덕 위의 모래땅에 가끔 나타남.

Ammophila julii H. Fab.

몸길이 16~22mm. 배의 자루마디는 제1복절과 제2복절의 절반으로 구성됨. 날개의 제3주맥은 경맥 쪽으로 좁아짐. 머리는 흑색이며 은빛 솜털로 덮임. 더듬이는 흑색. 가슴은 흑색으로 각 가슴의 등판에 가로홈이 있는데, 앞과 가운데가슴의 것이 더 강하며, 각 옆구리의 2개와 뒷가슴 양옆 뒤쪽의 1개의 무늬는 은빛 솜털로 덮임. 배는 광택이 강한데 제1절은 흑색, 제2절의 자루마디 후반부와 제3절은 적색, 나머지 마디들은 아름다운 금속성 청남색. 다리는 흑색인데 각 기절은 은빛 솜털로 덮임. 날개는 엷은 다갈색.[4]

10월에 둥지를 틀며, 방마다 2마리의 송충이 저장. 털보나나니와 크기까지 비슷하나, 흑색 다리, 적은 털의 머리와 가슴, 각 가슴마디의 가로홈 다름.

이상 3종의 벌에 대하여 내 아들의 이름 쥘(Jules)을 붙여 그에게 헌정한다.

[4] 신종명 *B. julii*는 *B. sinerata*의, *A. julii*는 *A. terminata*의 동물이명이다.

나의 아들 쥘에게

사랑하는 아들아, 너는 그토록 어린 나이에도 꽃과 곤충을 정열적으로 사랑하며 기꺼이 나의 협력자가 되었다. 어느 것도 너의 명민한 눈을 피하지는 못했다. 너를 위해서, 나는 이 책을 써야만 했다. 그러고 보니 너를 그렇게도 즐겁게 해준 이야기구나. 그리고 너 자신이 너의 생애에 계승해야 할 이야기구나. 아아, 슬프다! 너는 아직 이 책의 첫 줄밖에 모르는데, 벌써 좋은 세상으로 가 버렸구나! 네가 그렇게도 귀여워하던 오묘하고 예쁜 벌들에게 무엇인가 이끌리기에, 그들에게 적어도 너의 이름이라도 새겨 넣는다.

장 앙리 파브르

1879년 4월 3일, 오랑주에서

찾아보기

 곤충명
종 · 속명/기타 분류명

ㄱ

가슴먼지벌레 103, 106
가시진흙꽃등에 277
가위벌과 326
갈고리소똥풍뎅이 19
갈색뚱보바구미 86
갓털혹바구미 85, 86
개미 34, 238, 240
거위벌레 86
거저리 107, 240
검정구멍벌 117, 119
검정금풍뎅이 20
검정루리꽃등에 277
검정파리 276
검정풀기생파리 272
곡간콩바구미 86, 368
교차흰줄바구미 84
구멍벌 118, 119, 155
구멍벌과 128
귀노래기벌 85
귀뚜라미 45, 53, 105, 106, 108,
112, 114, 115, 117~126,
131~136, 143, 144, 148~152,
178, 182~184, 210, 212, 233,
235, 240, 246, 282
금파리 267, 268, 277
금풍뎅이 62, 63
기생쉬파리 116, 292~299
기생충 266, 281, 290~297
기생파리 117, 293
긴하늘소 89, 103
길쭉바구미 84
꼬마검정파리 277
꼬마꽃등에 268
꼬마꽃벌 332
꼬마나나니 235, 247, 248, 250,
253, 254, 258, 259
꽃꼬마검정파리 273, 276, 277
꽃등에 158, 160, 161, 268, 274,
279
꿀벌 127, 128, 161, 200, 201, 232,
251

ㄴ

나나니 233~235, 243, 246, 249,
255~260, 278, 279, 282, 300,

305
나무좀 101
나방 254
나비 255
남생이잎벌레 240
넉줄노래기벌 86
넓적뿔소똥구리 19
노랑조롱박벌 105, 108, 110~113,
　　126, 130, 131, 144, 147, 150,
　　151, 153, 168, 177, 183, 184,
　　202, 210, 213
노래기벌 68~81, 84~87, 90~99,
　　101~108, 114~116, 122,
　　125~128, 150, 170~172, 179,
　　201, 278, 279, 282, 300,
　　306~309, 316, 368
노래기벌과 128
녹슬은노래기벌 86
농촌쉬파리 275, 276
눈병흰줄바구미 82, 84, 85, 91, 103
눈알코벌 275, 276

ㄷ

담장진흙가위벌 319, 326, 327,
　　330, 331, 333~342, 346, 347,
　　350, 351, 356, 359, 362, 366
대모벌 129
두니코벌 276, 277
두점박이비단벌레 74
두줄비단벌레 68, 70
들소뷔바스소똥풍뎅이 19

등대풀꼬리박각시 190
등빨간먼지벌레 106
등에 276~280, 284, 285, 289, 370
딱정벌레 59, 65~68, 72, 75, 78,
　　82, 87, 97, 98, 100~108, 139,
　　279
딱정벌레과 103
땅굴벌 281, 296, 300
땅벌 160, 293
똥금풍뎅이 19
뚱보바구미 86
뚱보창주둥이바구미 86, 368
띠노래기벌 85
띠털기생파리 273, 276

ㄹ

랑그독조롱박벌 130, 167
루 쁘레고 디에우 199, 200

ㅁ

말벌 68, 128, 129, 155, 156, 159,
　　161, 162, 251
매미 48, 143, 262
먹바퀴 148
먼지벌레 106
메뚜기 131, 144~154, 167, 191,
　　208~211, 238, 240, 246, 255,
　　279
메뚜기목 144, 145, 150
목대장왕소똥구리 61, 103
목하늘소 89, 103

무늬먼지벌레 103, 106
무당벌레 244, 245
무덤꽃등에 277
물소뷔바스소똥풍뎅이 19
미장이벌 319, 324, 326, 335, 340, 345, 346, 358
민충이 131, 147, 149, 169~194, 198~207, 246, 255, 282

ㅂ

바구미 82~96, 99~108, 124~126, 150, 179, 238~241, 255, 256, 281, 282, 306, 368
바퀴 148, 149
반곰보왕소똥구리 61
발납작파리 277
밤나방과 255
방아깨비 145
배벌 129, 300
배추벌레 246
백발줄바구미 86
벌붙이파리科 277
별꽃등에류 276
별넓적꽃등에 272, 276, 277
부채발들바구미 85
붉은털기생파리 272
뷔바스소똥풍뎅이 60
블랍스거저리 89, 103
비단벌레 68~79, 84, 87, 97, 101~105, 108, 116, 125, 139, 150, 170, 255, 256, 281

비단벌레科 71
비단벌레노래기벌 67, 74, 84
빈대 149
?빌로오도재니등에 268, 272
뾰족구멍벌 128, 301
뿔소똥구리 55, 56

ㅅ

사냥벌 17, 116, 129, 144, 160, 170, 200, 234
사마귀 199~201
사슴벌레 무리 59
산검정파리 275, 276
산호랑나비 66
서지중해왕소똥구리 61
세띠수중다리꽃등에 277
소똥구리 16, 18, 20~22, 25~28, 32, 41 46, 48~50, 52, 55, 281
소똥풍뎅이 51, 52, 55
송충이 233, 246, 249, 251~261, 279, 282, 305, 370
솰리코도마 325
쇠털나나니 223, 231~237, 243, 247, 249, 253, 259, 260
쉬파리 274
쉬파리과 291
스카루스 103
스페인뿔소똥구리 19, 56
시실리진흙가위벌 326, 328~330, 337, 338, 351
쌍둥이비단벌레 78

쌍살벌 156
쌍시류 116, 158, 276, 277, 289, 290

ㅇ

아시드거저리 103
아토쿠스왕소똥구리 31, 32
아폴로붉은점모시나비 231
아프리카조롱박벌 148
악당줄바구미 85
암모필르 246
애꽃등에 275~277, 280, 282
야행성나방 255
약탈벌 206
양봉꿀벌 158, 200
어리코벌 300
얼룩기생쉬파리 291~293
오니트소똥풍뎅이 60
올리버오니트소똥풍뎅이 60
올리브코벌 276
왕노래기벌 79, 80, 82, 84, 85, 95, 102, 103, 114, 124, 138, 170, 306
왕바퀴 149
왕바퀴과 148
왕바퀴조롱박벌 148, 149
왕소똥구리 23, 25, 27, 29~50, 53~57, 59~63, 104, 105, 174
유럽민충이 130, 131, 144, 145, 147, 169, 175
유럽왕물땡땡이 17

유럽장수금풍뎅이 19
유럽점박이꽃무지 15
은주둥이벌 155
은줄나나니 235, 247, 250, 253
입술노래기벌 86
잎벌레 240

ㅈ

자벌레 246, 254, 257~259
잔날개줄바구미 85
장식노래기벌 86
재니등에 276, 277, 280, 285, 286
점박이꼬마벌붙이파리 277
점박이땅벌 159, 161
정강이혹구멍벌 119
조롱박벌 111, 114~128, 132, 138~144, 146~156, 162, 169~174, 179~190, 194, 197~212, 236, 246, 247, 256, 278, 279, 282, 300
쥘노래기벌 86
쥘코벌 272, 277
지중해소똥풍뎅이 19
직시류 149, 153
진노래기벌 128, 170, 200, 201, 236, 300, 316
진딧물 244, 245
진왕소똥구리 22, 23, 33, 42, 49, 51, 52, 53, 56, 59, 103, 106, 260
진흙가위벌 319, 325, 326, 331,

344, 347, 349, 352~354, 360, 363
집게벌레 240
집파리 157, 274, 276

ㅊ

청동금테비단벌레 103
청색비단벌레 74, 75
청소부 딱정벌레 18
청줄벌 327, 332
촌놈풍뎅이기생파리 277
칠성무당벌레 244, 245
침파리 276, 277

ㅋ

카컬락(Kakerlac) 148
코벌 166, 170, 236, 246, 264~271, 276~305, 309~317
코주부코벌 263, 268~369, 370
큰노래기벌 79

ㅌ

털기생파리 277
털보나나니 247, 248, 253, 254, 257, 259, 370
털보재니등에 276
토끼풀들바구미 85, 86

ㅍ

파리 222, 246, 265, 268~276, 279, 281, 285, 289, 290, 293,

296~300, 315~317, 370
파리목 16
팔점박이비단벌레 74, 75
포도복숭아거위벌레 86
풍뎅이 59, 107
풍뎅이붙이 101
프디리재니등에 276
프랑스쌍살벌 157

ㅎ

하늘소 107
호랑나비과 231
혹다리코벌 276, 285
홍가슴꼬마검정파리 272
홍배조롱박벌 130, 131, 144, 147, 150, 167, 168, 170, 172, 174, 175, 177~179, 182, 183, 189, 191, 201, 202, 208, 209, 211, 233, 250, 256
황라사마귀 143, 198
황색우단재니등에 276
회색 송충이 259, 260
흰색길쭉바구미 84
흰줄구멍벌 119
흰줄바구미 82, 84, 92, 306
흰줄조롱박벌 119, 130, 144, 147, 150, 183, 208, 210, 211

기타
전문용어/인명/지명/동식물

ㄱ
가나 21
가슴신경절 99, 102, 103, 106, 183, 187, 192, 204, 256
가시고시 17
갈대 151
갈라테(Galathée) 45
감각기관 311
강아지풀 238, 241
개 110, 260
개똥지빠귀 153
개암나무 164
개자리 242
거미 129, 240
검은말거머리 17
검정다리 새 238
격세유전설 261
경단 16, 23~25, 27, 29~45, 48~50, 54~59, 61, 62, 101, 104
고산식물 224
고산양귀비 215
고차원의 학설(Hautes théories) 162
고치 134~139, 142, 234, 247, 274, 290, 292, 296, 300~304
곤충분류학 149
「곤충의 변태(變態, 탈바꿈), 습성 및 본능」 31

곤충학 31, 51, 60, 64, 66, 68, 74, 75, 144, 146, 147, 166, 232
『곤충학개론』 153
「곤충학잡지」 32
관절동물 125
구슬 24, 25, 27, 30, 33, 36, 42
그라브(Grave) 220
그리스 124
『그리스 로마 신화』 26, 45
그린란드(Groenland) 215
글로블라리아 231
금작화 332
기생충 266, 281, 290, 292, 293, 295~297
기하학 248, 298
꽃다지 221
꾀꼬리 294
끄레우(Créou) 238

ㄴ
나귀 222
나무딸기 240
낙타 21
날개돋이 139
남아메리카 76
노래기 240
노르 곶(Cap du Nord) 215
노새(Mulet) 218, 219
눈알장지뱀 16, 172
님므(Nîmes) 273

ㄷ

다윈(Darwin) 153, 155, 156, 161, 162
달팽이 17, 240
당나귀 52, 166, 218
대극 224
대서양 연안 78
도롱뇽 16
동물심리학 305
동물행동학 25
뒤 아멜(Du Hamel) 340, 345
듀랑스(Durance) 강 221, 262, 275
드 상 파르조(St-Fargeau) 153
드롬(Drôme) 242, 243
들라쿠르(Th. Delacour) 224, 225, 228
등검정딱새 238
딱새 53, 238, 240
딱총나무 15
떡갈나무 70, 71, 284
또아리물달팽이 17
뚱보새 241

ㄹ

라뜨레이유(P.-A. Latreille) 72, 146
라코르데르(Lacordaire) 153
라틴어 146
랑그독(Languedoc) 130
랑드(Landes) 지방 67, 77, 78, 97
러시아 215
런던 172
레 장글레(Les Angles) 53, 166, 260, 370
레굴루스(Regules) 50
레오뮈르(Réumur) 319, 324~327, 340, 344, 345, 351
레옹 뒤푸르(Dufour, J.-M. Léon) 65~67, 77~79, 84, 87, 90, 116, 325
레위니옹(Réunion) 148
레지옹 도뇌르(Légion d'oneur) 166
뤼카스(Lucas) 325
로마 50, 219
론(Rhône) 강 61, 151, 153, 229, 262
르펠르티에 드 상 파르조(St-Fargeau) 147, 153, 293
리옹(Lyon) 61
린네(Linné) 110

ㅁ

마르티알리(Martial) 238
마장디(Magendie) 97
마편초 51
말 51
맹금류 295
머리방패 23, 24, 42, 369, 370
멧새 233, 235
명아주 228
모리스(Maurice) 148
모성애 23, 34, 50, 57, 266, 294, 316
몽펠리에 64
물고기 그물 301

물달팽이 17
물리학 64, 218
뮐상(Mulsant) 59
미나리류(尾毛) 123
미스트랄(Mistral) 191, 220, 234

ㅂ

바띠망(Batiment) 223
바르바리아(Barbarie) 지방 28
바르방텐(Barbantane) 52
바위취 231
박물학 64, 97, 155, 159,
「박물학연보 제3집, 5권」 101
박물학자 231
반추동물 149
발목마디(부절, 跗節) 59~63, 73, 89,
　141, 142, 173, 174, 184, 247,
　264, 265, 279, 368, 369
방뚜우산(Mt. Ventoux) 166, 214,
　216, 220, 223, 225, 231, 232,
　236, 237, 243~245
방부제 76, 77, 88, 97, 105
방향 감각 309
밭종다리 241, 242
배다리 255, 257, 258
백리향 22, 42, 53, 214, 220, 251
백합 159
버드나무 151, 152
『벌 이야기(Histoire des Hyménoptères)』
　147
베드왕(Bèdoin) 216, 228

베르길리우스(Virgile) 158
베르나르(Bernard) 99, 100
베르나르 벨로(Bernard Verlot) 225
베르베르(Berbére) 147
보에오티아(Béotiens) 121
보클뤼즈(Vaucluse) 77, 78, 242
본능 74, 77, 91, 103, 120, 125,
　146, 150, 154, 162, 163, 167,
　175, 197, 198, 207, 213, 246,
　258, 260, 261, 270, 281, 305,
　308, 309, 317, 318
본능심리학 151
봄맞이 230
부화기(부란기, 孵卵器) 49
북극자주범의귀 214, 231
북방딱새 238
북아프리카 15, 32
분류학 74, 110, 146
분별력 182
붉은부리갈매기 16
브라질 21
브르타뉴(Bretagne) 312
「비단벌레 사냥벌의 습성(Les moeurs d'n Hyménoptère chasseur de Buprestes)」 65
비둘기 57, 308, 309
뻐꾸기 294, 295
뻬브레 다제(Pébré d'asé) 219, 221, 222
뽕나무 218, 241
뿔미나리 77, 109, 143, 191, 270

뿔종다리 242

ㅅ

사육장 50, 190
사육조 52, 55
사프르(Safre) 78
산딸기 240
산란관 173, 182~184, 191, 203, 205
산박하 219
산사나무 15
상트 그로와(Ste. Croix) 229
새 157, 237, 240, 242, 265, 271, 309
새매 159, 294, 295
생따망(Saint-Amans) 244
생리학 94, 97, 99, 107, 187, 193, 194, 197, 204, 282
생존경쟁 299, 261
생존경쟁설 62
샤또 르나아르(Château-Renard) 52
석류꽃 215
세네갈 21
소나무 71
솔새 238
쇠종다리 238
수선화 51, 233
수양버들 151
수영 220
수학적 282
스칸디나비아반도 북단 215

스페인 69, 238
스피츠베르겐(Spitzberg) 215
시각 312
시바리스(Sybarite) 164
시시 242
시시포스(Sisyphe) 26, 33, 37
식도하신경절(食道下神經節) 187, 192
식물학 215
식물학자 215, 218, 222
신경생리학 185
신경절 99, 100, 102, 103, 107, 108, 125, 186, 189, 255, 256, 261
신경중추 99~104, 108, 125, 178, 192, 193
신경환(神經環) 256
신호자극(信號刺戟) 25, 344
실험생리학 66, 125, 188, 189
쐐기풀 228
쑥부쟁이 158
쓰니산오랑캐꽃 231

ㅇ

아글라에(Aglaé) 351, 353
아르마스(Harmas) 323, 324
아를르(Arles) 221
아비뇽(Avignon) 16, 52, 77, 189, 262, 370
아이그(Aygues) 하천 328, 346, 347, 351, 353, 355
아프리카 21, 61, 153, 238

알락할미새 241
알제리 147, 148
알프스 220, 229
알프스산맥 214
알프스지치 231
야생 사과 25
양 150, 192, 230
양배추 51
양상추 196
에라스무스 다윈(Erasmus Darwin) 162
에밀(Émile) 189~191
에밀 블랑샤르(Émile Blanchard)
　31~33, 41, 101
에트나(Etna) 326
연체동물(軟體動物門) 17
열대 지방 215
영국 154
오랑(Oran)시 148, 153
오랑주(Orange) 77, 370
오스트레일리아 19
올리브 164
올리브나무 78, 144, 147, 214,
　237, 262
올빼미 241, 242
왼돌이물달팽이 17
우화 139
위베르(Huber) 325
유라시아대륙 15
유럽곰솔 71
유럽너도밤나무 219, 220, 223,
　228, 237

유럽말채나무 240
유전 121
이사르츠(Issarts) 숲 262, 283
이성 167
이주 243, 245
이집트 21, 16
이탈리아 238
인간 51, 77, 106, 120, 153, 162,
　164, 171, 194, 238, 261, 281,
　284, 308
일리거(Illiger) 32, 41

ㅈ

자스(Jas) 223, 225, 228
자연과학연보 67
자연선택설 261
잠두콩 245
전나무 237
전서구 308, 353
「절지동물(節肢動物)의 박물지(Histoire
　naturelle des animaux articulés)」 325
제라늄 53
제비 16, 245
종다리 153, 241~243
종달새 159
종려나무 147
주앙만(golfe du Juan) 61
쥐며느리 240
쥐오줌풀 231
쥘(Jules) 272, 370
지능 318

지중해 19, 147, 148, 214, 238
지형학적 251
진화론 62

ㅊ

착색 140
찰스 다윈(Charles Darwin) 162
참매 282
철새 237, 242, 243
초식동물 46
추리 능력 156
추리력 162

ㅋ

카니스 인스타 110
카르낙(Carnac) 312
카르팡트라(Carpentra) 77, 80, 307, 368
카바이용(Cavaillon) 221, 276
카빌르(Kabyle) 147
카스피해 148
카스텔노(De Castelnau) 324
칸돌말냉이 231
칼새 245
캘리포니아 21
케르메스떡갈나무 81
코끼리 57
콘스탄틴(Constantine) 61
큰가시고기 16, 17
큰재개구마리 190, 191
클로드 베르나르(Claude Bernard) 97

ㅌ

타임 22
탈바꿈 59, 141, 143, 234, 292, 300
털가시나무 78, 262, 263
토끼 165, 260, 263
토리첼리(Toricelli) 218
통찰력 182, 296, 311
툴루랑(Toulourenc) 223, 243
툴루즈(Toulouse) 64
트리불레(Triboulet) 218

ㅍ

파 70
파니코뿔미나리 270
파라오(Pharaons) 49
파리 31, 97, 222, 225
파리식물원 225
팔라바스(Palavas) 61
팔레오데리움(Paléothérium) 63
팜파스(Pampas) 76
편도나무 218
포도나무 169, 179
포아풀 71, 287
폴리네시아 304
폴리페모스 45
프랑스 16, 21, 22, 25, 61, 66, 77, 78, 97, 144, 146, 191, 214, 242, 308
프로방스(Provence) 61, 78, 148, 167, 199, 200, 214
프루동(Proudhon) 30

플라타너스 189, 190
플루렁(Flourens) 97, 189, 204
피레네산맥 214

ㅎ

해부학 77, 94, 97, 98, 125, 163, 197
해부학적 구조 100
허물벗기 142
호두나무 218
호라티우스(Horace) 219
호메로스(Homeros) 222
화학 46, 76, 88, 96, 163
황소 289
회색장지뱀 236
회양목 218
후각 311, 312
흰떡갈나무 218

 도판

ㄱ

검정구멍벌 118
검정금풍뎅이 20
검정물방개 17
금줄풍뎅이 20
금테비단벌레 65
금파리 267, 268
기생쉬파리 117

꽃등에 158, 160

ㄴ

나나니 252
넓적뿔소똥구리 18
노란점나나니 249
눈병흰줄바구미 83

ㄷ

달팽이 239
담장진흙가위벌 326, 330
대둔산 217
땅빈대 224
무점박이비단벌레 74
두줄비단벌레 68
등에 283
똥보기생파리 273
똥보창주둥이바구미 86
띠털기생파리 272

ㅁ

말벌 68
먹바퀴 149
목대장왕소똥구리 62
무당벌레 244
물소뷔바스소똥풍뎅이 18

ㅂ

밤나방 애벌레 255
백리향 221
버들잎벌레 239

벼메뚜기 145, 239
붉은점모시나비 230
비단벌레 65
비단벌레 신경계 101
비단벌레노래기벌 70
비단벌레(복면) 99
뿔소똥구리 19

ㅅ
산박하 219
산호랑나비 66
석류나무 215
소나무비단벌레 65
소똥구리 32
송충이의 신경계 256
쇠털나나니 233
시골꽃등에 269
시실리진흙가위벌 328
쌍둥이비단벌레 78
쐐기풀 227

ㅇ
아므르털기생파리 117
아폴로붉은점모시나비 230
알락귀뚜라미 145
얼룩기생쉬파리 290
올리버오니트소똥풍뎅이 60
왕귀뚜라미 114
왕바퀴(먹바퀴) 148
유럽민충이 146
유럽장수금풍뎅이 18

ㅈ
자벌레 254
장수말벌 128
적동색먼지벌레 106
조롱박벌 109
조롱박벌 애벌레 132
줄배벌 129
중국별뚱보기생파리 273, 293
쥐며느리 240
지중해소똥풍뎅이 19
진왕소똥구리 22

ㅊ
참매미 47
참풍뎅이기생파리 294
청색비단벌레 74
청줄벌 327
칠성무당벌레 243

ㅋ
코주부코벌 264
큰뱀허물쌍살벌 162
큰집게벌레 240

ㅌ
털보나나니 247
털보바구미 85

ㅍ
팔점박이비단벌레 74
프랑스쌍살벌 158

프랑스쌍살벌 집 157

ㅎ
하늘소 104
호리꽃등에 275
흑바구미 239
홍다리조롱박벌 109
황라사마귀 199
흰띠노래벌 67

 곤충 학명 및 불어명

A
Abeille domestique 127, 158
Abeilles maçonnes 326
Agrilus biguttata 74
Ammophila 223, 246, 305
Ammophila argentata 235, 247
Ammophila hirsuta 223
Ammophila holosericea 247
Ammophila julii 370
Ammophila sabulosa 235, 247
Ammophila terminata 370
Ammo-phile 246
Ammophile argentée 235, 247
Ammophile des sables 235
Ammophile hérissée 223
Ammophile soyeuse 247
Ammophiles 246

Anastoechus nitidulus 277
Anthophores 332
Anthophora 332
Anthrax flava 276
Apion gravidum 366, 368
Apion gravidum 86
Apion pisi 86, 368
Apis mellifera 127, 158, 200
Asida 103
Asides 103
Ateuchus 31

B
Bembex 246
Bembex bidenté 276
Bembex Jules 272
Bembex julii 272, 370
Bembex olivacea 276
Bembex rostré 263
Bembex sinerata 370
Bembix 166, 278
Bembix bidentata 276
Bembix oculata 275
Bembix rostrata 263
Bembix sinerata 272
Bembix tarsata 276
Blaps 103, 89
Blaps mortisaga 89
Bombylien habillé 268
Bombylius 277, 285
?Bombylius major 268

찾아보기 385

Bothynoderes albidus 84
Bousiers 18
Brachyderes 85
Bruchus granarius 366, 368
Bruchus granarius 86
Bruchus pisorum 86, 368
Bubas 60
Bubas bison 19
Bubas bubale 19
Bubas bubalus 19
Bupreatis micans 75
Bupreatis octoguttata 75
Bupreste bronzé 103
Bupreste géminé 78
Buprestidae 71
Buprestis 71
Buprestis aenea 103
Buprestis bifasciata 68
Buprestis flavomaculata 72
Buprestis novemmaculata 72
Buprestis pruni 72
Buprestis tarda 72
Buprestisbiguttata 74
Byctiscus betulae 86
Byrsops sphodrus 103

C

Caelifera 240
Calathe 106
Calathus 106
Calliphora vomitoria 276

Carabidae 103
Carabique 103
Carabus 103, 139
Cassida 240
Cassides 240
Cerceris 68
Cerceris antonia 367
Cerceris arenaria 85
Cerceris aurita 85
Cerceris bupresticida 70
Cerceris bupresticide 70
Cerceris ferreri 86
Cerceris flavicornis 367
Cerceris flavilabris 86
Cerceris julii 86, 368
Cerceris labiata 86
Cerceris majeur 79
Cerceris ornata 86
Cerceris quadricincta 86
Cerceris rubida 86, 368
Cerceris ruficornis 86
Cerceris rybyensis 86
Cerceris tuberculata 79, 306
Cerceris tuberculé 79
Cétoine dorée 15
Cetonia aurata 15
Chalicodoma 325
Chalicodoma muraria 319, 326
Chalicodoma pyrrhopeza 326
Chalicodoma rufescens 338
Chalicodoma sicula 326

Chalicodome de Sicile 326
Chalicodome des arbustes 338
Chalicodome des murailles 319
Chalicodome pyrrhopeza 326
Charançon 240
Cheilosia nigripes 276
Chlaenies 103
Chlaenius 103
Chlorion comprié 148
Chlorion maxillosum ciliatum 148
Chromoderus fasciatus 84
Chrysobothris novemmaculata 72
Chrysoméles 240
Chrysomelidae 240
Cionus 306
Cléone 306
Cléone ophalmique 82
Cleonus alternans 84
Cleonus ophthalmicus 82
Clytia pellucens 277
Cneorhinus hispidus 85
Coccinella septempunctata 244
Coccinelle á sept points 244
Coléoptères Vidangeurs 18
Copris espanol 19
Copris hispanus 19, 56
Copris lunaire 19
Copris lunaris 19
Coroebus florentinus 68
Coroebus undatus 72
Crabronidae 155

Crabroniens 155
Criquet 240
Curculionoidea 240
Cylindromyia intermedia 273

D

Dexia rustica 277
Dicerca aenea 103
Dolichus 106

E

Echinomyia 272, 273
Echinomyia intermedia 273
Echinomyia rubescens 272
Ephippigera ephippiger 130
Ephippigére 130
Éristale 268
Eristalinus aeneus 277
Eristalis 268, 277
Eristalis sepulchralis 277
Eristalis tenax 158, 274
Eupeodes corollae 272
Eurythyrea micans 75

F

Forficula 240
Forficules 240
Formicidae 240
Fourmi 240
Frelon 159

G

Geonemus flabellipes 85

Geotrupes stercoraire 20

Geotrupes hypocrite 20

Geotrupes niger 20

Geotrupes stercorarius 20

Geotrupidae 62

Geron gibbosus 276

Gonia atra 272

Grillons 114

Gryllidae 114

Guépe commune 159

Guépes 128

Gymnopleure pilulaire 32

Gymnopleurus mopsus 32, 51

Gymnopleurus pilurarius 32

H

Halictes 332

Halictus 332

Helophilus trivittatus 277

Histeridae 101

Histériens 101

Hydrophile 17

Hydrous piceus 17

Hyles euphobiae 190

Hyménoptére deprédateurs 129, 206, 234

Hypera fuscocinerea 86

Hypera murinus 86

Hypera zoilus 86

K

Kakerlac 148

L

Lamellicorne 59

Lamia 103

Lamia textor 89

Laminies 89

Liris nigra 118

Leucosomus 306

Leucosomus pedestris 82

lou Prègo Dièou 199, 200

Lucilia caesar 267

M

Machaon 66

Mante religieuse 198

Mantis religiosa 198

Mecaspis alternans 84

Megachile 325

Megachile parietina 326

Megachile pyrenaica 326

Megachilidae 326

Merodon spinipes 277

Miltogramma 291

Miltogramme 291

Minotaure typhée 19

Mouche domestique 157, 274

Musca domestica 157, 274

N

Nebria 103
Nebriés 103
Notogonia pompiliformis 118

O

Onesia sepulcralis 273
Onesia viarum 275
Onitis 60
Onthophage fourchu 19
Onthophage taureau 19
Onthophagus 51
Onthophagus furcatus 19
Onthophagus taurus 19
Opâtres 240
Opatrum 240
Orthoptera 144
Orthoptères 144
Otiorhynchus gracilis 85
Otiorhynchus malefidus 85
Otiorhynchus raucus 86

P

Palares 128
Palarus 128, 301
Palmodes occitanicus 130, 144, 167, 178
Papilio machaon 66
Papillions nocturnes 255
Parnassius apollo 231
Peleteria rubescens 272

Periplaneta fuliginosa 148
Phaenops cyanea 72
Phérophorie 269
Philanthe apivores 200
Philanthes 128
Philanthidae 128
Philanthus 128, 170
Philanthus apivorus 200
Philanthus triangulum 200
Phytonomus murinus fuscocinerea 86
Phytonomus punctatus 86
Pipiza nigripes 276
Platypezidae 277
Podalonia hirsuta 223, 232, 247
Podalonia tydei 247
Polistes gallica 157
Polistes gallicus 157
Polistes gallicus 157
Pollenia floralis 273
Pollenia ruficollis 272
Pompiles 129
Pompilidae 129
Prionyx kirbii 119, 130, 144
Prionyx kirbii 208
Procruste 103
Procrustes 103
Protaetia aeruginosa 15
Ptosia flavomaculata 72

R

Rhynchites betuleti 86

S

Saperda 103
Saperda carcharias 89
Saperdes 89
Sarcophaga 274
Sarcophaga agricola 275
Sarcophagidae 291
Scaeva tarsata 277
Scarabaeus 23, 31
Scarabaeus cicatricosus 61
Scarabaeus laticollis 61, 103
Scarabaeus sacer 15, 103
Scarabaeus semipunctatus 61
Scarabaeus typhon 15
Scarabée à cicatrices 61
Scarabée à large cou 61
Scarus 103
Scarus tristis 103
Scolytidae 101
Scolytiens 101
Sitona lineatus 85
Sphaenoptera geminata 78
Sphaenoptera rauca 78
Sphaerophoria 268
Sphaerophoria scripta 275, 276
Sphaerophoria tarsata 276
Sphecoidae 128, 155
Sphégiennes 151
Sphégiens 151
Sphex 122, 130, 144, 197
Sphex à ailes jaunes 105

Sphex à bordures blanche 119
Sphex afer 148
Sphex afra 148
Sphex africain 148
Sphex albisecta 119
Sphex flavipennis 105, 108, 144
Sphex funerarius 108
Sphex languedocien 130
Sphinx de l'euphorbe 190
Sphodres 103
Stizes 300
Stizus 301
Stomoxys 268
Stomoxys calcitrans 268
Strophomorphus porcellus 85
Syrphus 272
Syrphus corollae 272

T

Tabanidae 276
Tabanus 279
Tachysphex tarsina 119
Tachytè noire 117
Tachytes nigra 117
Tachytes obsoleta 119
Tachytes tarsina 119
Taon 279
Tipules 16
Tipulidae 16
Typhaeus typhoeus 19

V

Vespa 159
Vespa crabro 159
Vespa vulgaris 159
Vespidae 128
Vespula vulgaris 159

Z

Zodion notatum 277

 기타

동식물 학명 및 불어명/전문용어

A

Abies 237
Accipiter genitilis 283
Accipiter nisus 159
Alauda 159
Alauda arvensis 241
Alliaceae 70
Alliacée 70
Alouette 159, 241
Alouette Huppée 242
Amandier 218
Androsace villeuse 230
Androsace villosa 230
Âne 52
Animaux articulés 125
Anthus 241
Anthus pratensis 242

Anthus trivialis 241
Apodidae 245
Arachnida 240
Araignées 240
Arthropoda 125
Arthropods 125
Arundo 342
Aubépine 15
Aulastome 17
Autour 282

B

Becfigue 238
Bousiers 18
Buis 218
Buxus sempervirens 218

C

Calandrell cinerea 238
Calandrelle 238
Camelus 21
Canis familiaris 110
Cap du Nord 215
Chameaux 21
chaperon 23
Chardon-Roland 109
Chêne au Kermès 81
Chêne blanc 218
Chêne verts 78
Chênes 70
Chénopode Bon-Henr 228

Chenopodium alvum 228
Chouette 241
Chroicocephalus ridibundus 16
Cloportes 240
Clypeus 23
Cochevis 242
Cornouiller sanguin 240
Cornus sanguinea 240
Corylus 164
Coucou 294
Coudrier 164
Crataegus 15
Cuculus canorus 294
Cul-blanc 238

D
Diplopoda 240

E
Emberiza 235
Emberiza calandra 233
Épervier 159
Épinoche 16
Equus asinus 52
Eryngium 191
Eryngium campestre 109
Eryngium paniculatum 270
Eupeodes corollae 272
Euphorbe saxatile 224
Euphorbia saxatilia 224

F
Fagus sylvatica 219
Farlouse 242
Fauvettes 294

G
Galerida cristata 242
Gasterosteus aculeatus 16
Genêt épine-fleuri 332
Genista scorpius 332
Globulaire cordifoliée 231
Globularia cordifolia 231
Grasset 241
Grenadier 215
Grives 153

H
Hélicess 240
Helix 240
Hêtres 219
Hirondelles 16
Hirudo sanguisuga 17
Hirundinidae 16
Hyèbles 15

I
Iberis cadolleana 231
Iberis de Candolle 231
Iules 240

J
Juglans regia 218

L
Lacerta ocellus 16
Lanius excubitor meridionalis 190
Larus ridibundus 16
Lavandiére grise 241
Lens culinaris 331
Lentille 331
Lézard gris 236
Lézard ocellé 16
Limnaea 17
Limnées 17
Luzernes 243
Lymnaeidae 17

M
Martinet 245
Medicago 242
Merles 153
Mollusca 17
Mollusque 17
Moruette rieuse 16
Morus 218
Motacilla alba 241
Motteux oreillard 53
Motteux vulgaire 238
Mûrier 218
Myosotis alpestre 231
Myosotis alpestris 231

Myosotis alpina 231

N
Narcisses 51
Narcissus 52
noisetier 164
Noyer 218

O
Oenanthe deserti 238
Oenanthe oenanthe 53, 238
Olea europaea 78
Oliviers 78
Oniscidae 240
Onobrychis viciifolia 348
Orme 329
Ortie 228
Ortie dioïque 228

P
Palmiers 147
Paliure 329
Panicaut 270
Papaver nudicanule 215
Paronyches à feuilles de serpolet 221
Paronychia serpyllifolia 221
Pavot velu 215
Physa 17
Physes 17
Physidae 17

Pieds-noirs 238
Pie-grièche Méridionale 190
Pin maritime 71
Pinus pinaster 71
Pipit 241
Pisum sativum 321
Planorbes 17
Planorbidae 17
Platanes 189
Platanus orientalis 189
Podarcis 236
Pois verts 321
Proyer 233, 235
Prunus amygdalus 218
Prunus dulcis 218
Punica granatum 215

Q

Quercus 70
Quercus coccifera 81
Quercus ilex 78
Quercus pedunculata 218
Quercus pubescens 218

R

Rhamnus 329
Ronce 240
Roseau 342
Rubus 240
Rumex scutatus 220

S

Salvia pratensis 355
Sambucus 15
Sangues noires 17
Sapins 237
Sarriette des montagne 219
Satureia montana 219
Sauge des prés 355
Saxicola oenanthe 238
Saxicola rubetra 238
Saxifraga muscoides 231
Saxifraga oppositifolia 215
Saxifrage muscoïde 231
Saxifragée à feuilles opposées 214
Setara 238
Setara italica 238
Sisi 242
Spartium junceum 332
Strix aluco 241
Sylvia 294
Sylvia borin 238

T

Tarier 238
Thym 22
Thymus vulgaris 22
Timon lepidus 16, 172
Triton 16
Triturus 16
Turdus sp. 153

U

Ulmus 329
Urtica dioica 228

V

Valeriana saliunca 231
Valeriane Saliunque 231
Verbena officinalis 51
Verveins 51
Vigne 169
Viola censia 231
Viollette du mont Cenis 231
Vitis vinifera 169

『파브르 곤충기』 등장 곤충

숫자는 해당 권을 뜻합니다. 절지동물도 포함합니다.

ㄱ

가구빗살수염벌레 9
가라지거품벌레 7
가뢰 2, 3, 5, 8, 10
가뢰과 2
가루바구미 3
가면줄벌 2, 3, 4
가면침노린재 8
가슴먼지벌레 1
가시개미 2
가시꽃등에 3
가시진흙꽃등에 1
가시코푸로비소똥구리 6
가시털감탕벌 2
가위벌 2, 3, 4, 6, 8
가위벌과 1
가위벌기생가위벌 2
가위벌붙이 2, 3, 4, 5, 6, 7, 8
가위벌살이가위벌 3
가위벌살이꼬리좀벌 3, 9
가죽날개애사슴벌레 9
가중나무산누에나방 7, 10
각다귀 3, 7, 10
각시어리왕거미 4, 9
갈고리소똥풍뎅이 1, 5, 10

갈색개미 2
갈색날개검정풍뎅이 3
갈색딱정벌레 7, 9, 10
갈색여치 6
감탕벌 2, 3, 4, 5, 8
갓털혹바구미 1, 3
강낭콩바구미 8
개똥벌레 10
개미 3, 4, 5, 6, 7, 8, 9, 10
개미귀신 6, 7, 8, 9, 10
개미벌 3
개미붙이 2, 3
개암거위벌레 7
개암벌레 7
개울쉬파리 8
갯강구 8
거미 1, 2, 3, 4, 6, 7, 8, 9, 10
거미강 9
거세미나방 2
거위벌레 7
거저리 6, 7, 9
거품벌레 2, 7
거품벌레과 7
거품벌레상과 7
검녹가뢰 3

396

검은다리실베짱이 3
검정 개미 2
검정거미 2
검정공주거미 2
검정구멍벌 1, 3
검정금풍뎅이 1, 5, 6, 10
검정꼬마구멍벌 3, 8, 9
검정냄새반날개 8
검정루리꽃등에 1
검정매미 5
검정물방개 1
검정바수염반날개 8
검정배타란튤라 2, 4, 6, 8
검정비단벌레 7
검정송장벌레 7
검정파리 1, 2, 3, 8, 9, 10
검정파리과 8
검정풀기생파리 1
검정풍뎅이 3, 4, 5, 6, 8, 9, 10
겁탈진노래기벌 3, 4
게거미 5, 8, 9
고기쉬파리 8, 10
고려꽃등에 3
고려어리나나니 2, 3
고산소똥풍뎅이 5
고약오동나무바구미 10
고치벌 10
곡간콩바구미 1
곡식좀나방 8, 9, 10
곡식좀나방과 8
곤봉송장벌레 2, 6, 7, 8

골목왕거미 9
곰개미 2
곰길쭉바구미 7
곰보긴하늘소 4, 10
곰보날개긴가슴잎벌레 7
곰보남가뢰 2, 3
곰보벌레 7
곰보송장벌레 7, 8
곰보왕소똥구리 5, 10
공작산누에나방 4, 6, 7, 9, 10
공주거미 4
과수목넓적비단벌레 4
과실파리 5
관목진흙가위벌 2, 3, 4
광대황띠대모벌 4
광부벌 2
광채꽃벌 4
교차흰줄바구미 1
구릿빛금파리 8
구릿빛점박이꽃무지 3, 6, 7, 10
구멍벌 1, 2, 3, 4, 8
구주꼬마꽃벌 2, 8
굴벌레나방 4
굴벌레큰나방 10
굼벵이 2, 3, 4, 5, 6, 7, 8, 9, 10
귀노래기벌 1
귀뚜라미 1, 2, 3, 4, 5, 6, 7, 8, 9, 10
그라나리아바구미 8
그리마 9
금록색딱정벌레 7, 8, 9, 10
금록색큰가슴잎벌레 7

금록색통잎벌레 7
금빛복숭아거위벌레 7, 10
금색뿔가위벌 3
금줄풍뎅이 1
금치레청벌 2
금테초록비단벌레 5, 7
금파리 1, 8, 10
금풍뎅이 1, 5, 6, 7, 8, 9, 10
금풍뎅이과 7
기름딱정벌레 2
기생벌 2, 3, 9, 10
기생쉬파리 1, 3, 8
기생충 2, 3, 7, 8, 10
기생파리 1, 3, 7, 8
기생파리과 8
긴가슴잎벌레 3, 7, 8
긴꼬리 6, 8
긴꼬리쌕새기 3, 6
긴날개여치 8
긴다리가위벌 4
긴다리소똥구리 5, 6, 10
긴다리풍뎅이 6, 7
긴소매가위벌붙이 4
긴손큰가슴잎벌레 7
긴알락꽃하늘소 5, 8, 10
긴하늘소 1, 4, 5, 10
긴호랑거미 8, 9
길대모벌 2
길앞잡이 6, 9
길쭉바구미 7, 8, 10
깍지벌레 9

깍지벌레과 9
깍지벌레상과 9
깜장귀뚜라미 6
깡충거미 4, 9
깨다시하늘소 9
꼬마뾰족벌 8
꼬리좀벌 3
꼬마거미 4
꼬마구멍벌 8
꼬마길쭉바구미 7
꼬마꽃등에 9
꼬마꽃벌 1, 2, 3, 4, 8
꼬마나나니 1, 3, 4
꼬마대모벌 2
꼬마똥풍뎅이 5
꼬마매미 5
꼬마뿔장수풍뎅이 3
꼬마좀벌 5
꼬마줄물방개 7
꼬마지중해매미 5
꼬마호랑거미 4, 9
꼭지파리과 8
꽃게거미 8, 9
꽃꼬마검정파리 1
꽃등에 1, 2, 3, 4, 5, 8
꽃멋쟁이나비 6
꽃무지 3, 4, 5, 6, 7, 8, 9, 10
꽃무지과 8
꽃벌 8
꿀벌 1, 2, 3, 4, 5, 6, 8, 9, 10
꿀벌과 5, 6, 8, 10

꿀벌류 3
꿀벌이 2
끝검은가위벌 2, 3, 4
끝무늬황가뢰 3

ㄴ

나귀쥐며느리 9
나나니 1, 2, 3, 4, 5, 6
나르본느타란튤라 2, 4, 8, 9
나무좀 1
나방 4, 7, 8, 9, 10
나비 2, 4, 5, 6, 7, 8, 9, 10
나비날도래 7
나비류 7
나비목 1, 2, 8, 10
난쟁이뿔가위벌 3
날개멋쟁이나비 9
날개줄바구미 3
날도래 7, 10
날도래과 7
날도래목 7
날파리 4, 5, 6, 9, 10
낡은무늬독나방 6
남가뢰 2, 3, 4, 5
남녘납거미 9
남색송곳벌 4
납거미 9, 10
낯표스라소리거미 2
넉점꼬마소똥구리 5, 10
넉점박이넓적비단벌레 4
넉점박이불나방 6

넉점박이알락가뢰 3
넉점박이큰가슴잎벌레 3
넉점큰가슴잎벌레 7
넉줄노래기벌 1
넓적뿔소똥구리 1, 5, 6, 10
네모하늘소 10
네잎가위벌붙이 4
네줄벌 3, 4, 8
노란점나나니 1
노란점배벌 3, 4
노랑꽃창포바구미 10
노랑꽃하늘소 10
노랑다리소똥풍뎅이 5, 10
노랑무늬거품벌레 7
노랑배허리노린재 8
노랑뾰족구멍벌 4
노랑썩덩벌레 9
노랑우묵날도래 7
노랑점나나니 4
노랑조롱박벌 1, 3, 4, 6, 8
노래기 1, 6, 8, 9
노래기강 9
노래기류 8
노래기벌 1, 2, 3, 4, 6, 7, 9, 10
노래기벌아과 1
노린재 3, 8, 9
노린재과 8
노린재목 6, 8
녹가뢰 3
녹색박각시 6
녹색뿔가위벌 3

399

녹슬은넓적하늘소 4
녹슬은노래기벌 1, 3, 4
녹슬은송장벌레 7
농촌쉬파리 1
누에 2, 3, 6, 7, 9, 10
누에나방 4, 5, 6, 7, 9
누에왕거미 4, 5, 8, 9
누에재주나방 6
눈병흰줄바구미 1, 3
눈빨강수시렁이 8
눈알코벌 1
늑골주머니나방 7
늑대거미 4, 8, 9
늑대거미과 9
늙은뿔가위벌 2, 3
늦털매미 5
니토베대모꽃등에 8

ㄷ

단각류 3
단색구멍벌 3
닮은블랍스거저리 7
담배풀꼭지바구미 7, 10
담벼락줄벌 2, 3, 4
담장진흙가위벌 1, 2, 3, 4, 8
담흑납작맵시벌 3
닷거미 9
대륙납거미 9
대륙뒤영벌 2
대륙풀거미 9
대머리여치 2, 5, 6, 7, 9, 10

대모꽃등에 8
대모벌 1, 2, 3, 4, 5, 6, 9
대모벌류 8
대장똥파리 7
대형하늘소 10
도래마디가시꽃등에 3
도롱이깍지벌레 9
도롱이깍지벌레과 9
도토리밤바구미 7
독거미 2, 8, 9
독거미 검정배타란튤라 8, 9
독거미대모벌 6
독나방 6
돌담가뢰 2, 3, 4, 5, 7
돌밭거저리 7
돌지네 9
두니코벌 1, 3
두색메가도파소똥구리 6
두점뚱보모래거저리 7
두점박이귀뚜라미 3, 6
두점박이비단벌레 1
두점애호리병벌 2
두줄배벌 3, 4
두줄비단벌레 1
둥근풍뎅이붙이 7, 8, 10
둥글장수풍뎅이 3, 9
둥지기생가위벌 4
뒤랑납거미 9
뒤랑클로또거미 9
뒤영벌 2, 3, 4, 8, 9
뒤푸울가위벌 4

들귀뚜라미 6, 9, 10
들바구미 3
들소뷔바스소똥풍뎅이 1, 5, 6, 10
들소똥풍뎅이 6
들소오니트소똥풍뎅이 6
들파리상과 8
들판긴가슴잎벌레 7
들풀거미 9
등검은메뚜기 6
등대풀꼬리박각시 3, 6, 9, 10
등빨간거위벌레 7
등빨간뿔노린재 8
등에 1, 3, 4, 5
등에잎벌 8
등에잎벌과 8
등짐밑들이벌 3
딱정벌레 1, 2, 3, 4, 5, 6, 7, 8, 9, 10
딱정벌레과 7
딱정벌레목 3, 7, 8, 10
딱정벌레진드기 5
땅강아지 3, 9
땅거미 2, 4, 9
땅벌 1, 8
땅빈대 8, 9
떡갈나무솔나방 7
떡갈나무행렬모충나방 6
떡벌 3
떼풀무치 10
똥구리 10
똥구리삼각생식순좀진드기 6
똥금풍뎅이 1, 5, 6, 10

똥벌레 7
똥코뿔소 3, 9
똥파리 7
똥풍뎅이 5, 6
뚱보기생파리 1
뚱보명주딱정벌레 6, 7
뚱보모래거저리 7
뚱보바구미 3
뚱보줄바구미 3
뚱보창주둥이바구미 1
뜰귀뚜라미 6
뜰뒤영벌 2
띠노래기 8
띠노래기벌 1, 3, 4
띠대모꽃등에 8
띠무늬우묵날도래 7
띠털기생파리 1

ㄹ

라꼬르데르돼지소똥구리 6
라뜨레이유가위벌붙이 4
라뜨레이유뿔가위벌 2, 3, 4
라린 7
람피르 10
람피리스 녹틸루카 10
랑그독전갈 7, 9, 10
랑그독조롱박벌 1
러시아 사슴벌레 2
러시아버섯벌레 10
레오뮈르감탕벌 2
루리송곳벌 4

401

루비콜라감탕벌 2
르 쁘레고 디에우 1, 5
리둘구스 4

■

마늘바구미 3
마늘소바구미 7, 10
마당배벌 3
마불왕거미 4
막시목 2, 6, 10
만나무매미 3, 5
말꼬마거미 9
말매미 5
말벌 1, 2, 3, 4, 5, 6, 7, 8, 9, 10
말트불나방 6
망 10
매끝넓적송장벌레 2
매미 2, 5, 6, 7, 8, 9, 10
매미목 2, 7, 9
매미아목 9
매미충 3, 7, 8
매부리 6
맥시목 7
맵시벌 7, 9
먹가뢰 2, 3
먹바퀴 1
먼지벌레 1, 6
멋쟁이나비 7
멋쟁이딱정벌레 2
메가도파소똥구리 6
메뚜기 1, 2, 3, 5, 6, 7, 8, 9, 10

메뚜기목 2, 3, 9
멧누에나방 6
면충(棉蟲) 8, 9
면충과 8
명주딱정벌레 7
명주잠자리 7, 8, 9
모기 3, 6, 7, 8, 9, 10
모노니쿠스 슈도아코리 10
모노돈토메루스 쿠프레우스 3
모라윗뿔가위벌 3
모래거저리 7, 9
모래밭소똥풍뎅이 5, 10
모리타니반딧불이붙이 10
모서리왕거미 4
목가는먼지벌레 7
목가는하늘소 4
목대장왕소똥구리 1, 5, 6, 10
목수벌 4
목재주머니나방 7
목하늘소 1
무광둥근풍뎅이붙이 8
무늬곤봉송장벌레 6, 7, 8
무늬금풍뎅이 7
무늬긴가슴잎벌레 7
무늬둥근풍뎅이붙이 8
무늬먼지벌레 1
무당거미 9
무당벌 3
무당벌레 1, 4, 7, 8
무덤꽃등에 1
무사마귀여치 4

무시류 2
물거미 9
물결멧누에나방 9
물결털수시렁이 8
물기왕지네 9, 10
물땡땡이 6, 7
물맴이 7, 8
물방개 7, 8
물소뷔바스소똥풍뎅이 1
물장군 5, 8
미끈이하늘소 7
미노타우로스 티포에우스 10
미장이벌 1, 2, 3, 4
민충이 1, 2, 3, 4, 5, 6, 9, 10
민호리병벌 2
밀론뿔소똥구리 6, 7
밑들이메뚜기 10
밑들이벌 3, 4, 5, 7, 10

ㅂ

바구미 2, 3, 4, 5, 6, 7, 8, 9, 10
바구미과 7, 8
바구미상과 8, 10
바퀴 5
박각시 6, 9
반곰보왕소똥구리 1, 5, 7, 10
반날개 5, 6, 8, 10
반날개과 10
반날개왕꽃벼룩 3, 10
반달면충 8
반딧불이 6, 10
반딧불이붙이 10
반딧불이붙이과 10
반점각둥근풍뎅이붙이 7
반짝뿔소똥구리 5, 6, 7
반짝왕눈이반날개 8
반짝조롱박먼지벌레 7
반짝청벌 4
반짝풍뎅이 3
발납작파리 1
발톱호리병벌 8
발포충 3
밝은알락긴꽃등에 8
밤나무왕진딧물 8
밤나방 1, 2, 5, 9
밤바구미 3, 7, 8, 10
방아깨비 5, 6, 8, 9
방울실잠자리 6
배나무육점박이비단벌레 4
배노랑물결자나방 9
배벌 1, 2, 3, 4, 5, 6, 9
배짧은꽃등에 5, 8
배추나비고치벌 10
배추벌레 1, 2, 3, 10
배추벌레고치벌 10
배추흰나비 2, 3, 5, 7, 9, 10
배홍무늬침노린재 8
백발줄바구미 1
백합긴가슴잎벌레 7
뱀잠자리붙이과 7, 8
뱀허물대모벌 4
뱀허물쌍살벌 8

버들복숭아거위벌레 7
버들잎벌레 1
버들하늘소 8, 10
버찌복숭아거위벌레 7
벌 4, 5, 6, 7, 8, 9, 10
벌목 2, 3, 5, 10
벌줄범하늘소 4
벌하늘소 10
벚나무하늘소 10
베짱이 3, 4, 5, 6, 7, 9
벼룩 7
벼메뚜기 1, 3, 6
변색금풍뎅이 5
변색뿔가위벌 3
별감탕벌 4
별넓적꽃등에 1
별박이왕잠자리 9
별쌍살벌 5, 8
병대벌레 3, 6, 10
병신벌 10
보라금풍뎅이 8
보르도귀뚜라미 6
보아미자나방 6, 9
보통말벌 8
보통전갈 9
보행밑들이메뚜기 6, 10
복숭아거위벌레 7, 8, 10
볼비트소똥구리 6
부채발들바구미 1, 3
부채벌레목 10
북극은주둥이벌 3

북방반딧불이 10
북방복숭아거위벌레 7
북쪽비단노린재 8
불개미붙이 2
불나방 6, 10
불나방류 10
불자게거미 5
붉은발진흙가위벌 2
붉은불개미 2
붉은뿔어리코벌 2, 3, 4
붉은산꽃하늘소 4
붉은점모시나비 1
붉은털기생파리 1
붉은털배벌 3
붉은털뿔가위벌 3
붙이버들하늘소 6, 10
붙이호리병벌 2
뷔바스소똥풍뎅이 1, 6
블랍스거저리 1
비단가위벌 4
비단벌레 1, 2, 3, 4, 5, 6, 7, 8, 9, 10
비단벌레노래기벌 1, 3
빈대 8
빌로오도재니등에 3
빗살무늬푸른자나방 9
빗살수염벌레 9
빨간먼지벌레 1
뽕나무하늘소 7
뾰족구멍벌 1, 3, 4
뾰족맵시벌 9
뾰족벌 2, 3, 4

뿌리혹벌레 2, 8
뿌가위벌 2, 3, 4, 5, 6, 8, 10
뿔검은노린재 8
뿔노린재 8
뿔노린재과 8
뿔둥지기생가위벌 4
뿔면충 8
뿔사마귀 3, 5
뿔소똥구리 1, 5, 6, 7, 8, 9, 10
뿔소똥풍뎅이 6

ㅅ

사냥벌 2, 3, 4, 6, 7, 8, 10
사마귀 1, 3, 4, 5, 6, 8, 9, 10
사마귀과 5
사마귀구멍벌 3, 4, 9
사슴벌레 5, 7, 9, 10
사시나무잎벌레 4
사하라조롱박벌 6
사향하늘소 10
산검정파리 1
산누에나방 7
산빨강매미 5
산왕거미 8
산호랑나비 1, 6, 8, 9, 10
살받이게거미 9
삼각뿔가위벌 3
삼각생식순좀진드기과 6
삼치뿔가위벌 2, 3, 4, 8
삼치어리코벌 3
상복꼬마거미 2

상복꽃무지 6, 8
상비앞다리톱거위벌레 7, 10
상여꾼곤봉송장벌레 6
새끼악마(Diablotin) 3, 5, 6
새벽검정풍뎅이 3, 4
서부팥중이 6
서북반구똥풍뎅이 5
서성거미류 9
서양개암밤바구미 7, 10
서양노랑썩덩벌레 9
서양백합긴가슴잎벌레 4, 7
서양전갈 9
서양풀잠자리 8
서울병대벌레 3, 6, 10
서지중해왕소똥구리 1
섬서구메뚜기 9
섭나방 6, 7
세띠수중다리꽃등에 1
세뿔똥벌레 10
세뿔뿔가위벌 2, 3, 4
세줄우단재니등에 3
세줄호랑거미 2, 4, 6, 8, 9
소금쟁이 8
소나무수염풍뎅이 6, 7, 10
소나무행렬모충 9, 10
소나무행렬모충나방 6, 7, 10
소똥구리 1, 5, 6, 7, 8, 10
소똥풍뎅이 1, 5, 6, 7, 8, 10
소바구미과 7
소요산매미 5
솔나방 6, 7

솜벌레 8
솜털매미 5
송곳벌 4
송로알버섯벌레 7, 10
송장금파리 8
송장벌레 2, 5, 6, 7, 8
송장풍뎅이 8
송장풍뎅이붙이 6
송장헤엄치게 7, 8
송충이 1, 2, 3, 4, 6, 7, 8, 9, 10
샬리코도마(*Chalicodoma*) 1
쇠털나나니 1, 2, 3, 4
수도사나방 7
수서곤충 7
수서성 딱정벌레 7
수시렁이 2, 3, 5, 6, 7, 8, 10
수염줄벌 2, 4
수염풍뎅이 3, 5, 6, 8, 9, 10
수중다리좀벌 10
수풀금풍뎅이 5
숙녀벌레 8
쉐퍼녹가뢰 3
쉬파리 1, 3, 8, 10
쉬파리과 8
스카루스(*Scarus*) 1
스톨라(étole) 7
스페인 타란튤라 2
스페인뿔소똥구리 1, 5, 6, 7, 10
스페인소똥구리 6
슬픈애송장벌레 8
시골꽃등에 1

시골왕풍뎅이 3, 7, 9, 10
시실리진흙가위벌 1, 2
시체둥근풍뎅이붙이 8
실베짱이 3, 6
실소금쟁이 8
실잠자리 6
십자가왕거미 4, 5, 9
싸움꾼가위벌붙이 3, 4
쌀바구미 8
쌀코파가 8
쌍둥이비단벌레 1
쌍살벌 1, 2, 4, 5, 8
쌍살벌류 8
쌍시류 1, 2, 3, 8, 9, 10
쌍시목 7
쌍줄푸른밤나방 2
쌕새기 6
쐐기벌레 6, 10

ㅇ

아마존개미 2
아메드호리병벌 2, 3, 4, 8
아므르털기생파리 1
아시다(*Asida*) 1
아시드거저리 9
아토쿠스 10
아토쿠스왕소똥구리 1
아폴로붉은점모시나비 1
아프리카조롱박벌 1
아홉점비단벌레 4, 7
악당줄바구미 1

안드레뿔가위벌 3
안디디(Anthidie) 4
알길쭉바구미 7
알락가뢰 3
알락귀뚜라미 1
알락긴꽃등에 8
알락꽃벌 3, 8
알락꽃벌붙이 2
알락수시렁이 2
알락수염노린재 8
알락하늘소 4
알팔파뚱보바구미 2
알프스감탕벌 4
알프스밑들이메뚜기 10
알프스베짱이 6
암검은수시렁이 10
암모필르(Ammo-phile) 1
애기뿔소똥구리 10
애꽃등에 1, 3
애꽃벌 2, 3
애꽃벌트리옹굴리누스 2
애남가뢰 3
애매미 5
애명주잠자리 10
애반딧불이 10
애사슴벌레 9
애송장벌레 8
애송장벌레과 8
애수염줄벌 2
애알락수시렁이 2, 3
애호랑나비 9

애호리병벌 2, 8
야산소똥풍뎅이 6
야생 콩바구미류 8
야행성 나방 9
양귀비가위벌 4
양귀비가위벌붙이 4
양배추벌레 10
양배추흰나비 5, 6, 7, 8, 10
양봉 2, 3
양봉꿀벌 1, 3, 4, 5, 6, 8, 9, 10
양왕소똥구리 10
어깨가위벌붙이 2, 3, 4
어깨두점박이잎벌레 7
어리꿀벌 3
어리나나니 2, 3
어리별쌍살벌 8
어리북자호랑하늘소 4
어리장미가위벌 4
어리줄배벌 4
어리코벌 1, 2, 3, 4, 6, 8
어리표범나비 6
어리호박벌 2, 3, 4
어버이빈대 8
억척소똥구리 5
얼간이가위벌 4
얼룩기생쉬파리 1, 8
얼룩말꼬마꽃벌 8, 10
얼룩송곳벌 4
얼룩점길쭉바구미 7, 10
에레우스(aereus) 3
에링무당벌레 8

에사키뿔노린재 8
여왕봉 7
여치 2, 4, 5, 6, 8, 9, 10
연노랑풍뎅이 3, 10
연루리알락꽃벌붙이 2
연지벌레 9
열두점박이알락가뢰 3
열석점박이과부거미 2
열십자왕거미 9
영대길쭉바구미 7
옛큰잠자리 6
오니트소똥풍뎅이 1, 5, 6, 7
오동나무바구미 10
오리나무잎벌레 7
옥색긴꼬리산누에나방 6, 7
올리버오니트소똥풍뎅이 1, 6
올리브코벌 1
와글러늑대거미 4, 8, 9
완두콩바구미 8, 10
왕거미 2, 3, 4, 5, 8, 9, 10
왕거미과 8
왕거위벌레 7
왕공깍지벌레 9
왕관가위벌붙이 3, 4, 6
왕관진노래기벌 3, 4
왕귀뚜라미 1, 3, 6, 9, 10
왕금풍뎅이 5
왕꽃벼룩 3
왕노래기벌 1, 2, 3, 4
왕밑들이벌 3, 7
왕바구미 3, 8

왕바퀴 1
왕바퀴조롱박벌 1
왕반날개 6, 8
왕벼룩잎벌레 6
왕사마귀 5
왕소똥구리 1, 2, 5, 6, 7, 8, 9, 10
왕잠자리 9
왕조롱박먼지벌레 7
왕지네 9
왕청벌 3
왕침노린재 8
왕풍뎅이 9, 10
외뿔장수풍뎅이 2
외뿔풍뎅이 3
우단재니등에 3, 4
우리목하늘소 7
우수리뒤영벌 4
우엉바구미 7
운문산반딧불이 10
원기둥꼬마꽃벌 8
원별박이왕잠자리 9
원조왕풍뎅이 7, 9, 10
유럽긴꼬리 6, 8
유럽깽깽매미 3, 5
유럽대장하늘소 4, 7, 10
유럽둥글장수풍뎅이 3, 9
유럽민충이 1, 3, 5, 6, 9, 10
유럽방아깨비 5, 6, 8, 9
유럽병장하늘소 4, 7, 9, 10
유럽불개미붙이 2
유럽비단노린재 8

유럽뿔노린재 8
유럽사슴벌레 7, 9, 10
유럽솔나방 6
유럽여치 6
유럽장군하늘소 7, 9, 10
유럽장수금풍뎅이 1, 5, 7, 10
유럽장수풍뎅이 3, 7, 9, 10
유럽점박이꽃무지 1, 2, 3, 5, 6, 7, 8, 10
유럽풀노린재 9
유령소똥풍뎅이 5, 10
유리나방 8
유리둥근풍뎅이붙이 7
유지매미 5
육니청벌 3
육띠꼬마꽃벌 3
육아벌 8
육점큰가슴잎벌레 7
은주둥이벌 1, 2, 3, 4
은줄나나니 1
의병벌레 2
이 2, 3, 8
이시스뿔소똥구리 5
이주메뚜기 10
이태리메뚜기 6
일벌 8
일본왕개미 5
입술노래기벌 1
잎벌 5, 6, 7
잎벌레 4, 5, 6, 7, 8, 10

ㅈ

자나방 3, 6, 9
자벌레 1, 2, 3, 4
자색딱정벌레 5, 7
자색나무복숭아거위벌레 7
작은멋쟁이나비 6, 7
작은집감탕벌 4
잔날개여치 10
잔날개줄바구미 1
잔물땡땡이 6
잠자리 4, 5, 6, 7, 8, 9
잠자리꽃등에 3
잣나무송곳벌 4
장구벌레 7
장구애비 7
장님지네 9
장다리큰가슴잎벌레 7
장미가위벌 6
장수금풍뎅이 5, 7, 10
장수말벌 1, 8
장수말벌집대모꽃등에 8
장수풍뎅이 3, 4, 6, 8, 9, 10
장식노래기벌 1, 4
재니등에 1, 3, 5
재주꾼톱하늘소 10
적갈색입치레반날개 10
적갈색황가뢰 2, 3
적동색먼지벌레 1
적록색볼비트소똥구리 6, 7
전갈 4, 7, 9

점박이긴하늘소 10
점박이길쭉바구미 7, 10
점박이꼬마벌붙이파리 1
점박이꽃무지 2, 3, 5, 7, 8, 9, 10
점박이땅벌 1, 8
점박이무당벌 3
점박이외뿔소똥풍뎅이 10
점박이잎벌레 7
점박이좀대모벌 4, 8
점쟁이송곳벌 4
점피토노무스바구미 1
접시거미 9
정강이혹구멍벌 1, 3, 4
정원사딱정벌레 7, 10
제비나비 9
조롱박먼지벌레 7
조롱박벌 1, 2, 3, 4, 5, 6, 7, 8, 9
조선(한국) 사마귀 5
조숙한꼬마꽃벌 8
조약돌진흙가위벌 3, 4
족제비수시렁이 6
좀꽃등에 1
좀대모벌 4, 8
좀반날개 6
좀벌 3, 5, 7, 8, 9, 10
좀송장벌레 6, 7, 8
좀털보재니등에 3
좀호리허리노린재 8
좁쌀바구미 10
주름우단재니등에 2, 3
주머니나방 5, 7, 9

주머니면충 8
주홍배큰벼잎벌레 7
줄감탕벌 2
줄먼지벌레 6
줄무늬감탕벌 4
줄바구미 3
줄배벌 1
줄벌 2, 3, 4, 5, 10
줄벌개미붙이 3
줄범재주나방 4
줄연두게거미 9
줄흰나비 6
중국별똥보기생파리 1
중땅벌 8
중베짱이 2, 3, 4, 6, 7, 9, 10
중성 벌 8
중재메가도파소똥구리 6
쥐며느리 1, 5, 6, 7
쥐며느리노래기 9
쥘나나니 4
쥘노래기벌 1
쥘코벌 1
지네 9
지네강 9
지중해소똥풍뎅이 1, 5, 6, 8, 10
지중해송장풍뎅이 10
지중해점박이꽃무지 3, 8
지하성딱정벌레 8
직시류 1, 2, 5, 9
직시목 1, 3
진노래기벌 1, 3, 4, 8, 9

진드기 2, 5, 6
진딧물 1, 3, 5, 7, 8, 9
진딧물아목 7, 8, 9
진소똥풍뎅이 5, 10
진왕소똥구리 1, 4, 5, 6, 7, 8, 9, 10
진흙가위벌 1, 2, 3, 4, 5, 6, 7, 8, 9
진흙가위벌붙이 4
집가게거미 4, 9
집게벌레 1, 5, 7
집귀뚜라미 6
집왕거미 9
집주머니나방 7
집파리 1, 3, 4, 5, 7, 8
집파리과 8, 10
집파리상과 8
짧은뿔기생파리과 3

ㅊ

차주머니나방 7
참나무굴벌레나방 9, 10
참매미 1, 5, 7
참새털이 2
참왕바구미 8
참풍뎅이기생파리 1
창백면충 8
창뿔소똥구리 10
채소바구미 10
천막벌레나방 6
청날개메뚜기 5, 6, 9
청남색긴다리풍뎅이 6
청동금테비단벌레 1, 4, 7

청동점박이꽃무지 8
청벌 3
청보석나나니 2, 3, 4, 6, 8
청뿔가위벌 3
청색비단벌레 1
청줄벌 1, 2, 3, 4, 5, 8
청줄벌류 3
촌놈풍뎅이기생파리 1
축제뿔소똥구리 6
치즈벌레 8
치즈벌레과 8
칠성무당벌레 1, 8
칠지가위벌붙이 3, 4
칠흙왕눈이반날개 5
침노린재 8
침노린재과 8
침파리 1

ㅋ

카컬락(kakerlac) 1
칼두이점박이꽃무지 3
칼띠가위벌붙이 4
꼬끼리밤바구미 7
코벌 1, 2, 3, 4, 6, 8
코벌레 3, 7, 10
코벌살이청벌 3
코주부코벌 1, 3
코피홀리기잎벌레 10
콧대뾰족벌 3
콧수스 10
콩바구미 8

콩바구미과 8
콩팥감탕벌 2, 4
큰가슴잎벌레 7, 8, 9
큰검정풍뎅이 6
큰날개파리 7
큰날개파리과 7
큰넓적송장벌레 5, 6
큰노래기벌 1
큰명주딱정벌레 10
큰무늬길앞잡이 9
큰밑들이벌 3
큰밤바구미 3, 4, 7
큰뱀허물쌍살벌 1
큰새똥거미 9
큰수중다리송장벌레 2
큰주머니나방 7
큰줄흰나비 5, 6
큰집게벌레 1
클로또거미 9
키오누스 답수수 10

ㅌ

타란튤라 2, 4, 9, 10
타란튤라독거미 4, 9
타래풀거미 9
탄저 전염 파리 10
탈색사마귀 3, 5
털가시나무연지벌레 9
털가시나무왕공깍지벌레 9
털가시나무통잎벌레 7
털검정풍뎅이 6

털게거미 4
털날개줄바구미 3
털날도래 7
털매미 5
털보깡충거미 4
털보나나니 1, 3, 4, 5
털보바구미 1, 6
털보애꽃벌 2
털보재니등에 1, 3
털보줄벌 2, 3, 4
털이 2
털주머니나방 7
토끼풀대나방 7
토끼풀들바구미 1
톱사슴벌레 10
톱하늘소 10
통가슴잎벌레 7
통잎벌레 7
통큰가슴잎벌레 7
투명날개좀대모벌 4
트리웅굴리누스(*Triungulinus*) 2

ㅍ

파리 1, 2, 3, 4, 5, 6, 7, 8, 9, 10
파리구멍벌 3
파리목 1, 3, 4, 7, 10
팔랑나비 10
팔점대모벌 2
팔점박이비단벌레 1, 4
팔치뾰족벌 3
팡제르구멍벌 3

팥바구미 8
포도거위벌레 7
포도복숭아거위벌레 1, 3, 7
표본벌레 3
풀거미 9, 10
풀게거미 5, 9
풀노린재 5
풀무치 5, 6, 8, 9, 10
풀색꽃무지 8, 9
풀색노린재 8
풀색명주딱정벌레 6
풀잠자리 7, 8
풀잠자리과 8
풀잠자리목 7, 8
풀주머니나방 7, 10
풀흰나비 9
풍뎅이 2, 3, 4, 5, 6, 7, 8, 9, 10
풍뎅이과 3, 7
풍뎅이붙이 1, 2, 5, 6, 7, 8, 10
풍적피리면충 8
프랑스금풍뎅이 7
프랑스무늬금풍뎅이 5, 6, 7, 10
프랑스쌍살벌 1, 8
프로방스가위벌 3
플로렌스가위벌붙이 3, 4
피레네진흙가위벌 2, 3, 4, 6
피토노무스바구미 1

ㅎ

하느님벌레 8
하늘소 1, 4, 5, 6, 7, 8, 9, 10
하늘소과 10
하루살이 5
한국민날개밑들이메뚜기 6, 10
해골박각시 1, 6, 7, 10
햇빛소똥구리 6
행렬모충 2, 6, 9, 10
허공수중다리꽃등에 3
허리노린재 8
헛간진흙가위벌 2, 3, 4
헤라클레스장수풍뎅이 10
호랑거미 2, 4, 8, 9
호랑나비 8, 9
호랑줄범하늘소 4
호리꽃등에 1
호리병벌 2, 3, 4, 5, 7, 8
호리병벌과 8
호리허리노린재 8
호박벌 2
호수실소금쟁이 7
혹다리코벌 1, 3
혹바구미 1
홀쭉귀뚜라미 6
홍가슴꼬마검정파리 1
홍다리사슴벌레 2
홍다리조롱박벌 1, 4, 7
홍단딱정벌레 6
홍도리침노린재 8
홍배조롱박벌 1, 2, 3, 4
황가뢰 2, 3, 4
황개미 3
황날개은주둥이벌 3

413

황납작맵시벌 3
황닻거미 2
황딱지소똥풍뎅이 5
황띠대모벌 2, 4, 6
황띠배벌 3
황라사마귀 1, 2, 3, 5, 6, 7, 8, 9, 10
황록뿔가위벌 3
황색우단재니등에 1
황야소똥구리 5
황오색나비 3
황제나방 7
황태감탕벌 2
황토색뒤영벌 3, 8
회갈색여치 6, 8
회색 송충이 1, 2, 4
회색뒤영벌 2
회적색뿔노린재 8
홀로 10
홀론수염풍뎅이 10
흐리멍텅줄벌 2
흰개미 6
흰나비 3, 6, 7, 9, 10
흰띠가위벌 4, 8
흰띠노래기벌 1
흰머리뿔가위벌 3, 8
흰무늬가위벌 3, 4
흰무늬수염풍뎅이 3, 6, 7, 9, 10
흰살받이게거미 5, 8, 9
흰색길쪽바구미 1
흰수염풍뎅이 6
흰점박이꽃무지 7, 10

흰점애수시렁이 8
흰줄구멍벌 1
흰줄바구미 3, 4, 7
흰줄박각시 9
흰줄조롱박벌 1, 2, 3, 6
흰털알락꽃벌 3